LE BLÉ

AUX

ÉTATS-UNIS D'AMÉRIQUE

PRODUCTION, TRANSPORTS, COMMERCE

PAR

A. RONNA

INGÉNIEUR

VICE-PRÉSIDENT DU JURY INTERNATIONAL DE LA CLASSE 76, GROUPE DE L'AGRICULTURE,

A L'EXPOSITION UNIVERSELLE DE 1878

PARIS

BERGER-LEVRAULT ET Cie, LIBRAIRES-ÉDITEURS

5, rue des Beaux-Arts, 5

MÊME MAISON A NANCY

—

1880

LE BLÉ

AUX

ÉTATS-UNIS D'AMÉRIQUE

NANCY, IMPRIMERIE BERGER-LEVRAULT ET Cie

LE BLÉ

AUX

ÉTATS-UNIS D'AMÉRIQUE

PRODUCTION, TRANSPORTS, COMMERCE

PAR

A. RONNA

INGÉNIEUR

VICE-PRÉSIDENT DU JURY INTERNATIONAL DE LA CLASSE 76, GROUPE DE L'AGRICULTURE,
A L'EXPOSITION UNIVERSELLE DE 1878

PARIS

BERGER-LEVRAULT ET Cie, LIBRAIRES-ÉDITEURS

5, rue des Beaux-Arts, 5

MÊME MAISON A NANCY

—

1880

A

M. EUGÈNE TISSERAND

Directeur de l'Agriculture.

Vous m'aviez demandé d'écrire quelques articles sur la question du blé aux États-Unis; j'ai fait un livre, dont je vous prie de vouloir bien agréer la dédicace.

Pour vous, qui avez retracé en termes si justes, à l'occasion de l'Exposition universelle de Vienne, la part que sont appelés à prendre les États-Unis d'Amérique dans l'agriculture contemporaine, il ne paraîtra pas étrange qu'un pareil sujet ait mérité un livre, et que, sous prétexte de blé, j'aie dû aborder l'étude générale de la culture du sol, des voies de communication et du trafic de ce grand pays.

Les ressources actuelles de l'Union américaine sont peu connues de nos agriculteurs : ce qui a trait à son industrie de transports et à son commerce nous a laissés jusqu'ici à peu près indifférents. Il a fallu deux mauvaises récoltes successives en Europe, dont la dernière s'étendant non-seulement au blé, mais encore à ses succédanés, le seigle, l'orge, le maïs, la pomme de terre ; il a fallu d'énormes importations de céréales de l'Amérique pour éveiller l'attention publique sur une contrée capable de combler en deux ans un déficit de cent millions d'hectolitres de grain, et de clore à elle seule l'ère des famines et des prix de disette.

Le Parlement anglais a délégué une commission d'enquête pour étudier sur place les conditions particulières de la production américaine. Le ministre compétent en France a saisi la Société nationale d'agriculture de l'examen de la question des importations des États-Unis. L'émotion est vive parmi nos agriculteurs, et dans leur appréhension de l'avenir, un certain nombre ont fait, comme toujours, appel au Gouvernement pour réclamer son appui contre une invasion qui devra, disent-ils, les ruiner fatalement.

Les souffrances de l'agriculture sont bien de celles en effet qui méritent la sollicitude des gouvernements, car elles affectent directement la prospérité de toute la nation ; et quand un peuple a une production agricole insuffisante, il reste à la merci de ceux avec lesquels il échange ses articles manufacturés et ses services commerciaux.

La France n'est pas de ce nombre. Le jour où elle le voudra, elle tirera de son sol toutes les céréales qu'il lui plaira de consommer. Le jour où elle aura fermement résolu de mettre en valeur ses vingt millions d'hectares de jachères mortes et de terres incultes, et de faire rendre à l'hectare, sur les deux tiers de son territoire, plus de dix hectolitres de blé ou de seigle, elle exportera l'excédant de sa consommation, pour le plus grand profit de sa fortune et de son influence extérieure.

Les États-Unis n'ont rien à lui apprendre comme doctrine agricole, mais combien de féconds enseignements ne lui prodiguent-ils pas pour l'application de la mécanique aux procédés culturaux, les facilités des communications et des transports, l'association des intérêts de l'agriculture et du commerce, l'économie de l'appareil militaire, la liberté du travail, qui est la base de toute démocratie véritable et la sanction du progrès de nos sociétés modernes.

Sous le rapport spécial de l'agriculture, les Américains ont, il est vrai, des avantages dont nous ne jouissons pas au même degré qu'eux : des sols vierges à défricher, qui n'exigent pas de fumures ; des terres fertiles à bas prix et exemptes d'impôts ; enfin, le soleil qui mûrit invariablement leurs récoltes. Mais ces bienfaits de l'autre hémisphère ne sont pas illimités. Les sols vierges s'éloignent et s'épuisent promptement ; les terres fertiles enchérissent ; la rude

saison d'hiver et les fléaux qu'engendre le printemps
n'attendent pas toujours que le soleil vienne, pour
détruire les plus belles espérances et anéantir les
récoltes. Aux États-Unis, comme chez nous, il y a de
bonnes et de mauvaises années : des années de grande
exportation et des années de gêne. Il y a surtout une
population qui marche à pas de géant et qui consomme
avidement les produits du pays où elle gravite. Il y a
encore un peuple intelligent et prévoyant qui sait
toujours se ménager des réserves pour aviser aux
besoins d'autrui. Il y a enfin l'Américain, l'homme
même, qui est aux États-Unis, plus qu'ailleurs, le
premier capital de l'agriculture.

Quoi qu'en pensent nos agriculteurs, c'est à armes
égales qu'il faut lutter aujourd'hui ; il faut s'outiller
pour les grosses récoltes et pour la grande culture
des céréales ; il faut suivre l'exemple des rares départements du Nord et des environs de la capitale,
qui ont élevé le niveau de leur rendement moyen.
Qu'ils réclament une législation pour faciliter le crédit,
un allégement des charges qui pèsent sur la propriété
rurale, des voies de transport économiques, des
abaissements de tarifs pour les engrais et les matières
premières de leurs machines, l'instruction profession-
nelle qui vulgarise la science dans les campagnes ; rien
de mieux ! Mais qu'ils exigent avec ces éléments de

la liberté du travail, la liberté des débouchés et des échanges !

Comme l'écrivait récemment encore un financier de renom, éminent économiste, qui a été des premiers à nous doter des chemins de fer :

Avec la liberté, tout s'abaisse au profit des producteurs, comme des consommateurs, car le bon marché est le plus grand des encouragements qui puisse être donné à la consommation et à la production ; l'alimentation comme le vêtement du peuple s'améliorent dans des proportions inconnues ; les industries factices font place à des industries réelles vivant de leur propre vie ; elles se transforment librement suivant la nature du sol et le génie des habitants de chaque pays, et les échanges se multiplient, etc. [1].

Quel langage demande-t-on, au contraire, à notre agriculture de tenir ?

« Les importations américaines l'écrasent. Les produits étrangers doivent payer en entrant en France un droit égal au chiffre d'impôts que paye le producteur français. Les traités de commerce qui enchaînent les nations diminuent leur trafic. Les salaires ne suffiront pas tant que les industries nationales ne seront pas garanties contre l'envahissement des produits de l'étranger. »

Et à quel moment des propositions aussi rétrogrades sont-elles énoncées ? Lorsque, malgré une année de

---

1. Isaac Pereire, *la Question des chemins de fer*. Paris, 1879, p. 211.

véritable disette, faisant suite à une année déjà médiocre, le prix du blé, par le fait seul de la liberté des
transactions, est de 25 francs l'hectolitre, et celui du
kilogramme de pain entre 35 et 45 centimes !

S'est-on rendu compte un seul instant de la situation créée au pays par un droit compensateur, ou par
un tarif de douanes s'opposant au libre passage des
blés qu'exige sa consommation et élevant leur prix
sur nos marchés? Il n'y a pas de gouvernement qui
pût résister à l'effet de mesures aussi coupables;
celui de la République moins que tout autre !

Les adeptes de la protection industrielle auront
beau faire en cherchant à grossir leurs rangs des agriculteurs en détresse, ils n'obtiendront pas du pays
l'enchérissement du blé, sous prétexte qu'il est abondant et à bas prix aux États-Unis.

Si jamais une démonstration éclatante a été donnée
des greniers d'abondance que Turgot rêvait pour
assurer aux hommes et aux peuples le bienfait de la
fixité du prix des blés, c'est aujourd'hui, quand les
immenses greniers de l'Amérique se sont ouverts
pour verser leur trop-plein sur la France et sur l'Europe entière, en sauvant les classes laborieuses de la
misère.

Laissons que des États militaires, hantés par les fan-
tômes de leurs arsenaux, élèvent des remparts à leurs

frontières contre l'entrée en franchise des blés ! Laissons qu'ils jettent leur dévolu sur les chemins de fer pour manier les tarifs au gré de leur politique ! Ils sont à l'état d'anachronisme au milieu des progrès, chaque jour plus marqués, de la solidarité des nations, et bientôt ils auront réduit leurs peuples au désespoir.

Vouloir relever aujourd'hui des barrières de douanes qui arrêtent l'introduction des produits alimentaires de l'agriculture, c'est vouloir reproduire entre pays ce qui naguère existait entre les provinces d'un même pays. A ce sujet, je ne saurais m'empêcher de mettre sous vos yeux ce que l'illustre Vauban écrivait, il y a deux siècles, de notre belle France. En 1661, il y avait du blé en Picardie, en Normandie, et beaucoup de blé en Auvergne, et 50,000 individus mouraient des suites de la famine dans l'Anjou et la Touraine !

Il ne sera peut-être pas mal à propos de faire ici mention d'une famine très-cruelle qui surprit l'Anjou, le Maine et la Touraine en 1661, que la récolte des blés ayant été fort médiocre, ces provinces ne laissèrent pas d'en fournir aux étrangers à l'ordinaire, sans que personne se mît en devoir d'examiner s'il en resterait suffisamment pour l'usage des peuples jusqu'au renouveau, d'où s'ensuivit que la disette commença dès le mois de janvier, et devint si grande par la suite que le setier de blé se vendit jusqu'à dix écus, ce qui ayant épuisé les paysans en peu de temps, ils furent réduits au pain d'avoine, de pois, de vesce, de revanne de blé, et ensuite au gland, au pain de racine de fougères, à la moelle des troncs de choux et aux herbes crues. Et comme tout cela leur manqua à la fin, ils furent obligés d'abandonner leurs demeures et d'errer cà et là dans les pays voisins où l'on pouvait leur faire la charité, ce qui causa la mort à plusieurs, qui étant pressés par une longue et cruelle faim, leurs boyaux se retrécirent tellement que, quand ils trouvèrent à manger, il y en eut beaucoup qui en moururent, et d'autres qui, à force de s'être repus de mauvaises choses et de fruits prématurés encore verts, en tombèrent malades, d'où s'ensuivit une mortalité qui emporta plus de cinquante mille personnes de ces trois provinces en fort peu de temps. Le roi, ayant été averti de ce désordre un peu tard, ordonna que l'on fît venir des blés de Dantzick, d'Auvergne et des autres provinces voisines en quantité où il s'en trouva. Mais celui qui en reçut l'ordre, au lieu de les faire distribuer charitablement gratis, ou pour ce qu'ils avaient coûté, voulut en profiter et les faire vendre 25 à 26 livres le setier au lieu de 30 qu'on les vendait auparavant ; il se trouva que ces peuples, épuisés de toute façon, n'en purent acheter ; ainsi le blé demeura là et fut gâté par la suite, et la famine continua toute l'année.

J'ai vu deux manquements de blé depuis, qui obligèrent d'en faire venir de Dantzick, qui est ordinairement fort mauvais, et même de Barbarie, pour des sommes considérables qui ne seraient pas sorties du royaume s'il y avait eu un canal et des rivières navigables, tels qu'on les propose ici, parce qu'il s'en serait trouvé suffisamment dans les provinces voisines ou plus éloignées[1].

Ailleurs encore Vauban fait cette réflexion que

---

1. Mémoire sur le canal du Languedoc, contenant ses défauts et ses avantages ; les moyens de corriger les uns et d'augmenter les autres en le rendant capable de porter des bateaux de mer de 200 à 250 tonneaux qui passeront d'une mer à l'autre sans rompre charge, etc., du 25 février 1691. (*Oisivetés de M. de Vauban,* t. I, p. 96. Paris, 1843.)

pourront méditer à l'aise nos agriculteurs du temps présent :

Soit de la Normandie, Picardie, Bretagne, etc., ou des environs de la Loire, Guyenne et pays d'alentour de la Garonne, ou enfin de ceux du Rhône et de la Saône, il est certain que toutes pourraient faire part de ce qu'elles ont de trop à ceux qui en manquent dans nos provinces, et selon le profit qu'on en trouverait, aux pays étrangers qui ont pour bornes l'Océan et la Méditerranée ; au moyen des doubles embouchures du canal dans ces mers, on pourrait leur en porter.

C'est une loi économique de nos jours, toutes les expositions internationales l'ont consacrée, que le commerce prend partout où il le trouve, ce qui valant le mieux coûte le meilleur marché. L'agriculture, moins que toute autre industrie, pourrait s'y soustraire.

Certes, notre admiration pour les États-Unis ne va pas jusqu'à glorifier la politique commerciale qui leur a fait protéger par des droits exclusifs un grand nombre d'industries locales, dans le but de favoriser leur développement et d'échapper à la concurrence des industries similaires de l'Europe. Les crises redoutables qu'ils ont supportées attestent les souffrances causées par l'engorgement des produits manufacturés, maintenus à des prix factices, mais l'ouest agriculteur, devenu l'arbitre et le lien entre les États de l'est et du sud, saura mettre un terme prochain à cette situation anormale.

Le tarif général français, qui a interdit jusqu'ici aux États-Unis l'immense débouché, dans notre pays, de leurs tissus de coton et de laine, de leurs fontes épurées, de leurs sucres raffinés, de leurs peaux, etc., ne mérite guère davantage nos éloges. Aussi, est-il probable que la transition sera bientôt préparée et qu'un compromis naîtra d'une meilleure entente des véritables intérêts des deux nations rapprochées sur le terrain commun de la production.

Quoi qu'il en soit, les États-Unis n'ont frappé d'aucuns droits les céréales, et le traité de réciprocité qui les lie depuis trente ans au Canada, leur voisin immédiat, a sanctionné la libre entrée des grains, en échange de la libre navigation du Saint-Laurent. La balance des exportations est pourtant toute à l'avantage du Canada.

S'il faut du temps pour que l'expérience embrassant les industries de tous les pays du globe dicte des arrangements qui ménagent tant d'intérêts variés et délicats, il y a une expérience de faite tout au moins, celle de la liberté absolue du commerce des céréales.

Que nos agriculteurs s'évertuent pour mieux appliquer leurs forces et cherchent désormais en eux-mêmes les moyens d'amélioration qui ne font pas défaut.

Paris, le 30 novembre 1879. A. RONNA.

AVANT-PROPOS

C'est seulement après s'être rendu compte des conditions générales du climat et du sol, après avoir examiné les circonstances particulières du travail agricole et constaté la valeur des produits, en même temps que les moyens mis en œuvre pour les réaliser, que l'on peut apprécier en connaissance de cause le rôle économique que joue telle culture dominante, eu égard à celui de la même culture dans d'autres pays.

Aussi bien, est-ce l'ordre que nous nous sommes proposé de suivre pour l'étude d'une question devenue aujourd'hui d'un intérêt palpitant, à la suite d'importations toujours croissantes, et des vives doléances qu'elles soulèvent de la part de nos agriculteurs ; nous voulons parler de la question du blé aux États-Unis d'Amérique.

La description succincte du territoire, du climat, du sol et des récoltes des États-Unis nous amène à envisager la population et l'émigration dans ces États, avant que nous abordions l'examen de la situation générale de leur agriculture, sous le rapport du nombre et de la contenance des exploitations, de l'outillage, des salaires, des impôts et des procédés de culture des céréales. C'est alors seulement que nous traitons de la culture proprement dite du blé dans les diverses régions de l'Amérique : variétés, ensemencement, prix de revient, etc. Un exemple choisi dans les nouvelles contrées de l'extrême ouest complète cette première partie de notre travail, intitulée : *Production du blé.*

La deuxième partie est consacrée à l'analyse des voies de communication dont dispose le commerce : fleuves, canaux, chemins de fer et services maritimes, et aux conséquences de cet admirable outillage pour le mouvement des produits agricoles à l'intérieur du continent américain, comme aussi vers l'Europe et le reste du globe.

Dans la troisième partie se trouvent réunies les données statistiques et leur discussion, relatives à la production et à la consommation du froment aux États-Unis. Le déplacement graduel du centre de production et l'influence de l'agio sur le développement des exportations y sont également traités.

Enfin, le trafic du blé fait l'objet de la quatrième et dernière partie. Nous insistons sur les moyens exceptionnels mis en œuvre par le commerce pour obtenir les résultats qui motivent les conclusions de notre travail.

LE BLÉ

AUX

ÉTATS-UNIS D'AMÉRIQUE

I

PRODUCTION DU BLÉ

1. — DESCRIPTION GÉOGRAPHIQUE DES ÉTATS-UNIS.

Dans la vaste contrée de l'Union américaine, comprise entre le 30ᵉ et le 49ᵉ parallèle, et entre le 70ᵉ et le 125ᵉ degré de longitude ouest du méridien de Paris, couvrant une superficie de dix millions de kilomètres carrés, équivalente à celle du continent européen jusqu'à l'Oural, les différences climatériques, au point de vue de la culture, sont considérables : elles ne s'expliquent que par les conditions géographiques du territoire.

- Partagé en trois grandes divisions bien distinctes par les monts Alleghanys à l'est, et par les montagnes Rocheuses à l'ouest, l'espace intermédiaire embrasse le bassin du Mississipi, que limitent au midi le golfe du Mexique, et au nord cinq grands lacs : Supérieur, Michigan, Huron, Érié et Ontario, communiquant entre eux, et par le fleuve Saint-Laurent avec l'Océan Atlantique.

Sous le rapport topographique, la côte qui longe l'Atlantique, tournée vers l'Europe, est plate, sableuse, découpée par de nombreuses baies formant des presqu'îles et parsemées d'îles. Les isthmes qui existent entre les baies, les fleuves et les lagunes, sont étroits et déprimés. Sur le golfe du Mexique, la côte ferme est également plate, mais elle abonde en marais et en marécages.

La région montueuse des Alleghanys, qui repose sur une base de 250 kilomètres de largeur moyenne, et va du nord-est au sud-ouest dans le sens du continent, sur une longueur de 2,000 kilomètres environ, se compose d'une série de dépressions que séparent autant de crêtes de faible altitude. Depuis les côtes de la Nouvelle-Angleterre où les montagnes sont baignées par la mer, jusqu'au golfe mexicain, à l'approche duquel elles s'abaissent graduellement, cette région sépare naturellement le littoral atlantique de l'immense plateau central où coulent le Mississipi, le Missouri et l'Ohio, avec leurs affluents nombreux. La vallée du Mississipi est une plaine pour ainsi dire unie, dans laquelle les ondulations des collines et des vallées ont à peine de relief.

La cordillère mexicaine qui se prolonge au nord sous le nom de montagnes Rocheuses, borde à l'ouest la vallée du Mississipi, et limite plus au nord la vallée du Saint-Laurent, par les montagnes Noires. Le système de cette

cordillère, que complètent les montagnes Bleues de l'Orégon, les monts Cascade le long de l'Océan Pacifique, et la
Sierra-Nevada découpant la magnifique plaine de la Californie, atteint de grandes hauteurs, et tandis que les plateaux supérieurs forment encore de vastes solitudes peu
habitables, les versants sont le plus souvent stériles ou
incultes.

2. — CLIMATS.

Il résulte de cette configuration géographique des climats distincts.

Dans les États du nord-est, les hivers sont longs et rigoureux; les étés, chauds et orageux. Dans ceux du sud-
est, au contraire, et sur les côtes du golfe mexicain, les
étés sont brûlants et les hivers sont doux. A l'intérieur,
les vallées des grands cours d'eau, tels que l'Ohio, le Missouri, le Mississipi, etc., offrent un climat tempéré, de
même que le versant occidental des chaînes de montagnes
qui côtoient l'océan Pacifique et regardent l'Asie. On n'y
retrouve les rudes hivers que dans le plein nord-ouest,
vers les hautes altitudes, et en se rapprochant des monts
recouverts pendant toute l'année par la neige.

Les vents dominants venant de l'ouest, et soufflant sur
l'immense étendue de l'Océan, ont pour effet de rafraîchir
l'atmosphère en été et de rendre les pluies fréquentes.
L'abondance des ondées en été, depuis les latitudes inférieures du golfe du Mexique jusqu'à celles du Canada, carac-

térise le climat américain. On ne remarque guère de lacune dans la région ainsi soumise aux pluies et l'on a pu attribuer dans une certaine mesure la fertilité aux courants aériens, chauds et humides, dirigés de la zone maritime équatoriale vers le nord, pendant toute la durée de l'été, avec la régularité de la mousson.

Les saisons, qui correspondent d'ailleurs à celles de l'Europe, présentent cette particularité que si l'hiver est relativement long, le printemps est très-court ; en conséquence, la transition se fait brusquement du froid de l'hiver à la chaleur de l'été.

Climat et culture dans l'État de New-York. — Sous le climat de New-York, qui est considéré comme un des meilleurs de l'Amérique du Nord, le sol est gelé ou recouvert de neige depuis le commencement de décembre jusqu'en mai. On laboure fin avril et on sème l'avoine ; à la mi-mai, on sème le maïs et on plante les pommes de terre. Toutefois, à la fin de mai, le blé et le seigle qui ont passé l'hiver, le maïs, l'herbe des prés, les arbres fruitiers, sont aussi avancés que ceux de nos climats tempérés. Dans la seconde quinzaine de juillet, on récolte les céréales ; et, en octobre, l'on sème de nouveau le seigle et le blé. La pluie, qui fait ses apparitions entre le solstice de juin et l'équinoxe de septembre, tombe abondamment à partir de ce dernier, jusqu'aux gelées de décembre.

3. — SOL ET CULTURES.

Sous le rapport géologique qui intéresse spécialement la culture des céréales, le sol, défini par le relief qui a été sommairement indiqué, comprend un certain nombre de groupes à récoltes caractéristiques.

PREMIER GROUPE. — Entre le fleuve Saint-Laurent et Long-Island de l'État de New-York, la région qui embrasse la partie nord-est de cet État et les États de la Nouvelle-Angleterre, à savoir : le Connecticut, le Maine, le Massachussets, Rhode-Island, Vermont et New-Hampshire, appartient aux formations primitives : granit et gneiss.

Les roches granitiques s'arrêtent au midi suivant une ligne reconnue sur plus de 3,000 kilomètres, qui part du 100ᵉ degré de longitude et du 44ᵉ degré de latitude, dans la direction de l'est, à travers le Minnesota et le Wisconsin, passe dans le haut Canada à l'angle sud-est du lac Supérieur, suit la rive septentrionale de la baie de Géorgie, vire à l'est pour toucher le Saint-Laurent en aval de Kingston, s'écarte de ce fleuve jusqu'à 60 kilomètres en aval de Québec et se termine à la côte du Labrador.

La plus grande partie de la surface est montagneuse et recouverte de forêts ; à l'exception des terres d'alluvion dans les vallées, le sol est du sable, du gravier, entremêlés de cailloux et de blocs erratiques. Très-peu de blé vient dans cette région ; non pas que le sol ait été épuisé, comme on l'a prétendu, car il n'y avait rien à épuiser : c'est plutôt la région de l'avoine.

Deuxième groupe. — La formation granitique laisse émerger et borde des deux côtés une bande de terrains secondaires qui n'a pas plus de 80 kilomètres de largeur et que traverse le Saint-Laurent, de Kingston jusqu'à l'embouchure.

Peu ou point de blé d'hiver dans cette vallée du Saint-Laurent, les conditions climatologiques s'y opposent; et comme dans le Nouveau-Brunswick, on n'y cultive que du blé de printemps.

Les calcaires de ce groupe s'adaptent surtout aux pâturages, qui s'y sont très-développés.

Troisième groupe (*Terres à blé*). — Les terres spéciales au blé d'hiver sont loin d'occuper une surface comparable à celle des terrains primitifs.

La région à blé par excellence est comprise, à l'ouest des Alleghanys, entre le 41ᵉ et le 44ᵉ parallèle de latitude. Confinée au nord à Kingston, et au midi à la rive orientale du lac Ontario, elle s'étend à l'ouest dans le Minnesota et l'Iowa et forme la partie septentrionale du vaste plateau que traverse le Mississipi. Elle embrasse les districts nord-ouest des États de New-York et de Pensylvanie, les terres du Michigan, la plus grande partie du Wisconsin, de l'Iowa, du Missouri et du Kentucky, outre la totalité de l'Illinois, de l'Indiana et de l'Ohio. Drainée par les grands fleuves du Mississipi et de l'Ohio, à une altitude qui varie entre 200 et 300 mètres au-dessus du niveau de la mer, cette région a une longueur de 1,300 kilomètres sur 1,000 kilomètres de largeur, avec une pente générale très-douce dans le sens du golfe mexicain.

A l'ouest de Saint-Louis, sur 600 kilomètres de distance, le terrain est de niveau, mais les cours d'eau de l'Ohio, du Missouri, du Mississipi, en se frayant un passage à travers les formations horizontales, ont laissé des escarpements rapides que leurs affluents ont découpés en une série de mamelons. Tandis que le plateau est à 245 mètres d'altitude à Cincinnati, il n'est plus dans l'Ohio qu'à 120 mètres, de telle sorte que le grand fleuve est bordé de hauteurs qui atteignent jusqu'à 120 mètres d'élévation.

Les couches géologiques à peu près horizontales, formées par les grés, les schistes, les calcaires siluriens supérieurs, les calcaires et les bancs de la formation houillère, sous l'influence des agents extérieurs, se sont transformées à la surface en sables et en graviers qui constituent le sol du plateau tout entier. Si ce n'est sur les bords de quelques-uns des cours d'eau, ces terres en général ne frappent pas par un aspect de grande fertilité.

Genesee. — La vallée du Genesee, qui a passé long-temps pour la plus belle région du blé, n'est qu'une partie de ce groupe à surface ondulée, recouverte de sable et d'argiles concrétionnés, qui s'avance dans la vallée du Mississipi. Les graviers calcaires du district de Genesee, pendant de longues années, ont été soumis à l'assolement alterne continu du blé et du trèfle, avec un rendement variable, pour le blé, de 16 à 26 hectolitres par hectare, suivant le mode de culture. A l'ouest de Rochester, le district de Riga, au sol argilo-sableux léger, produisait, par la culture alterne du blé et du trèfle, jusqu'à 40 hectolitres de grain sur certaines pièces. Le district de Calédonie, bien que le sol y soit moins profond, donnait, avec ses graviers légers, d'excellents rendements en blé.

En général, sur les fermes du Genesee, dont l'étendue varie entre 40 et 100 hectares, les hautes terres se donnaient comme loyer, il y a encore quinze ans, pour 7 hectolitres de grain à l'hectare, et il n'était rien payé pour le trèfle.

Longtemps la pratique des fermiers de cette région a consisté, avec une partie de terres boisées pour leur besoin de combustible et une partie en pâturages, dans l'affectation du tiers de leurs terres à la culture du blé.

Pendant quarante ans, les terres légères de Genesee ont produit du blé, sans baisse sensible dans le rendement, et le trèfle rouge y a prospéré à l'abri de la maladie, le plâtre exerçant presque partout une action vivifiante.

Pour maintenir la propreté du sol avec un assolement de blé et de trèfle, sans jachère intercalaire, les champs de trèfle, avant l'ensemencement du froment, sont défoncés en juin ou en juillet et retournés de façon que les racines des herbes soient brûlées par la sécheresse. Le scarificateur fonctionne alors pendant les intervalles de pluie. Cette pratique économique s'est répandue dans les États de l'ouest. L'Ohio et le Michigan notamment, où abondent les grandes surfaces en sable et gravier appropriées au blé, ont adopté ce mode systématique de culture.

Les terres à blé, réputées les meilleures de l'Amérique, offrent en somme une consistance légère. L'ensemencement s'y fait de bonne heure, à l'automne, de telle sorte qu'avant les gelées la plante a feutré la surface. La végétation, à peu près suspendue pendant l'hiver et à peu près nulle pendant le printemps, reparaît subitement en mai, et sous l'influence des pluies qui tombent lorsque l'atmosphère est chaude, elle part avec vigueur.

Le contraste dans la température est tel que les variétés ordinaires de blé d'hiver ne peuvent être semées nulle part au printemps.

Dans tout ce groupe, la capacité de production pour le froment dépend plus de la fréquence de la récolte que de l'importance du rendement. Les districts qui exportent le blé en Angleterre et ailleurs, ont des récoltes peu abondantes, il est vrai, par rapport à celles des pays où ils importent, mais ces récoltes se renouvellent tous les deux ans.

QUATRIÈME GROUPE (*Prairie de l'ouest*). — En supposant une ligne tirée du centre du Michigan par Saint-Louis, jusqu'au Texas, à travers la région moyenne, on établirait une démarcation très-nette entre la partie boisée et la partie nue du territoire. Tandis qu'à l'est de cette ligne, sur 1,000 kilomètres de longueur, le pays était autrefois couvert de forêts que les pionniers ont en partie défrichées, à l'ouest s'étend un espace immense où il n'y a pas d'arbres, sauf le long des cours d'eau. Cet espace nu, qui forme un des traits singuliers du continent américain, est connu sous l'ancien nom que lui donnèrent les colons français du Canada, de *prairie*. Légèrement ondulé, sec, sans autre végétation que celle des herbes naturelles lorsqu'il est à l'état inculte, le sol des prairies peut être immédiatement soumis au labour. La couche végétale y varie de 30 à 45 centimètres, mais le degré de fertilité dû à la décomposition des herbes accumulées dépend de la nature du sous-sol.

Le maïs et l'avoine se succèdent sans interruption sur ces terres; le blé d'hiver, quelques années après le défrichement, n'y réussit plus. Les pâturages n'y prospèrent pas davantage.

Après quelques années de culture, la couche devient tellement friable qu'elle retient l'eau. Avec l'hiver qui amène les pluies et les gelées, les plantes de froment, comme les herbes des prés, ne prennent pas assez de racines pour résister aux vents violents de mars et, plus tard, aux rayons brûlants du soleil d'été. C'est pourquoi le blé de printemps y est principalement cultivé.

Des deux sortes de prairies, les unes plates, rappelant les *fens* de l'Angleterre, dépourvues d'arbres et d'arbustes, qui forment les États d'Indiana et d'Illinois, ont présenté de graves obstacles, à cause de cela, à la colonisation européenne; les autres faiblement accidentées, avec un peu de bois, des prés, et un aspect moins monotone, telles que les montrent l'Iowa, le Wisconsin et le Minnesota, ont fixé de préférence les émigrants.

L'État d'Iowa, de l'autre côté du Mississipi, est une des plus belles contrées de ce groupe, où le prix d'achat de la terre est moindre que celui du loyer des terres arables de nos pays. C'est dans les prairies de ces derniers États qu'il reste bien des espaces à mettre en valeur pour développer la production du froment.

CINQUIÈME GROUPE (*Maïs et blé*). — Entre les 39° et 41° parallèles de latitude, la zone de la vallée du Mississipi est occupée par la culture alternative du blé et du maïs.

Dans la partie septentrionale de cette zone, qui comprend le midi de l'Ohio, de l'Indiana, de l'Illinois et la plus grande partie du Kentucky et du Tennessee, le sol appartenant aux formations calcaires est d'une fertilité remarquable, surtout pour le maïs. Le blé devenant trop vigoureux dans ces terres riches, est moins favorisé par le climat, et si l'on pousse le rendement au delà de 22 hectolitres à l'hectare, il devient sujet à la carie.

Ohio. — L'Ohio avec ses terres sableuses, légères, est presque également partagé par les deux céréales. Dans le voisinage de Columbus, les bonnes terres se louaient autrefois moyennant 18 hectolitres de maïs et seulement 6 hectolitres de froment à l'hectare ; ce qui indique assez nettement la différence qui existe entre les deux céréales.

Illinois. — L'État d'Illinois dont la surface équivaut à celle de l'Angleterre, est une immense plaine ou prairie, où 90 p. 100 des terres sont arables. C'est surtout le pays du maïs. En 1877, la récolte totale de maïs y atteignait

98 millions d'hectolitres, c'est-à-dire trois fois la récolte du froment de la Grande-Bretagne, et représentait plus de 2 hectolitres par tête pour la population de 45 millions d'habitants des États-Unis. La plus grande partie de cette récolte sert à l'engraissement des porcs et du bétail, comme aussi à la consommation intérieure et extérieure.

La récolte de froment s'élevait pour cette même année à 11 millions d'hectolitres, représentant 3,66 hectolitres par tête pour les 3 millions d'habitants fixés sur le territoire de l'Illinois.

Indiana. — L'État d'Indiana peut se diviser en deux zones : la zone boisée et la prairie. Cette dernière qui occupe un sixième du territoire de l'État, absolument dénudée, est formée par un sol argilo-sableux dont la couche végétale, avec plus de 30 centimètres d'épaisseur, convient admirablement à la culture du maïs. De grosses récoltes de blé y viennent bien également ; mais leur réussite n'est pas aussi assurée que dans les terrains autrefois boisés et depuis défrichés, à consistance sableuse et perméables. La prairie et les friches de l'Indiana sont situées aux limites ouest, le long de la Wabash, au delà de laquelle elles rejoignent la grande prairie du Mississipi. Au nord, elles sont entremêlées de rideaux de forêts et de nombreux lacs.

Il y a peu de blé de printemps dans l'Indiana, les variétés de blé d'hiver offrant un meilleur rendement. Le trèfle rouge (*Trifolium pratense*) est la seule légumineuse qui précède le blé. Deux récoltes consécutives viennent souvent après le trèfle ou la jachère. La terre est défoncée au mois d'août, soigneusement hersée et roulée, et ensemencée au semoir dans le courant de septembre. L'automne étant favorable, il arrive encore que l'emblaison se prolonge jusqu'à la mi-octobre.

La moisson a lieu du 20 juin au 10 juillet. Une moissonneuse avec 3 ou 4 chevaux fait la coupe de 4 à 5 hectares par jour.

La récolte de froment n'est pas absolument certaine dans l'Indiana ; quand elle descend au-dessous de 13 hectolitres, elle passe pour avoir manqué. Elle est exceptionnelle, au contraire, quand elle excède 27 hectolitres à l'hectare.

Ouest-Virginie. — Le sol de l'État d'Ouest-Virginie, dont la plus grande partie est formée par les couches du terrain houiller, supérieures au conglomérat comprenant les schistes, les grès argileux et les calcaires, est particulièrement fertile. L'autre partie, 30 p. 100 environ, est constituée par les alluvions très-riches déposées dans les vallées et sur les flancs des coteaux.

Le blé n'y est toutefois cultivé que dans les comtés anciens, les plus peuplés. Les variétés d'hiver, et notamment le blé méditerranée, dans le comté de l'Ohio, sont à peu près exclusivement adoptées. Le rendement moyen ne dépasse guère 9 hectolitres à l'hectare, lorsque celui du maïs excède 31 hectolitres. En 1870, la production de blé était de 892,000 hectolitres, et celle du maïs atteignait près de 3 millions d'hectolitres.

Tennessee. — Le Tennessee offre une grande variété de sols. Dans le Tennessee central, le *bassin*, ainsi appelé quoique ce soit un plateau à l'altitude de 215 mètres au-dessus du niveau de la mer, appartient à la formation calcaire silurienne ; le sous-sol argileux y est couvert d'une couche végétale noire, très-fertile, plus ou moins épaisse, spécialement propre à la culture du froment. Le *Rim* appartient, au contraire, à l'époque devonienne que caractérisent les schistes ; les versants sont abrupts ; les plateaux, situés à 300 mètres d'altitude, surtout siliceux, avec sous-sol de gravier, conviennent à la culture forestière et fruitière ; les fonds seuls, dans les vallées, se prêteraient à la culture des céréales. Le plateau de Cumberland, dont l'altitude est de 600 mètres, est sableux et spécialement approprié aux pâturages et aux vergers. Entre la rivière du Tennessee et le Mississipi, le sol siliceux calcaire, sur fond d'argile, convient admirablement au trèfle et au froment, mais le maïs et le coton ont épuisé notablement la partie méridionale de cet immense fond (*bottom*) d'alluvion.

La récolte du Tennessee en blé varie entre 1,800,000 et 4,700,000 hectolitres, les emblavures étant comprises entre 400,000 et 600,000 hectares. Le rendement moyen est seulement de 8 hectolitres à l'hectare.

Les meilleures terres à blé se rencontrent dans le bassin central, dans les vallées du Tennessee est et les contrées qui bordent au nord le Tennessee central et ouest, où le rendement moyen atteint 13 hectolitres et demi.

Le froment du Tennessee, comme celui de la Caroline du Nord, du Missouri et de Virginie, donne une farine recherchée sur les marchés et qui se paye de 15 à 25 fr. de plus par culasse que celle de Genesee (New-York). En général, la farine du sud, qui se prête bien mieux que celle de l'ouest à la préparation des pâtes alimentaires, supporte mieux la traversée et se conserve mieux sous les tropiques. Aussi est-ce celle que l'on préfère pour les exportations au Brésil, au centre Amérique, au Mexique et aux Antilles.

En outre, la moisson s'opérant dans ces États un mois plus tôt que dans les États du nord-est et du nord-ouest, le marché est ouvert aux grains du sud de façon à leur assurer un écoulement à des prix plus avantageux.

Le cinquième groupe comprend également la région pacagère qui correspond à l'élève du bétail, des chevaux et des mules. Le sol du Kentucky, si favorable à l'herbe, convient aussi au blé, au tabac et au coton.

SIXIÈME GROUPE. — Le groupe qui occupe les versants des monts Alleghanys, depuis l'État de New-York jusqu'à l'Alabama, se recommande plutôt par ses pâturages que par ses cultures arables et par ses céréales. On y remarque toutefois de nombreuses et fertiles vallées dans les districts à sol calcaire de Pensylvanie et de Virginie, qui produisent encore du blé et du trèfle. Les terres de New-Jersey sont pauvres ; celles des petits États de Maryland et de Delaware, sur la côte de l'Atlantique, sont les plus riches du groupe.

New-Jersey. — Aux environs de New-Jersey, le sol est bas et plat, humide et marécageux ; plus loin, il s'ondule et se couvre de bois ; enfin, jusqu'aux approches de New-Brunswick, la marne rouge légère ne compte pas un dixième en culture. C'est au sud-ouest de cet État seulement que l'on trouve, sur un sol plus profond et plus sec, la culture du blé en pièces symétriques de 3 à 4 hectares, pourvues de clôtures.

Pensylvanie. — En Pensylvanie, la surface arable, d'environ 12 millions d'hectares, offre à peine un sixième à la culture. Quoique baigné par l'Atlantique, cet État, dont la population est depuis longtemps établie, offre beaucoup de terres à défricher et plus encore à améliorer. Actuellement, les 566,000 hectares en blé rendent en moyenne 12,38 hectolitres par hectare ; les 500,000 hectares en maïs, 29,5 hectolitres, et les 477,000 hectares en avoine, 32,33 hectolitres, c'est-à-dire qu'avec une population de 4 millions d'âmes environ, l'État de Pensylvanie fournit par tête 1,60 hectolitre de blé, 3,60 hectolitres de maïs et autant d'avoine, et produit plus, par conséquent, que la consommation n'exige.

N'est-ce pas d'ailleurs dans les comtés à l'ouest de cet État que prospèrent les charbonnages et les forges, et dans le nord, en plein Alleghany, que coulent les sources de pétrole et que la population industrielle s'accumule ?

Aux alentours de Philadelphie, le sol est argilo-sableux, d'une profondeur de $0^m,35$ à $0^m,50$ et parfois de $0^m,90$, reposant le plus souvent sur un sous-sol argileux, avec des marnes et des calcaires. Il exige un faible drainage, à une profondeur qui varie entre 0^m,60 et 1^m,20. Les fermes maraîchères comprennent entre 6 et 20 hectares ; quant aux fermes à herbages pour la production du lait et du beurre, elles occupent de 28 à 80 hectares. Il y a huit ou dix ans à peine, ces terres valaient de 600 à 750 fr. l'hectare ; elles valent aujourd'hui le double. Les meilleures fermes, dans un rayon de 10 kilomètres autour de Philadelphie, pourvues de leurs bâtiments, de leurs routes et clôtures, peuvent s'acquérir au prix de 1,800 fr. l'hectare. Pour de telles acquisitions, l'argent peut s'obtenir à moitié de la valeur de la terre, entre 5 et 6 p. 100 [1].

Les placements agricoles sont recherchés jusque dans un circuit de 100 kilomètres, le sol étant facile à cultiver et approprié à tous les modes de fermage.

Dans le comté de Washington, sur la ferme de 160 hectares de John Miller Hickory, le blé est semé en septembre et moissonné en juillet. Le rendement est d'environ 17 hectolitres et le prix de vente aux courtiers, de 13 fr. en moyenne par hectolitre. Dans le compte d'exploitation, 18 hectares en blé représentent ainsi $17^h \times 13^f \times 18^h$; soit 3,978 fr., ou 210 fr. par hectare.

Septième groupe. — A partir de l'État de Virginie, la zone étroite où le blé et le maïs sont cultivés se prolonge, en suivant les monts Alleghanys, à travers les Carolines, la Géorgie et l'Alabama, mais c'est seulement

---

1. *The Times. La Culture en Pensylvanie*. Philadelphie, 10 octobre 1879.

à une altitude de 300 mètres que les deux céréales y prospèrent, sans pourtant y atteindre de gros rendements.

La Caroline du Nord comprend trois parties : l'une à l'ouest, formant un plateau à 760 mètres d'élévation ; l'autre à l'est, le long de la côte atlantique, constituant une plaine basse, dont le sol est du sable, de la tourbe ou de l'alluvion ; la troisième, intermédiaire, dont l'altitude varie de 90 à 365 mètres au pied des monts Blue Ridge, de formation granitique, produisant le blé en abondance, mais par des procédés de culture défectueux. La partie centrale, qui est la plus étendue, jouit d'une température moyenne de 16 degrés centigrades.

Quant à la Caroline du Sud, à la Virginie, à la Géorgie et à l'Alabama, c'est par le coton principalement qu'ils appartiennent à la culture d'exportation, et à ce titre, nous n'avons pas à nous en occuper ici.

Autres territoires. — En dehors des sept groupes indiqués, il y aurait à signaler quelques États ou territoires granifères : le Texas, la Californie, l'Orégon et le Dakota.

Texas. — Au Texas, le sol et le climat sont si favorables à la culture du froment, qu'il y mûrit six semaines plus tôt que dans les autres États de l'Union, et que l'on y a de la mouture fraîche dès le commencement de juin ; ce qui donne à cette contrée un avantage précieux pour le marché. La région spéciale du froment y embrasse 30 comtés couvrant une surface de plus de 4,000 kilomètres carrés.

De 18,000 hectolitres en 1850, la production du Texas

s'élevait à 2 millions et demi d'hectolitres en 1866. Les chemins de fer, les facilités d'exportation et l'affluence des émigrants attirés des États voisins par des agences de souscription bien organisées, ont contribué à maintenir, sur une surface ensemencée de 160,000 hectares, une production d'environ 2 millions d'hectolitres depuis la guerre.

Californie. — La production du blé occupe le premier rang, après celle des métaux précieux, en Californie. Outre qu'elle subvient abondamment à la consommation intérieure de cet État, elle laisse un fort excédant annuel pour l'exportation du blé en nature ou à l'état de farine.

Le sol, jusqu'à présent, n'exige ni jachère, ni fumure, et donne tous les ans les plus riches récoltes de froment. De la baie de Monterey jusqu'à l'embouchure de la rivière russe, sur un espace de 400 kilomètres, c'est une seule plaine de blé, rappelant celles qu'offre la Hongrie, de la Theiss au Danube. Toutes les vallées des plaines Salinas sont admirablement adaptées à la production, avec un rendement de 25 à 40 hectolitres à l'hectare.

A partir de la première semaine de mai jusqu'en novembre, il ne pleut plus, et l'irrigation devient une nécessité pour les terres trop sèches. On moissonne, on bat, on met en sacs sur le champ même, et l'on transporte dans d'excellentes conditions pour la mouture ou pour l'envoi aux contrées lointaines.

Sans atteindre les hauts rendements des terres du Kansas, le sol californien donne un blé surtout exempt d'altérations, qui ne souffre pas des maladies auxquelles sont exposés les froments des États du Mississipi et du littoral atlantique.

Il n'est pas rare d'ailleurs de rencontrer sur les terres plus humides du San-Joaquin des fermes où, depuis vingt années, les mêmes champs fournissent annuellement 35 hectolitres, sans diminution sensible et sans aucune fumure.

Depuis 1860, la Californie a apporté à la production en blé des États-Unis un appoint considérable. Les ressources agricoles de l'État s'étant beaucoup développées, la production passait de 6,000 hectolitres, en 1850, à 1,977,000 hectolitres en 1861, correspondant à un rendement moyen à l'hectare de 18,56 hectolitres.

En 1862, le produit total s'élevait à 3,233,000 hectolitres, correspondant à un rendement de 21,55 hectolitres.

En 1863, l'Angleterre recevait directement de Californie 494,000 hectolitres de blé et 1,005 tonnes de farine ; le blé blanc de qualité supérieure pesait en moyenne 80 kilogr. par hectolitre.

En 1864, la sécheresse de l'hiver ayant endommagé la récolte, l'exportation de blé californien en Angleterre descendait à 174,000 hectolitres.

En 1865, la Californie, jusqu'à la nouvelle récolte, a manqué de blé et a dû payer 35 et 40 fr. l'hectolitre ; mais après la récolte, le prix de l'hectolitre s'abaissant à 17 fr., elle reprenait des exportations importantes sur l'Australie et la Chine.

En 1870, avec des ressources agricoles encore incomplétement développées, la production totale atteignait 6,179,000 hectolitres.

En 1876, pour 950,000 hectares emblavés, elle avait excédé 11 millions d'hectolitres, le rendement à l'hectare étant descendu à 11 hectolitres et demi.

Malgré les anomalies d'une récolte qui dépend beaucoup plus qu'ailleurs, dans l'Amérique du Nord, de l'humidité de l'année, la Californie a, dans les bonnes années, un stock de blé disponible considérable, dans des conditions de rendement et de prix qui le font rechercher pour l'exportation.

Orégon. — L'Orégon, bordé au nord par le nouvel État de Washington, qui confine à l'Amérique russe et à la Nouvelle-Bretagne, au sud par la Californie, est longé à l'ouest par la mer Pacifique et à l'est par la cordillère des montagnes Rocheuses.

Du couchant au levant, le territoire présente trois grandes vallées parallèles, dont une seule, par son climat tempéré et par son sol d'une fertilité exceptionnelle, produit le blé. C'est la vallée qui s'étend du bord de la mer jusqu'aux monts Cascade et dans laquelle coule le Rio-Columbia, navigable jusqu'à 40 lieues de son embouchure.

L'Orégon alimente de blé et de farine San-Francisco et exporte directement en Grande-Bretagne. En 1876, son exportation totale, pour une production de plus de 2 millions d'hectolitres, atteignait, en blé et en farine, 922,000 hectolitres. Avec une population de 105,000 habitants, en 1875, l'Orégon produisait 1,890,000 hectolitres de froment; et en 1877, sur 138,000 hectares ensemencés, 2 millions et demi d'hectolitres.

La vallée Willamette, comparable aux plus belles plaines de la Californie, est appelée à approvisionner la côte du Pacifique du froment importé jusqu'alors par des districts plus à l'est.

Rivière Rouge. — Il n'est bruit depuis quelque temps, dans la presse anglaise, que des rendements merveilleux obtenus dans la zone qui s'étend sur le haut Minnesota, le Dakota et le Canada, des deux côtés de la frontière internationale.

L'État du Minnesota est, avec Iowa, celui qui produit le plus de blé. En 1877, l'Iowa, sur 1 million d'hectares ensemencés, produisait 13 millions et demi d'hectolitres; le Minnesota, sur 728,000 hectares seulement, donnait une récolte de 12 millions d'hectolitres.

La zone dont il s'agit, dirigée vers le nord-ouest, suit, à partir de la rivière Rouge du Nord, dans le Minnesota, le cours des deux rivières Saskatchewan jusque vers les Rocheuses. Entourée à l'est par une série de mamelons peu élevés, elle monte graduellement du côté de l'ouest et forme comme le fond d'une vaste cuvette d'une largeur moyenne de 200 kilomètres. Dans le Manitoba, qui est la province canadienne limitrophe, cette même zone s'étend et complète la superficie évaluée à 50 millions d'hectares de terres de prairie d'une fertilité non moins extraordinaire que celle de la Savannah.

Aussi, le premier ministre de la Grande-Bretagne n'hési-
tait-il pas, dans un de ses récents discours à Aylesbury,
à signaler cette contrée, au point de vue du Canada,
comme devant modifier prochainement les conditions de
concurrence entre l'Amérique et le Royaume-Uni.

Nous décrirons plus loin les progrès de la colonisation
sur ces nouvelles terres à blé de la rivière Rouge.

4. — HISTOIRE ET PROGRÈS DE LA CULTURE DU BLÉ.

L'introduction de la culture du blé aux États-Unis re-
monterait, paraît-il[1], à l'an 1602, lorsque Goswold, pour
reconnaître la côte, s'établit dans l'une des îles Élisabeth,
de la baie Buzzard.

Dans l'État de Virginie, le blé fut semé en 1611, et
cultivé jusqu'en 1648, époque à laquelle il est indiqué dans
les actes qu'un certain nombre d'hectares sont en froment ;
mais bientôt après, le tabac, qui assure des bénéfices beaucoup plus considérables, frappe de discrédit la culture du
blé et l'arrête, pendant plus d'un siècle, dans cette colonie.

Le tabac, du reste, admirablement approprié au sol et
au climat américains, devait offrir à la colonie naissante un
avantage bien plus précieux que le blé, en lui donnant un
capital acquis par le travail agricole. Jusqu'à ce que le
coton fût venu à son tour doter les États du Sud d'une

---

1. Ch. L. Flint, *Les Progrès agricoles de cent années* (*Report of the Com.
of agric.* 1872, p. 280). Washington, 1874.

des plus riches cultures industrielles qui soient au monde, on peut dire que le tabac a été le premier élément de la prospérité et du commerce extérieur des États américains de l'est.

Le froment est cultivé de bonne heure par les colons hollandais, dans la Nouvelle-Hollande, car dès 1626, ils en envoient des échantillons à la métropole.

Peu d'années après son établissement, la colonie de Plymouth cultive le blé, et on trouve mention qu'en 1629 elle transmet en Angleterre des graines pour semence. Toutefois, pendant près d'un siècle, le maïs et, plus tard, la pomme de terre sont les denrées principales qui servent à l'alimentation des colonies. Jusqu'à ce que le mode de culture et que les besoins de la plante soient mieux connus des colons, le blé, sujet aux maladies, n'est pas une récolte assez certaine. Aussi, est-ce occasionnellement qu'au commencement du siècle dernier ils exportent quelque peu de blé en Angleterre, en Espagne et dans les Indes occidentales.

En 1750, New-Jersey occupe le premier rang parmi les colonies pour la production et le commerce des grains. La culture du froment s'étend le long du fleuve Hudson et du Mohawk, et se développe notamment en Pensylvanie. L'épuisement des terres par la culture du tabac dans le Maryland, la Virginie et la Caroline engage les planteurs à recourir au blé et aux céréales. Quelques chiffres donneront une idée de l'importance de la production dans le commencement du siècle actuel : ce sont ceux des expor-

tations de blé et de farine relevés pour les années 1791,
1800 et 1810.

	BLÉ.	FARINE.
	Hectolitres.	Tonnes.
1791	366,000	54,000
1800	9,600	58,008
1810	117,000	71,000

Jusqu'en 1840, la production et l'exportation viennent,
pour la plus grande partie, des États de la Nouvelle-Angleterre et de la Pensylvanie : aucune statistique officielle ne
fournit les relevés de la production du blé. C'est seulement
lors du recensement officiel de l'année 1840, qu'elle est
estimée à 30,780,000 hectolitres.

En 1850, elle s'élève à 36,476,000 hectolitres ; c'est
une augmentation de 15 p. 100. L'année auparavant, la
Pensylvanie, pour une production de 5,578,000 hectolitres, s'était placée au premier rang parmi les États à
froment.

L'État d'Ohio, de 1850 à 1852, avec une surface moyenne
en blé de 700,000 hectares, produit, pendant ces trois
années, 29 millions d'hectolitres, soit 9,666,000 hectolitres
par an, le rendement moyen à l'hectare étant d'environ
13 hectolitres et demi. A lui seul, l'État d'Ohio livre
alors plus d'un cinquième du blé des États-Unis.

On verra ailleurs ce qu'est devenue la production
totale sous l'influence de la colonisation croissante, d'un
outillage perfectionné pour la culture et pour les transports, et des institutions de ce grand pays.

5. — PROGRÈS DE LA POPULATION.

Au commencement du siècle, les États-Unis ont une population évaluée à 5 millions et quart d'habitants.

En 1851, cette population, répartie sur 7,540,000 kilomètres carrés, atteint 23,267,498 habitants. La densité moyenne [1] est ainsi de 3, comme elle est de 3 à la même époque pour la Russie, mais de 68 pour la France, de 88 pour les îles Britanniques, de 94 pour la Hollande, de 151 pour la Belgique.

Il importe toutefois d'ajouter que, considérée au point de vue des États isolés de l'Union américaine, la densité s'élève à cette époque à 51 dans le Massachussets, à 43 dans Rhode-Island, à 30 dans le Connecticut, à 26 dans le New-York, etc.; et aussi, qu'elle est seulement de 4 dans le Missouri, de 3 dans l'Illinois et le Michigan, de 2 dans le Wisconsin, de 1 et demi dans l'Iowa, de 0,44 en Californie et de 0,40 au Texas; tandis que dans l'Utah elle est réduite à 0,04, dans le Minnesota à 0,03, dans l'Orégon, à 0,015.

L'accroissement moyen annuel est alors de 0,036 ; il est le plus considérable que l'on observe dans les États policés, par le fait surtout des régions nouvelles ouvertes à la culture ; car dans les anciens districts, arrivés à une con-

---

1. Population par kilomètre carré.

densation comparable à celle de l'ancien monde, il s'y ralentit de la même manière.

Jusqu'en 1860, la population s'était accrue progressivement, mais la funeste guerre de sécession a brusquement arrêté le progrès, aussi bien par le sacrifice des hommes valides que par l'obstacle apporté à l'immigration.

En effet, la moyenne de l'augmentation, qui avait été de 3 et demi p. 100 environ pendant 70 années, jusqu'en 1860, eût porté le chiffre total de la population, en 1870, sans la guerre civile, à 42,600,000 habitants ; tandis qu'il n'a été, d'après le recensement légal, que de 38,535,000, et effectivement de 38,925,598. Le même taux de 3 et demi d'augmentation eût donné, pour 1880, 57 millions d'habitants, alors que le dénombrement donnera à peine 49 millions.

Il résulte en effet de recensements partiels, opérés de 1874 à 1876, dans treize États de l'Union [1], que leur population, qui était, en 1870, de 14,445,242, avait atteint, en 1875, le chiffre de 16,646,477. En appliquant ce même taux d'accroissement de la période quinquennale 1870-1875 aux autres États et territoires, on obtenait, pour 1876, un chiffre total de 44,672,918 habitants ; c'est-à-dire qu'à 2 millions près, la population avait doublé par rapport à celle constatée officiellement en 1851, et l'on constatait

---

1. Ces treize États sont les suivants : Iowa, Kansas, Louisiane, Massachussets, Michigan (1874), Minnesota, Missouri (1876), New-Jersey, New-York, Orégon, Rhode-Island, Caroline-Sud et Wisconsin.

que la densité de la population, dans une période de 25 années, avait sauté de 3 à 14,66.

D'après les calculs faits en prévision du recensement décennal que le Congrès a voté pour 1880, le chiffre total atteindrait 47,694,598; mais les statisticiens considèrent que l'émigration des dernières années portera ce chiffre jusqu'à 48 millions et demi.

En résumé, de 5 millions et quart d'habitants recensés en 1800, passer à 33 millions et quart en 1870, et à 48 millions et demi en 1880, ce sont là des étapes, malgré une guerre se chiffrant par une diminution de 4 millions d'individus, qui tiennent du merveilleux!

Émigration. — Ce résultat incomparable n'a pas été obtenu, il est vrai, sans un apport de l'extérieur, et l'on peut dire que la République américaine, pour accroître encore sa prospérité matérielle, s'est enrichie dans ce siècle de presque toutes les forces humaines rejetées par l'Europe et par l'Asie.

Avant 1820, les immigrants arrivaient par petits groupes et s'arrêtaient généralement dans les États de l'Atlantique; ce sont les anciens habitants qui ont constitué les États entre les Alleghanys et le Mississipi, en colonisant parallèlement de l'est à l'ouest.

La civilisation de l'ouest est née du concours occulte de 300,000 ou 400,000 cultivateurs partis, chacun pour son compte, de la Nouvelle-Angleterre, souvent seuls avec leurs propres familles, quelquefois en compagnie d'autres familles des mêmes districts.

Jusqu'en 1820, depuis la guerre de l'Indépendance, 250,000 étrangers à peine étaient venus s'établir aux États-Unis. A partir de cette date, le véritable flot commence et porte le nombre enregistré officiellement, jusqu'au 31 décembre 1870, à 7,553,865 immigrants entrés dans les ports de l'Union :

1820-1830	151,824
1831-1840	599,125
1841-1850	1,713,251
1851-1860	2,598,214
1861-1870	2,491,451

En ajoutant à ces nombres les immigrants venus par la frontière du Canada, d'après l'estimation du chef du bureau de statistique [1], on arrive à un total de plus de 8 millions, de 1790 à 1870.

Entravée un moment pendant la guerre, l'émigration reprend rapidement son cours, comme le montrent les chiffres suivants :

1870-1871	346,938
1871-1872	404,806
1872-1873	459,803
1873-1874	313,339
1874-1875	397,484

Les émigrants sont, pour plus de moitié, dans la force de l'âge : entre 20 et 35 ans ; la proportion des femmes étant d'un tiers plus faible que celle des hommes, celle des

---

1. Ed. Young, *Rapport spécial sur l'immigration*. Washington, 1872.

enfants de moins de 10 ans n'est que de 15 p. 100 du nombre total.

On a établi que, sur un total de 4,212,624 émigrants entrés aux États-Unis, de 1819 à 1855 [1]:

<pre>
Le Royaume-Uni en avait fourni   2,343,445
Le Canada.   91,699
L'Allemagne.   1,242,082
La Hollande, la Belgique et la Suisse . .   55,645
Le Danemark, la Suède et la Norvège . .   32,500
La Pologne et la Russie.   2,256
La France.   188,725
L'Espagne, les Antilles et le Portugal . . 19,091
L'Italie.   8,354
La Turquie et la Grèce   231
L'Amérique espagnole.   57,366
La Chine et les Indes.   16,988
</pre>

La race gréco-latine avait ainsi apporté à l'immigration américaine 70 p. 100 de sa valeur en capital humain.

En attirant vers elle les travailleurs déclassés de l'Europe, le gouvernement de l'Union leur a surtout offert la facilité d'acquérir, après un court séjour, tous les droits de citoyen d'un grand pays, et, pour un prix modique, la faculté de devenir propriétaires, sans aucune des formalités inutiles imposées par leurs propres gouvernements. Ils se trouvaient d'ailleurs séduits par la double perspective d'un pays à climat tempéré, leur permettant de conserver les habitudes de leur patrie et des salaires élevés. Nous mon-

---

1. W. Bromwell, *Histoire de l'émigration.*

trons plus loin par quelles heureuses mesures l'administration fédérale a su encourager la mise en valeur du territoire.

La statistique des émigrants tenue par le Département des finances (*Treasury department*) n'a indiqué aucun ralentissement dans les dernières années qui ont suivi. Le tableau qui suit, comprenant sept années (de 1867 à 1874), en fait foi.

Sur le demi-million d'immigrants enregistrés annuellement, les six septièmes environ sont fournis par l'Europe, et près de la moitié de ce nombre, par la Grande-Bretagne et l'Irlande.

Le mouvement de l'Allemagne, empêché un instant par la guerre avec la France, a repris avec la même activité que précédemment. La Suède a maintenu son courant, mais la Norvège l'a beaucoup accru depuis 1869.

Irlande. — Des trois forces principales de l'immigration, fournies aux États-Unis par l'Europe, l'Irlande a été longtémps la plus considérable. Envisagée comme un remède à la misère de l'Irlande, l'émigration s'y développa surtout, de 1846 à 1853, par l'entraînement de la *fièvre de l'or* que firent naître les découvertes des gisements aurifères de la Californie, et sous l'influence plus pratique des envois de fonds et des subsides que transmettaient les Irlandais déjà établis en Amérique à ceux qui devaient les rejoindre. Plus tard, le régime économique de l'Irlande s'étant amélioré et le travail de ses nationaux étant plus demandé, la commission officielle de colonisation chercha

TABLEAU *de l'émigration aux États-Unis de 1867 à 1874, pendant 7 années.*

	1867	1868	1869	1870	1871	1872	1873
G.de-Bretagne et Irlande.	125,520	107,583	147,716	151,089	143,937	157,905	159,355
Allemagne	133,426	123,070	124,788	91,779	107,201	155,295	133,141
Autriche-Hongrie. . . .	692	395	2,523	5,284	4,889	6,132	7,835
Suède	5,316	13,958	24,115	12,009	11,659	14,645	11,351
Norvège	1,739	6,461	17,718	12,356	11,307	10,348	18,107
Danemark	1,436	2,019	4,282	3,041	2,346	3,758	5,095
Hollande	2,223	652	1,360	970	1,122	2,006	4,640
Belgique	789	1,578	1,003	1,039	168	964	1,306
Suisse	4,168	3,261	3,488	2,474	2,824	4,081	3,223
France.	5,237	3,936	4,118	3,586	5,780	13,782	10,813
Corse.	»	»	»	3	»	»	»
Espagne	904	816	1,112	511	618	558	486
Portugal	126	245	265	291	59	370	34
Grèce	10	8	17	15	10	18	37
Italie.	1,624	1,408	2,182	2,940	2,948	7,322	7,511
Turquie	26	13	10	13	21	34	78
Russie	205	201	580	766	1,005	1,311	3,490
Pologne	310	248	87	424	832	2,606	2,863
Finlande.	»	»	»	»	24	71	113
Heligoland.	»	»	»	»	2	1	1
Gibraltar.	»	»	»	1	4	3	8
Iles de l'Atlant. (Europe)	391	310	452	574	920	1,168	1,473
Antilles occidentales . .	817	858	3,016	1,109	1,228	1,309	1,974
Amérique du Nord . . .	6,310	11,172	31,300	53,826	40,432	40,903	30,015
Amérique du Sud. . . .	224	145	59	84	110	123	168
Asie	3,961	10,701	15,000	12,058	6,070	10,681	18,219
Afrique	25	63	31	24	25	40	13
Australie, Antilles orientales et du Pacifique. .	1	1	41	25	1,289	1,920	1,053
Nés en mer.	1	3	»	10	77	133	138
Sans nationalité spécifiée.	11,891	23,292	49,923	67,711	50,182	56,290	»
Pays non dénommés. . .	2,877	8,107	10,656	22,494	20,882	11,752	»
TOTAL	298,358	297,215	395,922	378,796	367,789	449,483	422,545
A déduire : ceux qui ont déclaré ne pas résider.	4,757	8,070	10,635	22,493	20,851	11,733	»
Émigration (total net). .	293,601	289,145	385,287	356,303	346,938	437,750	422,545
TOTAL pour l'Europe.	283,751	265,855	335,361	288,592	296,756	381,460	369,487

à détourner le flot de l'émigration vers l'Australie et les autres possessions britanniques. L'Irlande n'en fournit pas moins, à l'heure présente encore, un aliment des plus substantiels à la population américaine.

Allemagne. — L'émigration allemande a eu un caractère plus régulier que celle du Royaume-Uni ; elle a continué à déverser ses masses compactes et homogènes, non pas dans les placers de la Californie et les mines des Rocheuses, ni dans les villes, comme l'émigration irlandaise, mais vers l'agriculture. Ce sont les Allemands surtout qui se joignent et s'assimilent aux défricheurs américains dans le Far-West, profitant des lois sur l'*Homestead* pour constituer la forte population de l'avenir dans cette région.

De 1832 à 1875, on compte plus de 3 millions d'Allemands, établis presque tous sur le sol de l'Ouest, où ils forment des villages et des comtés exclusivement allemands, avec des écoles, des églises et des journaux à eux ; propriétaires de leurs maisons et de leurs terres [1], ils exercent une grande influence sur les législatures des États auxquels ils appartiennent.

Scandinavie. — L'émigration de la Suède et de la

---

1. En 1870, on avait recensé :

Au Missouri	113,618	Allemands.
Dans l'Illinois	203,758	—
Dans l'Indiana	78,060	—
Dans l'Ohio	182,000	—
Dans le Wisconsin	162,314	—

(Rapport spécial sur l'immigration.)

Norvège, qui á pris dans ces dernières années un grand essor (246,000 individus de 1860 à 1876), s'est dirigée presque entièrement sur le Wisconsin et l'Iowa, et tout récemment sur le Minnesota, où elle se livre aussi à l'exploitation des terres.

En dehors du contingent fourni par l'Europe, il convient de noter celui venu du Canada et qui se répand dans les États limitrophes; mais principalement celui de l'Asie qui a envahi les États du Pacifique et, en premier lieu, la Californie.

Chine. — Les Chinois ont immigré en si grand nombre, faisant une si rude concurrence aux ouvriers blancs par les salaires inférieurs dont ils se contentent, que la législature de San-Francisco a voté des lois de nature à restreindre l'importation des coolies, fils du Céleste-Empire, par trop réfractaires à la civilisation américaine. Les États du Pacifique, soutenus par ceux de l'Atlantique, qui craignent que ces travailleurs à bas prix ne fassent de proche en proche baisser les salaires, demandent impérieusement au Congrès leur exclusion, sans avoir pu heureusement encore l'obtenir.

6. — SITUATION COMPARÉE DE L'AGRICULTURE AMÉRICAINE.

Indépendamment des forces matérielles que le vieux continent a cédées à la nation américaine, il est certain qu'aucun pays n'a démontré plus nettement par ses résultats ce que Malthus avait depuis longtemps établi, à savoir:

que la population tend à se multiplier aussi rapidement que les subsistances [1], ou bien ce corollaire, que les pays producteurs se peuplent le plus rapidement. Le tableau qui suit, dans lequel se trouvent résumées, en regard des chiffres de la population, les données principales de la production agricole des États-Unis en 1850, 1860 et 1870, en fournit une preuve peu contestable.

A première vue, l'on reconnaît dans ce tableau que la valeur totale des produits agricoles a non-seulement augmenté proportionnellement au chiffre de la population pendant la période de vingt années, mais encore que la progression de son accroissement a été de plus en plus rapide.

TABLEAU *de la situation comparée de l'agriculture aux États-Unis en 1850, 1860 et 1870.*

	1850.	1860.	1870.
Population . . . . (habitants).	23,267,498	31,445,080	38,535,153
Surface en culture . . . . . (millions d'hectares).	46	66	110
Surface inculte . . . . id.	73	99	90
Surface totale cultivable. . id.	119	165	200
Nombre de fermes.	1,450,000	2,045,000	2,660,000
Nombre d'hectares par ferme	82	78,5	62
Valeur des fermes. . . . . (milliards de francs).	17	34,5	46
Valeur du matériel agricole. (millions de francs).	792	1,275	1,685
Valeur du bétail et des chevaux. id.	2,800	5,643	7,625
Valeur de la produc. agric. totale (milliards de fr.).	7	10	13
Production totale du froment (millions d'hectol.).	35,5	63	91

Quant à la quantité de froment produite, elle a triplé, tandis que la population ne s'est accrue que des deux

____

1. Malthus, *Princ. de pop.*, Ch. 1.

tiers. La double production du blé et des hommes a marché parallèlement, mais d'un pas beaucoup plus accéléré pour le blé.

Terres cultivées et friches. — Relativement à la surface soumise à la culture, on remarque que si, en 1860, il y avait pour chaque hectare cultivé, un hectare et demi laissé inculte, en 1870 la proportion est renversée, et il y a plus d'hectares exploités que d'hectares en friche.

Pendant que la surface arable passe de 46 à 110 millions d'hectares, celle des terrains incultes n'augmente que de 73 à 90 millions d'hectares pour une surface totale exploitable, comprise entre 119 et 200 millions d'hectares.

En évaluant à 8 millions et demi d'âmes la population agricole des États-Unis, correspondant à 22 p. 100 de la population totale, d'après le cens de 1870, on constate 13 hectares de terre cultivée par tête.

Nombre et contenance des fermes. — Si le nombre des fermes va toujours en croissant, leur étendue moyenne diminue. La prédominance des petites exploitations s'accentue en effet de plus en plus, et la statistique officielle de 1870 établit que, sur plus de 2 millions et demi de fermes, il y en a 2 millions qui exploitent moins de 40 hectares et 20,000 seulement qui exploitent plus de 200 hectares.

En 1870, la superficie totale exploitée par les fermes est estimée à 1,478,000 kilomètres carrés, sur lesquels 577,680 représentent les exploitations avec partie en bois.

Petite et moyenne culture. — On peut dire que la petite et la moyenne culture, aux mains de la classe des *farmers*, propriétaires cultivant eux-mêmes leurs terres et vivant sur leurs exploitations, constitue une des ressources les plus vitales de l'Union américaine.

Si dans la Pensylvanie, le New-York, le New-Jersey, se rencontrent des domaines étendus où les émigrants venus sans ressources exécutent les travaux, en attendant de pouvoir acquérir des terres dans l'ouest, les fermes de 40 à 100 hectares prédominent dans les États de la Nouvelle-Angleterre. Les vastes plaines qui bordent le Mississipi comptent aussi de grandes propriétés appartenant à un seul propriétaire; les fermes s'y étendent de 200 à 400 hectares, et jusqu'à 3,000 hectares, comme dans l'Illinois et dans l'Iowa; mais l'ouest se distingue surtout par les petites exploitations, et tout concourt à y favoriser la petite propriété. La terre arable se subdivise au point d'y attirer les fils des *farmers* des anciens États, tandis que dans ces États mêmes, il n'est pas rare de voir se constituer de nouveau de grands domaines par la réunion des petits patrimoines qui ont été abandonnés après avoir été cultivés pendant plusieurs générations.

Le caractère même de l'émigration aux États-Unis n'a pas été étranger au résultat de la moyenne culture, si éminemment favorable à la colonisation. Pendant le premier tiers de ce siècle, ce sont les habitants des anciens États de l'Atlantique qui ont colonisé les contrées entre les Alleghanys et le Mississipi. Ainsi, les colons fermiers de la Nouvelle-Angleterre et du centre, après avoir peuplé les districts au nord des grands États de New-York et de Pensylvanie, ont fondé les États de l'Ohio, de l'Indiana, du Michigan, de l'Illinois et même du Wisconsin ; ceux de Maryland et de Virginie ont formé l'Ouest-Virginie et le Kentucky ; enfin, ceux des deux Carolines ont émigré dans le Tennessee, le Missouri, l'Alabama et l'Arkansas. Quant aux émigrants venus d'Europe, ils s'arrêtaient alors dans les États de l'Atlantique et dans les villes peuplées du littoral. C'est plus tard seulement, depuis trente ou quarante ans, qu'ils se sont répandus, les Allemands surtout, et les Scandinaves, dans les contrées de l'ouest et les vallées des montagnes Rocheuses.

Terres publiques. — L'organisation adoptée par le gouvernement fédéral et la législation qui la sanctionne ont eu pour conséquence, plus admirable encore que celle de l'immigration, de faciliter aux Américains la mise en culture de leur immense territoire.

Dès l'année 1780, en effet, le Congrès avait déclaré propriétés de l'Union, en s'en attribuant l'administration, toutes les terres jusqu'alors libres ou en friche.

Ce droit établi, l'administration ne s'est occupée, pour mettre ces terres en valeur, que de les vendre, après avoir régularisé le mode de cession de la propriété de manière à éviter toutes formalités inutiles.

Centralisée à Washington, sous la surveillance du ministre des finances, entre les mains d'une direction des domaines, l'administration a divisé le pays en districts, pour chacun desquels il y a un inspecteur général de l'arpentage, ayant sous son contrôle un nombre de divisionnaires proportionné à l'étendue du district, et un bureau *terrien* composé d'un conservateur et d'un receveur, le premier pour la garde des plans, l'enregistrement des actes, etc., le second pour l'encaissement et la comptabilité.

Les opérations de l'arpentage, fixées d'après des règles uniformes, se résument en un plan général de chaque district, dressé en trois expéditions : l'une pour l'inspecteur, l'autre pour le conservateur et la troisième pour le bureau central de Washington, où elle sert de contrôle aux opérations du district et à la régularisation des titres définitifs, et de base pour l'assiette ultérieure des impôts.

Les principes généraux adoptés pour la mise en vente des terres de l'Union ont été les suivants :

1° Vente aux enchères publiques ;

2° Paiement comptant ;

3° Minimum de mise à prix, 16 fr. par hectare pour une étendue d'au moins 65 hectares.

Au moment où il touche le prix, le receveur dresse un récépissé en double expédition : l'une pour l'adjudicataire, l'autre pour le conservateur, qui l'expédie à Washington avec le certificat de l'adjudication.

Après vérification par la direction centrale, le titre définitif, sous forme de patente, signé par le Président des États-Unis, est envoyé au conservateur du bureau *ter-*

rien, qui le délivre en échange du récépissé remis en du-plicata à l'adjudicataire [1].

En même temps que le Gouvernement disposait ainsi des terres publiques par la vente aux enchères, il concédait aux États des surfaces considérables pour les établissements publics, les écoles et colléges, les routes, les chemins de fer, etc. Les États en ont revendu une grande partie dans des conditions semblables à celles adoptées par le Gouvernement.

Une loi de 1841, pour rendre la propriété territoriale plus accessible encore au travailleur agricole, a permis de vendre à l'amiable, avec délai de paiement de deux ans, afin de faciliter l'acquittement du prix sur le produit même de la culture.

Un décret avait déjà autorisé à vendre à l'amiable toute terre mise en vente aux enchères pendant deux semaines consécutives sans avoir été adjugée, par lots de 16 hectares au moins, au prix minimum de 16 fr. l'hectare, et à remettre des titres dans la forme indiquée.

Législation relative à la propriété des terres. — C'est surtout par la loi sur l'*Homestead,* votée en 1862, que le Gouvernement, s'opposant à l'accaparement des terres, a pu fonder dans ces pays la transmission continue de la moyenne propriété.

En vertu de l'*Homestead Act* du Congrès, tout citoyen

---

1. *Émigration européenne au* xixe *siècle,* par Horace Say. (*Annales de la colonisation,* tome IX, 1856.)

des États-Unis, ou tout étranger, chef de famille, qui dé-
clare vouloir se faire naturaliser Américain, a le droit d'acquérir à son choix et sur le vu du cadastre, parmi les terres
encore libres, 65 hectares de terre, en ne payant que les
frais d'arpentage, ou 1 fr. 28 c. à 1 fr. 48 c. par hectare,
moyennant qu'il s'engage à enclore le terrain dans l'année,
à y bâtir une habitation avec deux ouvertures au moins,
et à l'exploiter comme domaine agricole.

Chacun de ses fils, à sa majorité, jouit du même privilége, mais une famille n'a pas le droit d'acquérir un lot de
terres supérieur à 260 hectares, constituant une *section*.

Ceux qui ont occupé et défriché la terre sans titre, les
squatters comme on les désigne, ont des droits spéciaux
de préemption qu'ils peuvent réclamer avec tous les pri-
viléges de l'*Homestead*, jusqu'à concurrence de 260 hectares de terres, en obtenant au bout de cinq ans, du Gouvernement, un titre définitif de propriété insaisissable.

Dans la plupart des États, d'ailleurs, le domaine exploité
par une famille résidante est insaisissable et exempt de
tout droit de succession, jusqu'à concurrence d'une somme
de 5,000 fr. à 7,500 fr., et d'une somme pareille représentée par le cheptel. Ce privilége se transfère à la mère,
au cas de mort ou de départ du mari, puis aux enfants,
pourvu qu'ils habitent réellement la propriété.

Toutes ces lois ont pour but la création d'exploitations
agglomérées et constituent des sortes de majorats au profit
de la petite et de la moyenne culture.

Les compagnies de chemins de fer qui reçoivent des États,

à titre de subvention, les terres publiques bordant la voie des deux côtés, disposent aussi aux meilleures conditions, en faveur des émigrants, de ces terres où s'établissent les centres de population. Plus larges que le Gouvernement ou que les États, elles accordent des délais qui vont jusqu'à dix ans, moyennant des paiements échelonnés.

Vente et prix des terres. — En 1870, la surface des terres publiques encore invendues représentait plus de 5 millions de kilomètres carrés.

En 1876, sur 2,839,000 hectares de ces terres cédées par le gouvernement fédéral, les divers États avaient obtenu, pour défrichements, 407,000 hectares ; pour bois en culture, 246,000 hectares ; pour colléges agricoles, 17,000 hectares ; pour culture proprement dite, 21,000 hectares ; pour chemins de fer, 405,000 hectares, etc. Le Gouvernement n'avait encaissé que le prix de 259,000 hectares, mais pendant cette même année il avait fait mesurer 8,823,000 hectares, formant, avec ceux déjà cadastrés, une superficie totale de 384 millions d'hectares. Il restait encore près de 46 millions d'hectares à mesurer pour terminer le cadastre du territoire tout entier.

On conçoit qu'en présence de la possibilité d'acheter en toute propriété, à des prix si minimes et à bureau ouvert, sans instance et sans frais, des terres généralement fertiles, le sol s'obtienne pour la culture à des conditions qui représentent à peine les travaux de défrichement et d'amélioration.

Dans la prairie, le prix d'achat des terres varie entre

45 et 125 fr. l'hectare; et le loyer, suivant la proximité des chemins de fer, entre 3 fr. 25 c. et 12 fr. 50 c. l'hectare.

Au Texas, comme dans les États nouveaux, on trouve à acheter d'excellentes terres au prix de 25 fr. à 40 fr. l'hectare. Ces mêmes terres, achetées directement au Gouvernement, ne valent que 16 fr.

Il est vrai qu'au fur et à mesure que la population augmente, le prix s'élève, de telle sorte que sur les bords de l'Hudson ou aux environs de Philadelphie, la terre vaut autant qu'en France ou en Angleterre ; mais près de Dubuk, dans l'Iowa, par exemple, la plus belle terre ne se paye pas plus de 300 fr. l'hectare.

La plus-value des terres est déterminée surtout par la proximité des chemins de fer ; ainsi, lorsque la Compagnie du Central-Illinois reçut du Gouvernement de vastes concessions de terrains pour la déterminer à construire ses lignes, les terrains ne trouvaient pas d'acquéreurs à 16 fr. l'hectare. Le chemin de fer construit, ils se vendirent tous au prix moyen de 140 fr. ; et quelques années plus tard, on les cotait 250 fr. l'hectare.

Indiana. — Dans l'État d'Indiana, que colonisèrent les émigrants des États de l'est, du sud et de l'Europe, le Gouvernement vendait au début les terres au prix uniforme de 16 fr. l'hectare, sans avoir égard à leur qualité ni à leur situation. Aujourd'hui, suivant qu'elles sont arables ou en pâturage, elles valent entre 200 fr. et 260 fr. l'hectare.

La terre y est généralement affermée à l'année, bien qu'il y ait aussi des baux de plusieurs années. La rente s'élève en moyenne à 65 fr. par hectare et par an, le propriétaire fournissant les attelages nécessaires, les instruments et machines, la semence, etc., mais ne faisant aucune amélioration à son compte. Le plus souvent le paiement du fermage a lieu en nature. Si la récolte est livrée au propriétaire, le fermage consiste en un tiers du fruit ; mais si elle est partagée sur pied, le propriétaire n'en prend que moitié.

Les améliorations permanentes ont été pourtant presque partout introduites par les propriétaires personnellement, aussi les trois quarts des fermes de l'Indiana sont-elles exploitées par leurs propriétaires.

Capital des exploitations agricoles. — Birbeck établissait, il y a bien des années, qu'avec un capital de 50,000 fr., une ferme de 260 hectares pouvait être achetée dans l'Illinois, pourvue de son cheptel et de son matériel, mise en culture, et produire, tous frais déduits, 22 p. 100, sans compter les améliorations apportées au sol, qui augmentent rapidement sa valeur.

Les choses ont changé, depuis cette époque, pour l'Illinois, mais surtout pour les anciens États où les rendements ont graduellement et constamment diminué. C'est qu'en effet ce qui s'explique pour la mise en valeur de nouveaux espaces vierges n'est plus rationnel pour les terres anciennement cultivées, dans lesquelles les rotations par assolements sont à peu près inconnues, et où l'on enlève une récolte après l'autre, sans restituer au sol aucun engrais. Ce qui n'empêche pas que la valeur de la propriété foncière, évaluée en 1870 à 100 milliards, offrait une augmentation, pour 20 années, de 126 p. 100, non moins remarquable que celle de la valeur des fermes, de leur matériel et de leur cheptel.

Ramenés en effet par le calcul à chaque exploitation et à l'hectare, dans les trois années décennales, soumises à la comparaison, les chiffres du tableau précédent donnent :

	1850		1860		1870	
	par exploitation.	par hectare.	par exploitation.	par hectare.	par exploitation.	par hectare.
Valeur des fermes . . .	11,700^f	142^f »	16,800^f	214^f »	17,300^f	279^f »
— du matériel. . .	546	6,65	623	7,85	631	10,23
— du cheptel . . .	1,931	23,55	2,760	35,15	2,866	46,22
— du cap^{al} engagé.	2,477	30,20	3,333	43 »	3,500	56,45

Salaires. — A côté du capital engagé en animaux et en machines pour la culture, il resterait à examiner le capital travail, lequel, d'après la statistique officielle de 1870, comprendrait pour salaires et frais d'entretien des ouvriers, plus de 1,500 millions de francs ; c'est-à-dire, par exploitation, une dépense moyenne de 580 fr., et par hectare, de plus de 9 fr. Les prix de journée sont cependant élevés aux États-Unis, puisque les bras sont rares. Leur moyenne, dans les États de la Nouvelle-Angleterre et du Centre, est de 7 fr. 70 c. ; et dans les districts du Pacifique, comme dans les territoires récemment annexés, elle atteint 20 et 25 fr. par jour. Au temps des récoltes, dans la plupart des États consolidés, la journée se paie de 6 à 8 fr. en dehors des frais d'entretien de l'ouvrier.

Il résulte des diverses enquêtes faites par le département

TABLEAU *des salaires mensuels des ouvriers agricoles en 1875.*

ÉTATS.	MOINS de 100 fr.	MOINS de 125 fr.	MOINS de 150 fr.	MOINS de 175 fr.	Au-dessus de 175 fr.
NOUVELLE - ANGLETERRE.					
Maine	»	»	132 08	»	»
New-Hampshire.	»	»	148 56	»	»
Vermont	»	»	»	154 28	»
Massachussets	»	»	»	165 72	»
Connecticut	»	»	146 90	»	»
Rhode-Island.	»	»	»	156 00	»
CENTRE.					
New-York	»	»	141 13	»	»
New-Jersey.	»	»	»	159 69	»
Pensylvanie	»	»	134 63	»	»
Delaware.	»	105 72	»	»	»
Maryland.	»	104 10	»	»	»
Ouest-Virginie	»	107 90	»	»	»
OUEST.					
Ohio.	»	»	125 06	»	»
Indiana.	»	»	125 84	»	»
Illinois.	»	»	131 04	»	»
Michigan.	»	»	146 74	»	»
Missouri	»	100 88	»	»	»
Wisconsin	»	»	132 60	»	»
Iowa.	»	»	126 62	»	»
Kansas	»	120 64	»	»	»
Minnesota	»	»	136 03	»	»
TERRITOIRES.					
Nouveau-Mexique	»	118 32	»	»	»
Dakota.	»	»	»	169 00	»
Nebraska.	»	124 80	»	»	»
Montana	»	»	»	»	234 00
Wyoming.	»	»	»	»	247 00
Colorado.	»	»	»	»	200 20
Utah.	»	»	»	»	181 60
Indien, Idaho, Arizona	»	»	»	»	»
SUD.					
Virginie	78 42	»	»	»	»
Caroline du Nord.	69 99	»	»	»	»
Caroline du Sud	66 77	»	»	»	»
Géorgie	74 88	»	»	»	»
Floride.	80 60	»	»	»	»
Alabama.	70 72	»	»	»	»
Mississipi.	85 28	»	»	»	»
Louisiane	95 68	»	»	»	»
Texas	»	101 30	»	»	»
Arkansas.	»	106 60	»	»	»
Tennessee	79 04	»	»	»	»
Kentucky.	94 22	»	»	»	»
PACIFIQUE.					
Nevada.	»	»	»	»	231 40
Californie	»	»	»	»	198 90
Orégon.	»	»	»	»	182 00
Washington	»	»	»	»	»

TABLEAU *comparatif des salaires mensuels des ouvriers agricoles en 1866 et en 1875.*

ÉTATS.	1866.	1875.
NOUVELLE-ANGLETERRE.	Fr.	Fr.
Maine	140,40	132,08
New-Hampshire	170,25	148,56
Vermont	170,77	154,28
Massachussets	202,49	165,72
Rhode-Island	178,88	156,00
Connecticut	178,10	146,90
CENTRE.		
New-York	153,76	141,13
New-Jersey	167,80	159,69
Pensylvanie	155,53	134,63
Delaware	129,64	105,72
Maryland	105,87	104,10
Ouest-Virginie	131,82	107,90
OUEST.		
Ohio	147,99	125,06
Michigan	162,55	146,74
Indiana	144,09	125,84
Illinois	148,41	131,04
Wisconsin	160,37	132,60
Minnesota	164,58	136,03
Iowa	147,37	126,62
Missouri	139,10	100,88
Kansas	161,36	120,64
SUD.		
Virginie	77,06	78,42
Caroline du Nord	69,99	69,99
Caroline du Sud	62,40	66,77
Géorgie	80,65	74,88
Floride	93,60	80,60
Alabama	69,68	70,72
Mississipi	86,94	85,28
Louisiane	106,60	95,68
Texas	98,80	101,30
Arkansas	125,89	106,60
Tennessee	98,80	79,04
Kentucky	105,20	94,22
PACIFIQUE.		
Californie	237,69	198,90
Orégon	185,90	182,00
Territoire Nebraska	199,52	124,80
MOYENNES	137,75	119,76

de la statistique, et dont la dernière remonte à 1875, que le taux moyen des gages mensuels dans les fermes, en n'y comprenant pas la nourriture, peut se répartir, suivant les États, en cinq catégories, dont la première est inférieure à 100 fr. et la dernière supérieure à 175 fr. Le tableau de la page 46 résume ces diverses catégories et fait ressortir la modicité des gages dans les États du sud, par rapport à ceux de l'ouest et de la Nouvelle-Angleterre.

Pour se rendre compte de la différence des salaires à neuf années d'intervalle, on trouve reproduits dans un second tableau (p. 47) les chiffres notés en 1866 et 1875 dans les divers États. Sauf pour quelques États du sud, la Virginie, la Caroline du Sud, l'Alabama et le Texas, il y a eu partout une réduction que l'on peut évaluer en moyenne entre 10 et 15 p. 100.

On peut affirmer d'une manière générale que l'agriculteur américain paye en salaires de deux à trois journées d'homme par hectare en culture.

Mais c'est pour compenser cet inconvénient, dû à l'état économique du pays, qu'intervient à un point exceptionnel la mécanique.

Outillage. — Dans aucun pays du monde les instruments agricoles sont à meilleur prix et plus efficaces au point de vue de l'expédition des travaux de la culture. La simplicité, la légèreté, sans sacrifice de la solidité, signalent, autant que le bas prix, les machines américaines.

On a compris là, plus complétement et plus tôt qu'ail-

leurs que tout ce qui pouvait accroître la capacité de production du sol ou le bénéfice du travail et du capital
appliqués à cultiver, récolter et transporter les produits
sur des surfaces aussi étendues, était un des premiers
éléments de la prospérité générale.

Nous devons ajouter que la nécessité des machines
agricoles s'impose encore aux États-Unis à cause de la
rapidité avec laquelle les travaux doivent s'exécuter, pour
parer aux changements brusques que crée un printemps
de courte durée. Le sol se dessèche et se durcit promptement; l'ensemencement doit toujours s'opérer très-vite.

De même que dans les autres branches de l'industrie,
les Américains ont doté leur agriculture de la puissance
mécanique au plus haut degré. La variété et l'accroissement
de travail qu'accomplissent les engins mécaniques, ont
si efficacement diminué le prix des denrées agricoles que
les préjugés traditionnels des cultivateurs ont cédé devant
l'évidence du résultat. Ce qu'il y avait jadis de si assujet-
tissant dans le labeur manuel de la culture, a fait place à
des connaissances scientifiques d'un ordre plus élevé, et la
carrière de l'agriculteur a pris rang parmi celles de la
société américaine qui assurent l'indépendance, la dignité
et le respect.

La grande étendue des terres arables et la pénurie de
main-d'œuvre dans tous les États de l'Union, ont excité de
bonne heure le génie inventif du peuple américain à créer
et à perfectionner les instruments au service du planteur
et du fermier. D'aussi immenses récoltes de grain, de

foin, de coton, etc., non moins que l'élaboration des produits à l'intérieur des fermes et des habitations, exigeaient
la substitution du travail mécanique au travail musculaire.
C'est seulement grâce aux machines dont l'agriculture
s'est avidement emparée, qu'elle a continué à prospérer,
malgré la rareté des bras que la guerre, les mines et les
manufactures ont encore augmentée, et qu'elle a pu satisfaire aux demandes croissantes de la consommation au
dedans et au dehors.

Le peu de densité de la population a été aussi un stimulant des plus actifs de l'invention et de la fabrication du
matériel agricole. On en a la preuve dans ce fait que de
1861 à 1863, lorsqu'un demi-million d'hommes furent
enlevés à l'agriculture pour le service militaire, les demandes de brevets spéciaux à l'agriculture, non compris
ceux relatifs aux faucheuses, aux moissonneuses et aux
râteaux, s'élevèrent en trois années de 350 à 502. Jusqu'en 1848, les inventions agricoles avaient été brevetées
au nombre de 2,043[1]; c'est surtout à partir de l'Exposition universelle de 1851 à Londres, où le progrès de la
machinerie agricole américaine excita un si vif étonne-
ment, que la fabrication a pris un grand essor.

Les Sociétés d'agriculture des États-Unis n'ont pas peu
contribué à la vulgarisation des meilleurs types d'engins
et d'outils mécaniques. Les premières, fondées dès 1785,
dans la Caroline du Sud et en Pensylvanie, avaient pour

---

1. Introductory Report of commissionner of patents for 1863.

objet d'encourager la fabrication des machines adaptées aux récoltes de la colonie. En 1809, la Société de Philadelphie adhérait à la proposition de l'honorable Richard Peters d'établir une fabrique d'instruments et un dépôt pour la vente; ces instruments, de provenance étrangère ou indigène, ne devaient être vendus après essai, qu'avec le timbre de l'agent de la Société.

Pendant les années qui suivirent, les associations agricoles des États et des comtés, au fur et à mesure de leur création, propagèrent, par les expositions et les concours annuels, les meilleurs types d'instruments et les encouragèrent par des prix spéciaux. L'Institut américain de New-York fit sentir son influence dans chaque branche d'industrie. En 1853-1854, à l'Exposition universelle de New-York, plus de cent fabricants de machines agricoles concoururent pour des récompenses. En 1857, un concours exceptionnel de faucheuses, de moissonneuses et d'autres engins, se tint à Syracuse (New-York) et permit d'affirmer les progrès réalisés sur tout le territoire.

Les inventeurs et les fabricants trouvent un excitant des plus vifs dans le bénéfice que procure le moindre perfectionnement apporté aux machines agricoles.

La culture des prairies a surtout donné lieu à une série d'inventions caractéristiques, parmi lesquelles les charrues doubles à siége, munies de disques tranchants, et les bêches rotatives, les charrues à drains, les semoirs à cheval, les houes à lames, les râteaux attelés à dents d'acier, les herses à disques, les batteuses portatives à grand travail et à manége, avec élévateur de paille et ensacheur, les moulins portatifs, enfin les faucheuses, les moissonneuses simples ou lieuses, et les machines combinées ou à deux fins pour faire la fauchaison des prairies et les moissons des céréales.

Sans la moissonneuse, pas de moisson possible; sans la batteuse, pas de grain pour le marché; sans les deux, pas de blé pour l'approvisionnement de ces populeuses cités qui font l'orgueil et la puissance du littoral, et le salut de nos contrées en détresse au delà de l'Atlantique.

L'accroissement énorme des instruments devenus de première nécessité, leur spécialisation entre les mains de compagnies puissantes rivalisant au point de vue de l'économie et de la qualité dans la construction, ont exercé une sérieuse influence sur l'économie rurale du pays tout entier.

Celles de ces machines que nous avons été appelé à juger en France se distinguaient par le fini et l'exécution autant que par leur bas prix. Légères, simples et solides à la fois, elles étaient établies avec des matériaux de premier. choix, pour le travail des terres moyennes.

La moissonneuse-lieuse, admirable chef-d'œuvre de l'esprit d'invention pratique des Mac Cormick et des Wood, peut passer à juste titre pour avoir rendu un des plus grands services à la cause de l'agriculture et de l'humanité.

Le matériel perfectionné de l'agriculture expliquerait à lui seul comment les États-Unis, amenés à être de tous les pays civilisés les plus grands producteurs de céréales, parviennent à réaliser leurs immenses récoltes pour déverser le trop-plein de leur consommation à d'aussi grandes distances, mettre fin aux famines et maintenir le prix des grains dans des limites raisonnables.

Pour en revenir au capital représenté par le matériel des fermes et les machines agricoles, on constate que la valeur estimée, en 1850, à 785 millions de francs, s'élève, en 1860, à 1,274 millions; c'est-à-dire qu'en dix ans, l'augmentation atteint 489 millions, soit plus de 63 p. 100.

Fabrication des machines agricoles. — Dans la même période, la fabrication des machines, d'après les statistiques, s'élève de 35 millions et demi de francs en 1850, à 91 millions en 1860, c'est-à-dire qu'elle s'accroît de 156 p. 100. Cette valeur ne comprend pas les outils, ni les instruments fabriqués dans la ferme même, pas plus que les houes, les fourches, les bêches, les faux, etc., ni les chariots, les brouettes, etc., représentant une valeur additionnelle de 60 millions de francs.

En 1860, sur la production totale des machines, les États de la Nouvelle-Angleterre en fabriquent pour 10 millions environ; les États du centre pour plus de 29 millions; ceux de l'ouest pour 45 millions; ceux du midi pour 5 millions.

Dans les États de l'ouest principalement, le développement de la fabrication est extraordinaire, puisqu'elle représente près de la moitié du montant total. Les États d'Ohio et d'Illinois fabriquent plus qu'aucun État de l'Union. Dans le comté Stark de l'État d'Ohio, quinze fabriques livrent pour près de 5 millions de francs de machines, comprenant surtout des moissonneuses, des faucheuses et des batteuses. Le comté de Cook (Illinois) produit pour 2,600,000 fr. de machines, principalement fabriquées à Chicago. Un établissement de ce comté, le plus vaste du pays, fournissait 4,131 faucheuses et moissonneuses valant 2,100,000 fr.

C'est seulement dans les comtés Reusselaer et Cayuga de l'État de New-York que la fabrication peut atteindre des chiffres pareils.

Le tableau qui suit montre la progression continue de la fabrication de l'outillage agricole pour les trois années 1850, 1860 et 1870.

En vingt années, le nombre des fabriques double à peu près, tandis que celui des ouvriers qu'elles emploient se triple et au delà. En même temps, la valeur de la production passe de 35 millions et demi à 271 millions de francs.

Dans l'État de New-York et la Pensylvanie, dans l'Ohio, l'Illinois, l'Indiana et le Wisconsin, les fabriques acquièrent la plus grande importance. L'ouest, on le voit, dispute avec avantage le monopole de la fabrication aux anciens États du littoral.

En 1872, les États-Unis exportent pour 8 millions et demi de francs de machines agricoles, soit 3 millions de plus qu'en 1871. Le nombre des faucheuses et des moissonneuses expédiées à l'étranger s'élève de 3,342 à 6,084, et celui des charrues et des cultivateurs de 9,586 à 17,395.

TABLEAU *montrant les progrès de la fabrication des instruments et des machines agricoles en 1850, 1860 et 1870.*

ÉTATS.	NOMBRE DE FABRIQUES.			NOMBRE D'OUVRIERS			VALEUR DES INSTRUMENTS FABRIQUÉS.		
	1870	1860	1850	1870	1860	1850	1870	1860	1850
							Fr.	Fr.	Fr.
Alabama.	3	18	2	9	84	23	52,260	393,807	179,400
Arkansas	1	7	4	16	10	14	62,400	43,420	61,880
Californie	10	5	»	68	12	»	616,408	121,550	»
Connecticut . . :	38	47	35	593	498	297	6,156,540	3,182,036	1,341,860
Delaware	10	17	4	56	116	20	214,890	541,736	78,910
District de Columbia	»	»	2	»	»	3	»	»	34,060
Floride	»	3	»	»	15	»	»	102,440	»
Géorgie	10	17	26	59	37	205	402,740	141,960	1,189,968
Illinois	294	201	84	3,935	1,790	646	46,178,028	12,372,672	3,962,244
Indiana	124	103	58	1,268	709	210	11,069,708	4,500,288	759,380
Iowa	55	44	5	552	208	15	4,315,841	1,212,900	93,080
Kansas	3	1	»	29	3	»	162,500	19,084	»
Kentucky	44	65	45	624	462	217	7,201,584	3,220,646	960,198
Louisiane	1	13	11	15	28	29	72,800	141,960	133,172
Maine	32	46	49	219	189	325	1,206,348	1,094,080	1,246,908
Maryland	34	35	76	295	368	333	2,855,242	1,770,236	1,339,780
Massachussets . .	37	56	56	477	630	786	5,374,668	4,383,496	4,368,728
Michigan	164	108	13	969	666	35	8,161,920	8,561,532	159,120
Minnesota. . . .	27	12	»	167	42	»	1,392,768	234,780	»
Mississipi	11	34	37	84	127	113	269,360	581,412	568,152
Missouri.	38	43	8	537	221	39	8,258,172	1,605,248	195,260
Montana.	1	»	»	1	»	»	8,528	»	»
Nebraska	2	»	»	9	»	»	88,400	»	»
New-Hampshire .	24	29	28	184	96	147	1,823,244	449,332	619,320
New-Jersey . . .	30	33	24	366	260	80	3,296,150	1,614,392	377,728
New-York	337	333	135	4,953	2,905	923	61,604,608	17,961,216	6,584,656
Nord-Caroline . .	20	22	15	78	100	52	426,972	448,006	171,236
Ohio	219	182	161	5,124	2,239	765	61,918,324	14,667,276	2,901,236
Orégon	4	5	»	10	7	»	103,740	64,116	»
Pensylvanie . . .	286	260	224	2,286	1,465	947	18,991,934	8,226,764	4,438,252
Rhode-Island. . .	5	3	3	81	10	70	480,792	82,394	374,400
Sud-Caroline . .	»	13	13	»	30	53	»	79,950	155,688
Tennessee. . . .	25	15	53	110	110	143	690,394	609,752	507,364
Texas.	12	46	»	44	138	»	220,584	521,040	»
Vermont.	45	32	35	372	155	178	2,723,084	870,220	693,446
Virginie.	37	53	98	267	418	374	2,097,992	2,235,064	1,112,332
Virginie ouest . .	11	»	»	55	»	»	303,056	»	»
Wisconsin. . . .	82	81	31	1,387	666	178	12,445,836	3,823,040	974,142
Total. . . .	2,076	1,982	1,833	25,249	14,814	7,220	270,747,818	90,987,345	35,581,850

Ces instruments se répartissent entre les divers pays de la manière suivante :

PAYS D'IMPORTATION.	FAUCHEUSES ET MOISSONNEUSES.		CHARRUES ET CULTIVATEURS.	
	Nombre.	Valeur.	Nombre.	Valeur.
		Fr.		Fr.
Angleterre et Écosse.	2,928	1,627,000	225	14,300
Canada et territoires.	325	165,300	397	36,000
Indes anglaises occidentales. . .	46	31,300	82	4,100
Possessions anglaises en Afrique.	»	»	6,209	497,300
Australie, Nouvelle-Zélande, etc.	»	»	50	2,500
Espagne	1	600	»	»
Cuba.	8	4,400	889	43,600
Porto-Rico.	»	»	705	41,100
Allemagne.	2,267	1,475,000	2	200
France.	6	5,000	»	»
Amérique française	1	500	»	»
Brésil	»	»	1,047	49,400
République argentine	323	209,500	2,457	95,600
Indes et Guyane hollandaises . .	»	»	13	800
Mexique	7	4,500	267	17,400
Venezuela.	»	»	3	200
Belgique	1	100	»	»
Colombie	»	»	44	3,800
Iles Sandwich	1	800	22	2,200
Uruguay	21	12,300	1,738	71,000
Russie	121	66,200	»	»
Pérou	2	1,400	599	26,900
Amérique centrale	1	1,100	10	1,300
Chili.	25	27,000	1,810	97,400
Portugal	»	»	3	300
	6,084	3,632,000	17,395	1,005,000

Impôts. — Le cultivateur américain, propriétaire de la terre qui assure son bien-être et son indépendance, ne paye naturellement pas de loyer. Si les gages à sa charge sont élevés, il obtient de ses ouvriers de plus longues journées, il entretient ses attelages à moins de frais, et grâce aux machines attelées, il maintient les frais de main-d'œuvre par hectare dans des limites comparables à celles des pays les plus avancés.

Un autre avantage consiste encore en ce qu'il ne paye comme taxes, rien qui approche de l'impôt, pesant lourdement, en Angleterre, en France et dans le reste de l'Europe, sur l'agriculture.

Comme dans tous les pays de *self-government,* l'impôt aux États-Unis a été remplacé en grande partie par le système des emprunts, auxquels ont été affectées des recettes publiques et des contributions spéciales, ainsi que le revenu des ouvrages exécutés, soit aux frais des États, soit avec l'aide des souscriptions des villes. Les impôts ainsi spécialisés affectent beaucoup moins la culture qu'en Europe, surtout dans les États où s'est développée la production des céréales.

Outre les taxes fédérales qui, avant la guerre, provenaient des douanes, des postes non considérées comme source de revenus, de la vente des terres publiques, des banques, etc., les taxes directes d'État ou de comté, perçues tant sur les meubles que sur les immeubles, très-variables d'un État à l'autre, notamment d'après son degré d'ancienneté dans l'Union, frappaient faiblement l'agriculture. Les habitants des campagnes, qui dominaient dans les législatures des États plus récents, savaient faire supporter à ceux des villes une bonne partie des dépenses du Gouvernement. C'est seulement dans les campagnes où il existait des municipalités importantes que les taxes locales incombaient au propriétaire cultivateur, et cela pour les écoles primaires.

Dans beaucoup d'États, par-dessus les corvées imposées aux habitants des campagnes pour le service d'entretien des chemins, ce que la guerre n'a pas modifié, il existe une capitation ou *poll-tax*, exigible des citoyens mâles âgés de plus de vingt et un ans, qui atteint de 5 à 10 fr. par tête, et une taxe des pauvres, comme en Angleterre.

D'une manière générale, le système des impôts aux États-Unis ressemble si peu à ceux de la France qu'à moins d'une étude complète embrassant toutes les variantes que l'organisation politique des États a fait naître, il est difficile de déterminer avec exactitude la disproportion en faveur des agriculteurs américains par rapport à ceux de nos pays. Jusqu'à la guerre, l'immense majorité de la nation, c'est-à-dire la population des campagnes, ne payait pas moyennement en Amérique le quart de ce qu'elle paye en France, tandis que la population des villes payait autant et celle des grandes cités davantage qu'en France et en Angleterre.

Tant en raison de leur assiette que de leur quotité, les taxes aux États-Unis étaient assez faibles pour favoriser notablement les entreprises agricoles et industrielles : elles visaient le développement du travail, qui crée la richesse.

De même, jusqu'en 1861, la situation des États-Unis était exceptionnelle au point de vue de la dette nationale. Les contributions indirectes (*excise*), le timbre, l'impôt sur le revenu et les impôts directs sur la propriété étaient inconnus ; les tarifs de douane et de poste couvraient toutes les dépenses de l'administration. Les droits sur l'importation des articles de l'étranger variaient, depuis trente années, entre 15 et 20 p. 100. Il y avait alors excédant de revenus.

La guerre éclatant, des émissions sans limites de papier-monnaie et des appels au crédit firent face aux premières dépenses ; puis vint la taxation. Au timbre, aux droits sur les patentes, sur les spiritueux, à l'impôt sur le revenu, s'ajoutèrent les taxes *ad valorem* sur les articles de fabrication intérieure, et des droits de douane tellement élevés qu'ils devinrent prohibitifs pour l'importation.

Quant aux producteurs agricoles vendant leurs denrées pour l'exportation à un prix inférieur, mais payé en or, ils conservaient tout le bénéfice de la conversion en papier-monnaie, déclaré monnaie légale, et pouvaient ainsi acquitter les dettes ou les hypothèques mises sur les fermes, sinon améliorer leur exploitation à bon compte.

L'*income-tax* a été aboli depuis la paix, ainsi que plusieurs taxes de consommation intérieure sur les denrées alimentaires, en compensation de la réduction des salaires, mais le tarif de douane n'a pas été abaissé, quoique la reprise des payements en espèces ait eu lieu.

Le pouvoir fédéral, en 1860, avec la même étendue de territoire qu'aujourd'hui, avait un budget de 77 millions de dollars ; en 1876, onze ans après la guerre, il disposait de 287 millions, dont plus de 100 millions absorbés par le service des intérêts de la dette nationale qui atteignait 2 milliards 270 millions de dollars.

Il faut dire que l'immixtion du gouvernement fédéral dans l'administration du pays n'a fait que s'accentuer. Non-seulement le Congrès règle aujourd'hui la navigation maritime, l'entretien et l'amélioration des fleuves, les voies ferrées sur les territoires soumis à l'autorité directe de l'Union ; mais il s'ingère dans les questions d'enseignement public, des mesures sanitaires, de l'entretien des pauvres, centralisant de plus en plus les dépenses administratives des États.

Aussi, en 1870, les dettes réunies des États, des comtés et des villes s'élevant à plus de 868 millions de dollars, l'ensemble des taxes avait quadruplé par rapport à 1860, et frappait de 12 p. 100 la valeur de toutes ces propriétés.

Ces taxes se décomposaient de la manière suivante :

	Dollars.
Taxes des États.	68,050,000
Taxes des comtés.	77,746,000
Taxes des villes.	134,794,000
	280,590,000

Soit un total de 1,960 millions de francs environ pour l'ensemble des États et territoires de l'Union !

Le poids des charges publiques, qui n'a pas cessé d'augmenter dans les villes, n'a heureusement grevé que légèrement les États de récente formation et les campagnes, où les institutions locales assurent un haut degré de sécurité et de liberté aux intérêts privés.

Le *township*, ou commune rurale, qui comprend toujours un terrain carré de 10 kilomètres de côté, est en effet affranchi de toute tutelle administrative. Il se taxe et emprunte sans que l'État intervienne. C'est seulement aux cas d'abus que les législateurs fixent le chiffre annuel d'impôts et un maximum d'emprunts proportionnés à l'assessement de la propriété, ou bien qu'ils exigent leur sanction par un vote des deux tiers ou des trois quarts des citoyens.

Pour ne prendre qu'un exemple d'État récent, au point de vue de la situation financière et de l'impôt, nous citerons l'Orégon, qui, sur une population de 140,000 habitants, avait en 1876 une dette d'État de 3,728,000 fr., dont 1,654,000 fr. en obligations portant 7 pour 100 d'intérêt, émises pour le service des militaires, des contributions de guerre et les améliorations foncières, et 2,074,000 fr. en warrants à 10 pour 100 d'intérêt, reliquat des divers fonds consacrés aux routes, aux travaux publics, à la liquidation des biens en déshérence, etc. Les taxes consistaient en un impôt foncier de 0,6 p. 100 et en une capitation de 5 fr. par individu.

Culture extensive. — Avec de la terre abondante et à bas prix, un faible capital initial, et de la main-d'œuvre rare, le cultivateur américain recourt logiquement au système qui consiste à faire prédominer l'agent de production coûtant le moins, c'est-à-dire la terre, et à réduire le plus possible les agents coûtant le plus, c'est-à-dire le capital et la main-d'œuvre [1]. De là, l'adoption de la culture extensive, seule rationnelle et seule avantageuse sur une étendue de 53,700,000 hectares de terres arables. Les produits de ce système représentent aux États-Unis le cinquième du capital engagé, déduction faite des frais de main-d'œuvre, tandis qu'en France, par exemple, ils ne représentent, pour le même système de culture, que le sixième, ou même le septième.

Si le cultivateur américain récolte peu par hectare, du moins, en distribuant son travail et ses avances d'argent sur un grand nombre d'hectares, obtient-il une grande masse de produits et un aussi gros bénéfice que les cultivateurs des régions à culture intensive.

Procédés généraux de culture. — Il n'est pas rare que les céréales soient cultivées sur le même sol, et sans addition de fumures, ou à peu près, pendant trente et trente-cinq années consécutivement. M. Howard cite un fermier des bords de la Wabash, dans l'Indiana, qui, pour sa 35e récolte de maïs, obtenait encore un rendement de 75 hectolitres à l'hectare [2].

M. Killebrew rapporte que Horace Greeley a connu un champ ensemencé depuis soixante ans en blé, dont la dernière récolte était une des plus lourdes [3].

---

1. Eug. Tisserand, *L'Agriculture à l'Exposition universelle de Vienne.* Paris, 1874.
2. *Things in America.* Novembre 1866.
3. *Wheat culture in Tennessee,* p. 158.

Le système de culture suivi en Amérique est donc celui de l'épuisement, et ce n'est pas pour les procédés culturaux que ses progrès méritent d'être loués.

Ce qui signale ces procédés, dans la préparation du sol, comme dans la récolte et le transport des produits, c'est uniquement l'économie de temps, de main-d'œuvre, et par conséquent d'argent.

Ainsi, le fermier dans l'ouest laboure de 80 ares à un hectare de ses terres légères par jour, avec un attelage de deux bons chevaux. Pour éviter les billons à cause de l'emploi des moissonneuses, le labour est pratiqué de façon que la charrue reste toujours en terre, le sillon étant pris aux extrémités pour tourner. Il arrive communément que le sillon, étant ménagé autour de la pièce, le labour s'achève au milieu. Avec un sol bien plus léger, la profondeur du labour est beaucoup moins grande que dans nos contrées. Les charrues des prairies, comme la plupart des instruments de culture, sont pourvues d'un siége à ressort sur lequel le laboureur est plus ou moins commodément assis.

Avec trois hommes, une charrue à vapeur pourrait facilement défoncer de 8 à 10 hectares de terres en prairie, mais cet engin n'a pas réussi à s'introduire jusqu'à présent aux États-Unis.

Les semoirs en lignes sont très-répandus, mais assez imparfaits, car ils empêchent l'usage des houes à cheval.

Dans bien des localités, les moissonneuses liant la gerbe ont remplacé aujourd'hui les appareils simples à javeleurs. On cite la vaste ferme de M. Dalrymple, dans le Minnesota, comme ayant mis à la fois, cette année, plus d'une centaine de moissonneuses-lieuses en mouvement.

Presque partout les batteuses d'un travail énergique sont mues par les chevaux. Elles nettoient le grain et le mettent en sacs sur place, tandis qu'elles élèvent la paille sur les meules.

Les sacs sont enlevés à leur tour par des chariots légers et portés directement aux dépôts du chemin de fer ou du canal, ou même dans les chalands qui naviguent sur les cours d'eau. Une grue mobile facilite le déchargement ou la vidange des sacs au lieu d'expédition.

Maïs, avoine et blé. — Des trois céréales qui forment la base de la culture extensive en Amérique, l'avoine, le froment et le maïs, cette dernière joue un rôle essentiel dans la consommation intérieure, aussi bien pour l'alimentation générale des habitants que pour l'engraissement du bétail et des porcs.

La production annuelle du maïs, qui excède en moyenne 400 millions d'hectolitres, s'obtient sur une surface de près de 18 millions d'hectares dans la grande région du centre qui comprend aussi la prairie. La valeur moyenne qu'elle représente excède 2 milliards et demi de francs. Pour les huit dernières années, le rendement moyen à l'hectare étant de 24 hectolitres, et le prix moyen par hectolitre, de 6 fr. 50 c., la valeur de l'hectare a été calculée à 156 fr.

L'Europe entière ne produit pas le quart de ce que les

États-Unis récoltent. C'est dans ces dernières années, toutefois, que les exportations de maïs ont pris quelque importance. Pendant cinquante-deux années, jusqu'en 1877, l'exportation totale de maïs atteint seulement 190 millions d'hectolitres, soit 360,000 hectolitres par an, valant en moyenne 10 fr. 60 c. par hectolitre; en 1877, le chiffre de l'exportation s'élève à 28 millions d'hectolitres qui, au prix de 8 fr. 30 c. l'hectolitre, représentent une valeur de 216 millions de francs. L'Angleterre et ses colonies absorbent la plus grande partie du maïs exporté d'Amérique. La France, en 1877, en avait reçu seulement un demi-million d'hectolitres environ.

Pour l'avoine, la production, qui dépasse de beaucoup celle de la France, donne lieu à une faible exportation.

En 1877, sur 5 millions d'hectares, la production de 147 millions d'hectolitres d'avoine représentait une valeur totale de 617 millions. Le rendement était de 28,4 hectolitres à l'hectare et le prix moyen de 4 fr. 22 c. par hectolitre; ce qui donnait pour la valeur de l'hectare environ 120 fr.

L'exportation totale, qui avait été, en 1876, de 532,000 hectolitres valant 3 millions de francs, atteignait, en 1877, 1,115,000 hectolitres représentant 6,400,000 fr. La France, cette année, recevait 273,000 hectolitres, pour une valeur de 1,600,000 fr.

L'année 1876 était marquée par un faible rendement de l'avoine, tandis que dans l'année 1877 il avait été plus élevé que celui des dix années précédentes. En 1876, la récolte de maïs avait été très-abondante ; en 1877, les récoltes de maïs et d'avoine furent également copieuses. D'une manière générale, on a observé que dans les années de rendement moyen pour ces deux céréales, le prix de l'avoine équivaut aux 4/5ᵉˢ de celui du maïs. Cette remarque est applicable au pays tout entier ; mais il arrive fréquemment [que dans les États du sud, l'avoine se cote plus haut que le maïs, et que dans l'est, où le climat est mieux approprié à l'avoine qu'au maïs, le rapport entre les deux est de 1 à 10.

La troisième céréale dont nous nous occupons principalement, le froment, constitue, par opposition à l'avoine et surtout au maïs, le principal article de commerce avec le continent européen. Étendue, comme on l'a vu, le long des côtes de l'Atlantique, dans les États situés au sud des grands lacs du nord, sur les côtes du Pacifique, en Californie, sa culture, qui envahit chaque jour de nouvelles surfaces dans le *Far-West*, s'est tellement développée que pendant les vingt années écoulées jusqu'en 1870, la production a doublé, par suite du doublement des emblavures.

En 1878, elle a atteint le chiffre de 142 millions d'hectolitres, avec un rendement moyen de 11,6 hectolitres à l'hectare. La valeur de cette production, réalisée sur 13 millions d'hectares, représentait plus de 2 milliards de francs. Les exportations atteignaient, pour la récolte précédente de 1877, 21 millions d'hectolitres, comme blé et farine, correspondant à une valeur totale de 357 millions de francs.

Maïs et froment comparés. — Avant d'entrer dans les

détails de cette énorme production qui fait l'objet de notre travail, nous devons insister sur le caractère tranché des deux principales cultures, le maïs et froment, au point de vue du régime économique des États-Unis.

Le maïs consommé dans le pays, sur la ferme, répare, tandis que le blé exporté hors du pays et de la ferme épuise. Les résultats sont par cela même diamétralement opposés; car par l'une des cultures, les terres s'enrichissent, et par l'autre, elles s'appauvrissent constamment. Il n'est donc pas surprenant d'en endre aux États-Unis se plaindre que le rendement moyen du froment subit une diminution graduelle. Si le fait ne se traduit pas par une diminution dans la production totale du territoire, c'est, comme nous le démontrerons, que la culture s'éloigne progressivement de plus en plus vers l'ouest, et se transporte sur les terres vierges. Elle devient nomade, tandis que la culture du maïs, qui alimente le bétail et donne le fumier, reste stationnaire.

La différence des deux cultures ressort surtout de la comparaison des résultats obtenus sur les exploitations d'un même État.

Ainsi, en choisissant dans l'État d'Illinois un nombre déterminé de comtés produisant le plus de maïs et le même nombre produisant le plus de blé, on constate que onze comtés produisant trois fois plus de maïs, sur une surface de 1,839,000 hectares, taxée à 982 millions de francs, présentent une valeur à l'hectare de 530 fr.; tandis que pour onze comtés produisant trois fois plus de blé, sur 1,289,000 hectares taxés à 588 millions de francs, l'hectare de terre vaut 455 fr.; d'où une différence de 17 p. 100 en fav r du district à maïs. On pourrait objecter à cette comparaison que les comtés du maïs ont un meilleur sol, mais un examen attentif démontre qu'il y a peu de diversité entre les terres des comtés, du reste, entremêlés et par conséquent très-rapprochés.

Dans l'État d'Iowa, où la disproportion est beaucoup plus grande entre les deux cultures, certains districts accusent une prépondérance croissante de l'une ou l'autre des céréales. On y a comparé douze comtés produisant chacun au delà de 545,000 hectolitres de maïs, avec douze comtés produisant plus de 250,000 hectolitres de froment. Les taxes étant basées sur la surface et sur l'estimation des produits des récoltes, si l'on omet un tiers de la surface où le maïs, comme le blé, offre une production supérieure à la limite minimum fixée plus haut, on constate que l'hectare pour les douze comtés à maïs vaut 116 fr., et qu'il vaut seulement 94 fr. pour les douze comtés à froment. Ainsi, le recensement lui-même établit une différence, dans la valeur des terres, de 13 p. 100 en faveur des districts à maïs.

Dans l'État d'Indiana, sur huit comtés mis de la même manière en parallèle, les uns produisant 545,000 hectolitres de maïs et les autres 180,000 hectolitres de froment, si l'on néglige de chaque côté quatre comtés produisant au-dessus de ces limites, on reconnaît que les quatre comtés à maïs ont produit quatre fois plus que les autres;

tandis que pour les quatre comtés à blé, le rapport de l'excédant de production de froment a été bien inférieur. Le recensement officiel indique une cote de 270 fr. pour l'hectare des terres en maïs et de 210 fr. seulement pour celui des terres en blé, c'est-à-dire une plus-value pour le maïs de 27 p. 100.

Ces résultats, qui confirment la diminution de rendement et de valeur des terres où la principale récolte s'exporte sans restitution, ne prouvent pas que la culture du froment étant épuisante, doive être abandonnée, mais bien qu'il faut l'alterner avec celle des récoltes consommées sur l'exploitation même, de façon à constituer un système rationnel profitable.

Le comté de Genesee (État de New-York), dont nous parlions comme celui qui fut cité le plus longtemps pour la supériorité de son rendement en blé, ne produisait plus en 1869 que 8,000 hectolitres de froment, après en avoir fourni 110,000 en 1859. L'adoption d'assolements plus favorables avait cependant assez enrichi les fermiers de ce comté pour qu'au recensement de 1870 leurs terres fussent cotées à 970 fr. l'hectare, au lieu de 635 fr. établis par le recensement antérieur de 1860 ; la cote moyenne de l'hectare dans le comté de New-York, pour cette période décennale, s'était donc améliorée, par suite des rotations, dans le rapport de 49 p. 100 à l'hectare.

7. — CULTURE DU FROMENT

En dehors des anciens États, voisins des grandes cités de l'est et du centre, où l'agriculture tend forcément, à cause de l'accroissement de la population, à suivre les procédés culturaux en usage en Europe, on peut dire que, pour le blé surtout, le système extensif entraîne vers le nombre et la masse, plutôt que vers le perfectionnement de la culture, qui seul accroît ou maintient le rendement.

Les fumures dans les terres récemment défrichées sont inconnues, et pour les sols mêmes dans lesquels la culture du froment est depuis un certain temps installée, on se borne à quelques amendements sur trèfle. Il n'est pas rare de voir prendre deux coupes de trèfle dont la dernière pour semence à l'automne ; puis on défonce, on plâtre, à raison de 112 kilogrammes à l'hectare et l'on ensemence en blé.

Dans le Wisconsin, au nord-ouest, M. Allen cite un rendement de 24 hectolitres de blé, pesant 70 kilogrammes l'hectolitre, après plâtrage ; tandis que sur trèfle simplement enfoui, sans plâtrage, le rendement était de 13,5 hectolitres pesant 68 kilogrammes.

Un assolement préconisé dans certaines régions du centre sud consiste à avoir sur la même terre, pendant deux années, du trèfle, puis du blé, du maïs et de nouveau du trèfle,

Le trèfle enfoui en vert à la seconde année paraît être d'une manière générale la seule fumure que les cultivateurs du centre emploient avec profit. Quand le sol ne se prête pas au trèfle, on fait précéder le blé par une récolte de pois que l'on enfouit également en vert dans le courant d'août. L'addition en couverture d'engrais minéraux, plâtre, cendres, sels alcalins, etc., au printemps, est également recommandée. Lorsque la récolte en vert est enfouie en juin ou en juillet, le labour exige l'addition de chaux, à raison de 10 à 25 hectolitres à l'hectare, pour que la terre soit propre au moment des semailles. Sur un sol léger, l'addition de chaux est moins considérable que sur une terre forte.

Maturation du froment. — Il est un fait avéré, indépendant de la nature, des façons et de la fumure des terres, c'est que la perfection du blé, comme qualité, se réalise là seulement où la chaleur de l'été permet l'élaboration et la complète maturité du grain.

Sous ce rapport, les étés aux États-Unis présentent les conditions les plus désirables, mais la rigueur des hivers, les printemps tardifs, froids et humides, suivis d'étés brûlants, font une nécessité de cultiver de préférence des variétés de froment à maturation rapide.

C'est ainsi que dans les États de New-York, de Pensylvanie et d'Ohio, quelques-unes des meilleures variétés de froment blanc ont fait place à celles du blé rouge méditerranéen, de qualité inférieure, mais plus précoces.

Dans les États de l'ouest, les blés de printemps ont pris

le pas sur ceux d'hiver, bien que leur qualité soit inférieure. Plus de soins dans le nettoyage de la semence,
dans la culture du sol, dans la récolte, le battage et le
triage, eussent ajouté sensiblement à la qualité des blés
d'hiver et les eussent maintenus prédominants.

La température n'est pas seule à décider de la réussite
de la culture du froment, puisque dans les plaines dessé-
chées de l'ouest du Texas, ou dans les larges vallées du sud
de la Californie, le blé est de qualité égale à celle des
meilleures terres de l'Illinois, où il pleut. De même, les
hauts plateaux de la Géorgie et de la Caroline du Sud donnent, sous l'action de la température sèche, de meilleur
froment que les terres du littoral, baignées par l'atmosphère humide de l'Océan. Il y a donc aussi à tenir compte
de l'humidité atmosphérique.

Enfin, il importe de noter la quantité de neige tombée
dans les régions à basse température. La fonte des neiges,
sous l'action du printemps, rend au blé, jusqu'alors protégé contre le froid, une vitalité remarquable; mais des
alternatives de chaleur et de froid lui sont très-préjudi-
ciables. Dans certains États, comme ceux de New-York,
de Pensylvanie, d'Ohio, de Michigan, d'Illinois et de Wisconsin, la neige est protectrice pour le blé; tandis qu'à
Cincinnati, à Saint-Louis, etc., où les cours d'eau et les
vallées concentrent la pluie et où la température s'élève
rapidement, la récolte est souvent compromise.

Dans aucun des districts de l'Union qui cultivent le blé,
on ne remarque le même jeu d'humidité et de basse tem-

pérature, dans la saison de maturation, que dans le nord de l'Europe. Au contraire, le blé y mûrit invariablement sous l'influence de températures élevées.

Dans les États du sud, le blé mûrit au mois de mai, sous une température moyenne de 15° à 21°. Dans l'État de Virginie, la maturation a lieu en mai et juin, le thermomètre marquant de 17°,20 à 22°,20 ; dans le Tennessee, du 20 mai au 10 juin, la température variant de 18°,30 à 26°,60. Dans l'Illinois, le blé mûrit en juin, entre 15°,50 et 21°,10, et dans l'État de New-York, en juillet, entre 17°,75 et 20 degrés. La température qui accomplit la maturation du blé est donc inférieure à 21 degrés.

Si la culture du blé dans le sud de l'Union laisse trois mois inutilisés; dans le nord, elle ne laisse que le mois d'août. Il en résulte que dans le midi on cultive de préférence les variétés de printemps pendant les mois chauds de l'année.

Variétés de froment et rendement. — Le choix des meilleures variétés pour un district déterminé a eu des conséquences souvent heureuses sous le rapport du rendement. Dans beaucoup de comtés du bassin du Mississipi, l'introduction des variétés *Boughton, Tappahannock, Fultz,* etc., a élevé le rendement à l'hectare, considéré comme excellent, de 13 et 18 hectolitres jusqu'à 22 et 30 hectolitres. Il est vrai que la possession d'une bonne variété entraîne souvent à une meilleure préparation de la terre et à des façons plus soignées; mais cette variété finit par subir à la longue des modifications, sous l'action d'un sol et d'un climat différents, indépendantes des procédés culturaux. Plus qu'aucune autre plante, le froment, en effet, éprouve l'influence des causes qui tendent à modifier son aspect physique et ses qualités. Le grand nombre des espèces, le peu de fixité des variétés, et par-dessus tout la confusion de leur nomenclature, font qu'il est difficile de déterminer avec soin l'analogie des espèces et des variétés américaines, importées de tous les points du globe, avec celles que nous connaissons.

Les *blés d'hiver* comprennent 6 groupes : les froments blancs sans barbes et barbus, les froments ambrés sans barbes et barbus, et les froments rouges sans barbes et barbus [1].

Premier groupe. — Aux froments blancs sans barbes, appartiennent les variétés *deihl, tappahannock, boughton, mai blanc précoce, blanc, méditerranée blanc, à tête bleue, petit mai, ambre blanc, genesee, clawson, arc-en-ciel, blanc d'Australie.*

La variété *deihl,* importée du Canada, a gagné du terrain; on la sème de bonne heure pour qu'elle ait le temps de mûrir, ce qui la rend assez sujette à la rouille; mais son rendement, sur des terres assez maigres, atteint 27 hectolitres. Le grain donne une farine blanche, très-fine; il pèse 82 kilogr. par hectolitre.

Le *tappahannock,* originaire de Pensylvanie, a été intro-

---

1. Cette classification est empruntée à l'ouvrage de M. J. B. Killebrew, commissaire de l'agriculture pour le Tennessee : *Wheat culture in Tennessee,* Nashville, 1877.

duit par le département de l'agriculture avec le plus grand succès. Épi long de 0ᵐ,07, plein, à grains ronds, à peau tendre et fine, de couleur paille claire. Il mûrit vers le 10 juin, atteint 1ᵐ,22 de hauteur et résiste à la verse. Très-apprécié de la meunerie, il fournit une farine excellente et sèche. Son rendement dans les terres argileuses et riches varie entre 27 et 36 hectolitres.

La variété *boughton*, connue également sous le nom d'*orégon*, est analogue à la précédente ; peut-être l'épi est-il légèrement plus court et plus arrondi.

Le *mai blanc précoce* est une excellente variété, qui mûrit rapidement et rend de 17 à 22 hectolitres sur une bonne terre. Il est plutôt bas, de 0ᵐ,90 à 1ᵐ,10, et le grain est petit. L'hectolitre pèse de 74 à 83 kilogr. A la mouture, cette variété donne un rendement exceptionnel en fine fleur.

La variété *arc-en-ciel*, importée de la Russie méridionale, est peu répandue ; celle *blanc d'Australie* également ; mais ce sont de remarquables variétés dont le temps seul permettra de constater l'acclimatation.

Deuxième groupe. Aux froments blancs barbus appartiennent le *blanc méditerranée*, le *quaker*, le *flint blanc*, etc., qui mûrissent comme les variétés rouges des mêmes noms, sans leur être supérieurs sous le rapport de la résistance et de la vertu prolifique. La consistance de l'épisperme du grain ne permet pas d'en tirer de bonne farine.

Troisième groupe. — Les froments ambrés sans barbes comprennent : les *ambrés,* les *lammas jaunes* et les *paille dorée.*

La variété *amber* est moyenne comme maturation, mais d'un rendement certain de 17 à 25 hectolitres. L'épi est plein, à grains arrondis, à paille droite et ferme. Le prix de ce blé sur le marché ne le cède en rien à celui des meilleures variétés blanches, et il s'est beaucoup propagé.

Le *lamma jaune,* très-anciennement importé d'Angleterre dans le Tennessee, a perdu du terrain, comme aussi la variété *golden straw.*

Quatrième groupe. — Les blés ambrés barbus sont imparfaitement représentés par les variétés *pensylvanie, jaune barbu, jaune wheatland.* Sauf pour cette dernière variété, dont les barbes sont très-courtes, la propension des épis à s'égrener sous l'action de l'eau que concentrent les barbes, frappe ces blés d'une certaine défaveur.

Cinquième groupe. — Aux blés rouges lisses se rapportent les variétés *walker, fultz, mai rouge, red chaff,* etc.

Le *walker,* d'un rouge ambré, est très-répandu dans l'est du Tennessee; très-précoce, il échappe à la rouille et assure un bon rendement sur les terres de moyenne fertilité.

Le *fultz,* dont le département de l'agriculture a propagé la semence, a pleinement réussi sur les terres légères, avec un rendement de 22 à 35 hectolitres à l'hectare. C'est, avec le *boughton* et l'*amber,* la variété que les cultivateurs du Tennessee recherchent surtout pour la semence.

Le *mai rouge,* importé de Virginie, est une excellente variété, mais d'un rendement irrégulier; tantôt 18 à 22

hectolitres sur les bas-fonds d'alluvion, tantôt 8 à 10 hectolitres sur les terres riches des niveaux élevés. L'épi est
court, la paille également. Ce blé rustique est très-précoce et d'un produit assuré, bien que moyen. Il se plaît
mieux dans les sols fertiles.

Le *red chaff*, très-anciennement cultivé, donne une magnifique farine, mais il est tardif et sujet par cela même
aux attaques des insectes et aux maladies.

SIXIÈME GROUPE. -- Les blés rouges barbus comprennent les variétés *andrew rouge, méditerranée cuba, tread-well*, etc.

L'*andrew rouge* est à paille moyenne ; le grain est de
bonne qualité, précoce et d'un rendement satisfaisant. Il se
distingue peu du *quaker*.

Le *méditerranée cuba*, introduit depuis un certain nombre d'années, a conservé la réputation d'un des froments
les plus sûrs et les meilleurs de la contrée. C'est un blé
glacé, à grain gros, long et lourd, à épisperme épais, donnant une farine jaunâtre, mais se levant bien. Dans les
procédés de mouture par granulation, les enveloppes étant
tout d'abord retirées, l'amande seule fournit la farine qui
excelle alors entre les farines des autres blés d'hiver.

Le *treadwell* à barbes et sans barbes a une paille très-
ferme. Cette variété, très-prolifique, mûrit moyennement.

Blés de printemps. — Les blés de printemps sont mal
représentés dans l'État du Tennessee, où ils ne réussissent
pas. Ils s'adaptent mieux au climat moins hospitalier des
États du nord, car l'hiver menace le blé d'automne et

le printemps peut amener une végétation si rapide qu'il y ait trop de paille.

Parmi les variétés blanches, on cite le *chine*, le *thé*, le *canada club*, l'*italien*, le *talavera sans barbes*, le *rouge barbu*, le *printemps club*.

Quoi qu'il en soit des avantages conservés par plusieurs de ces variétés, M. Howard constate d'une manière générale que, par rapport aux blés cultivés en Angleterre, ceux des États-Unis sont beaucoup plus courts et plus légers ; ils pèsent un tiers en moins, et le rendement de 27 hectolitres est considéré comme supérieur.

Variétés officielles. — Le département de l'agriculture, depuis un certain nombre d'années, s'efforce de propager des graines de froments d'hiver et de printemps appropriés au climat américain. Lorsque la supériorité d'une semence a été dûment établie, le département de l'agriculture laisse aux cultivateurs le soin d'en soigner la pureté et d'en répandre l'emploi.

Parmi les blés d'hiver il convient de citer :

Le *tappahannock*, variété blanche, de deux semaines plus précoce que le blé *rouge*, dont il a été déjà fait mention.

La *touzelle*, variété blanche, sans barbes, qui, après avoir réussi dans les États de New-York, de Pensylvanie, d'Indiana et même du Michigan, a été introduite dans les États du sud, où elle est devenue une précieuse acquisition ;

Le *fultz*, variété dure, précoce, prolifique, importée depuis 1872 de Pensylvanie dans le midi, où elle a admirablement prospéré.

Les essais d'acclimatation des variétés d'hiver de l'Angleterre, le *rough chaff*, le *talavera* et le *polonais* ont échoué. De même les tentatives faites pour implanter les variétés rouges et blanches d'Australie, de l'Orégon, dans d'autres États n'ont pas eu de bons résultats. Les blés du versant Pacifique ne prospèrent pas sur le versant Atlantique.

Pour les blés de printemps, le département de l'agriculture a éprouvé de plus grandes difficultés encore dans le choix de bonnes semences.

L'*arnautka*, variété dure, précoce, prolifique, à grain presque translucide, importée d'Odessa en 1864, distribuée, annuellement depuis, dans les États qui cultivent le blé printanier, semble la mieux appropriée aux latitudes diverses. Viennent ensuite les variétés *golden drop, carr, mer Noire* et *thé de Chine*. Cette dernière, qui offre un épi long, barbu, avec une large amande, une paille propre et raide, peu attaquable par la rouille, prospérait dans le New-Hampshire.

Aux dernières Expositions internationales on a pu constater la beauté des échantillons des blés américains des provenances les plus éloignées. Parmi les variétés d'hiver, la *touzelle* du Grand Pacifique Cie, pesant 78 kilogrammes à l'hectolitre, avec des gerbes de $1^m,50$ de hauteur; le *mammouth blanc* de l'Orégon à grain très-fin, tendre, fournissant une farine de choix; le *golden amber*, à grain de grosseur moyenne, de couleur pâle, à l'aspect translucide. Parmi les variétés de printemps, le *white club* de l'Utah, à grains ovoïdes, petits, pointus, durs, résistant aux plus grandes sécheresses, se passant de pluie et donnant un rendement élevé de 40 hectolitres ; le *spring wheat* des monts Rocheux, à grains petits, très-durs et très-lourds, recommandé pour les terrains pierreux et secs ; le *mammouth* de printemps de l'Orégon, à grains blancs, arrondis, plus petits que ceux de la variété d'hiver, etc.

Blés durs. — Nous terminerons ce qui a trait aux variétés de froment des États-Unis par une observation générale relative aux blés durs que cultivent de préférence les États du sud.

Ces blés durs, d'après les procédés de mouture suivis jusqu'à il y a peu d'années, ne fournissaient pas une farine assez blanche, à cause de la proportion de silice et d'alumine contenue dans le son et qui s'incorporait avec le gruau. C'est pourquoi ces États n'ont pas cultivé les variétés de froment qui convenaient le mieux à leur climat. De nouveaux procédés récemment introduits pour décortiquer le blé dur avant le moulage, permettent d'obtenir une farine aussi blanche et du pain plus substantiel qu'avec les blés tendres, plus sensibles à l'humidité et aux ravages des insectes. Les blés durs exigent aussi moins de temps pour sécher avant de passer sous les meules ou d'être expédiés en nature.

Blés de printemps et blés d'hiver. — La zone de culture du blé d'hiver est séparée de celle du blé de printemps par une ligne qui, partant de Boston, traverse la partie sud-est du Massachussets et du Connecticut, contourne les collines Housatonic, passe dans le voisinage de Saratoga et se dirige au nord-ouest vers le lac Ontario ; de là elle limite tout le territoire à l'est du lac Michigan, coupe une partie de l'Indiana au sud-ouest, continue vers l'ouest à travers le nord de l'État du Missouri, touche Saint-Joseph sur le fleuve et s'infléchit peu à peu vers le sud, dans le Kansas, selon que l'altitude augmente. La direction de cette ligne est nord-ouest, de l'Océan vers les lacs, et ouest-sud-ouest, des lacs vers les montagnes Rocheuses.

Il résulte de ce tracé que la répartition de la culture du froment entre les variétés d'hiver et de printemps, est assez irrégulière. Bien qu'on puisse dire d'une manière générale que le blé d'hiver est cultivé dans les États de l'est, du midi et du centre, on sème quelque peu de blé de printemps dans les États de New-York et de Pensylvanie.

Le blé de printemps, qui figure pour 40 p. 100 environ dans la récolte totale du territoire américain, est cultivé exclusivement dans les États de Wisconsin, de Minnesota et d'Iowa. Le Michigan, quoique situé à une latitude aussi septentrionale que celle de ces États, produit, à cause du climat que tempèrent les eaux du lac, et de son sol naturellement drainé, du blé d'hiver. Un tiers de la récolte de l'Illinois, dans les comtés du nord, est en blé de printemps, ainsi qu'une faible partie dans le Kansas et la presque totalité de la Nebraska. Dans les États de la Nouvelle-Angleterre, la récolte de blé appartient à la variété de printemps. Quant à la Californie, elle est aussi anormale pour la culture du froment que pour les autres : le blé peut y être semé l'été, et il se développe à l'arrivée des pluies, ou bien on le sème pendant la saison pluviale, et il croît au printemps ; de telle sorte que les semailles s'étendent sur plusieurs mois de l'année.

Ensemencement. — En dehors des États de la Nouvelle-Angleterre, qui produisent peu de blé et où les semailles s'opèrent à la volée, on constate que dans l'État de New-York elles se pratiquent par moitié à la volée, et à l'aide du semoir en lignes, tandis que dans le New-Jersey, la Pensylvanie, la Delaware et le Maryland, les semis en lignes prédominent. Dans les États du sud, les emblavures étant beaucoup moins importantes, le semoir en lignes est à peu près inconnu. Au contraire, dans les États du centre, au nord de l'Ohio, où la culture du blé d'hiver est exclusive, le semoir en lignes est principalement en usage, et dans l'Illinois, par exemple, il s'applique à 70 p. 100 des surfaces ensemencées.

La région du blé de printemps maintient en faveur les semis à la volée avec semoir, par deux motifs, dont l'un provient de l'usage d'ensemencer sur le chaume de maïs, sans labour, et l'autre de ce que l'emploi du semoir à la volée, suivant les cultivateurs, permet de détruire les mauvaises herbes beaucoup plus efficacement que le semoir en lignes. Au fond, le système suivi dans cette région revient à économiser la façon du scarificateur et, plus tard, du binage à la houe, en négligeant 10 p. 100 de rendement en plus. La moyenne des emblavures effectuées en lignes dans cette région n'excède guère 35 p. 100.

Ensemencement du blé aux États-Unis.

ÉTATS.	PROPORTION p. 100 à la volée.	PROPORTION p. 100 en lignes.	AUGMENTATION p. 100 du rendement par l'ensemencem.t en lignes.	SEMENCE A L'HECTARE.	
				A la volée	En lignes
				Litres.	Litres.
New-York	50	50	13	162	144
New-Jersey	45	55	6	175	144
Pensylvanie.	30	70	12	156	134
Delaware.	26	74	10	157	135
Maryland.	24	76	7	153	128
Virginie	62	38	12	129	109
Caroline du Nord	97	3	»	96	75
Caroline du Sud.	99	1	»	90	63
Géorgie	99	1	»	90	81
Alabama.	99	1	»	90	»
Mississipi	99	1	»	112	»
Texas.	98	2	»	106	81
Arkansas.	100	»	»	99	»
Tennessee	96	4	10	108	99
Ouest-Virginie.	58	42	12	137	119
Kentucky	92	8	10	122	100
Ohio	39	61	16	141	119
Michigan.	49	51	9	145	126
Illinois	24	76	19	136	111
Indiana	49	51	15	133	109
Missouri.	62	38	21	136	109
Kansas	55	45	16	134	110
Nebraska	51	49	17	141	112
Californie.	98	2	»	119	»
Orégon	81	19	5	135	109

La quantité moyenne de semence employée pour les emblavures d'hiver est de 120 litres par hectare : 110 litres avec le semoir en lignes, et 130 litres avec le semoir à la volée. Le tableau précédent reproduit les résultats des semailles par les deux procédés, en regard des proportions qu'appliquaient les principaux États en 1875.

L'enquête du département de l'agriculture, qui a publié ce tableau, fait ressortir la surface proportionnelle ensemencée en lignes à 47 p. 100 des emblavures d'hiver et à 30 p. 100 des emblavures de printemps, c'est-à-dire à 37 p. 100 environ des emblavures totales.

Semailles en lignes. — Les témoignages recueillis par le même département en faveur des semailles en lignes, concordent avec ceux que l'agriculture progressive avait déjà enregistrés en France et en Angleterre.

Non-seulement la levée des plantes est plus certaine, mais elles tallent mieux et résistent davantage à l'influence des froids et des vents brûlants qui compromettent souvent la récolte en desséchant le sol. Outre l'économie d'un sixième au moins de la semence que le semoir en lignes permet de réaliser, le blé est mieux nourri et de meilleure qualité. La graine étant déposée à une profondeur convenable et égale dans le sol, la germination est régulière et uniforme. Les racines se développent en pénétrant plus avant, et la plante végète plus vigoureusement sans arrêt. Enfin, pour le froment d'hiver, les semailles en lignes assurent un rendement supérieur d'un dixième.

Ces avantages, signalés dans les rapports agricoles de la plupart des États, ont donné un grand essor à la fabrication des appareils, construits la plupart sur le modèle de ceux de l'Angleterre, mais beaucoup simplifiés.

Les objections qui se formulent contre l'emploi du semoir en lignes viennent, d'une part, de ce que sur les terres argileuses à surface plane, l'eau gèle dans les rayons et cause quelques dommages ; tandis que l'on a observé sur les mêmes terres, à surface billonnée, que les rayons facilitent le drainage superficiel et empêchent la gelée. D'autre part, pour les régions à blé printanier, où le semoir à la volée prédomine, on prétend que dans les terres à maïs, non labourées, sur lesquelles l'ensemencement se pratique, s'il y a place pour les mauvaises herbes entre les rayons du semoir en lignes, ces herbes existent déjà entre les lignes de maïs, et y demeurent à défaut de labour et de l'emploi du cultivateur.

Quoi qu'il en soit, l'emploi exclusif du semoir en lignes ferait épargner, pour l'ensemble de la récolte, un sixième de la consommation du blé de semence, soit près de 2 millions d'hectolitres, et permettrait d'atteindre un rendement total plus élevé de 10 millions d'hectolitres.

Le tableau suivant donne pour un certain nombre de comtés choisis dans 25 États de l'Union, et pour une surface proportionnelle consacrée au blé d'hiver, le rapport pour 100 de cette surface ensemencée à la volée et en lignes, l'augmentation de rendement due aux semailles en lignes et la quantité de semence respectivement employée.

On y reconnaîtra que dans certains États, les deux Carolines, la Géorgie, l'Alabama, le Mississipi, le Texas, l'Arkansas, le Tennessee, la Californie, le semoir en lignes est à peu près inusité ; de telle sorte qu'il serait permis de conclure, notamment pour les emblavures en blé d'hiver, que les semailles en lignes correspondent à la bonne culture; que celles obtenues à l'aide du semoir à la volée correspondent à la culture imparfaite et aux terres mal préparées; enfin, que l'ensemencement à la main est employé pour les exploitations peu étendues, ou par les pionniers dépourvus de ressources.

RÉSULTATS *comparatifs de l'ensemencement en lignes et à la volée.*

	SURFACES COMPARÉES		SURFACES ENSEMENCÉES		AUGMENTATION du rendement en lignes p. 100.	SEMENCES PAR HECTARE	
	Nombre de comtés.	p. 100.	à la volée p. 100.	en lignes p. 100.		à la volée.	en lignes.
						Litres.	Litres.
New-York . . .	21	63	50	50	13	162	144
New-Jersey . .	10	22	45	55	6	174	144
Pensylvanie . .	33	62	30	70	12	156	134
Delaware . . .	2	43	26	74	10	157	135
Maryland . . .	8	66	24	76	7	153	128
Virginie. . . .	29	35	62	38	12	129	108
Caroline du Nord	18	26	97	3	»	91	74
Caroline du Sud.	4	»	99	1	»	90	63
Géorgie	16	14	99	1	»	90	81
Alabama. . . .	8	»	99	1	»	90	»
Mississipi . . .	5	»	99	1	»	112	»
Texas.	9	21	98	2	»	106	81
Arkansas. . . .	2	»	100	»	»	99	»
Tennessee . . .	27	37	96	4	10	108	99
Ouest-Virginie. .	17	57	58	42	12	137	119
Kentucky . . .	23	22	92	8	10	122	100
Ohio	38	51	39	61	16	141	119
Michigan. . . .	22	52	49	51	9	145	126
Illinois	32	39	24	76	19	136	111
Indiana	41	44	49	51	15	133	108
Missouri. . . .	47	45	62	38	21	136	108
Kansas	23	36	55	45	16	134	110
Nebraska . . .	2	4	51	49	17	141	112
Californie . . .	9	»	98	2	»	119	»
Orégon.. . . .	7	21	81	19	5	135	109

Emblavures et rendement. — Pour en terminer avec les semailles, il nous reste à indiquer les variations considérables qu'offrent les emblavures, d'une année à l'autre, et la difficulté qui en résulte pour baser, d'après une surface moyenne déterminée, l'évaluation de la récolte. Ces variations sont également importantes pour l'appréciation du rendement moyen. Dans certains États les emblavures variant de 30 à 50 p. 100, les rendements varient de 5 à 12 et à 15 hectolitres d'une année à l'autre.

Les états soigneusement dressés depuis de longues années dans l'État de l'Ohio, sur les propriétés recensées annuellement, permettraient de conclure à l'inutilité des prévisions de récolte. De 1858 à 1872, par exemple, c'est-à-dire pendant quinze années, le rendement du blé a été, en 1862, de 4,08 hectolitres, et en 1869 de 13,75 hectolitres à l'hectare; et pour toute la période, la moyenne n'a pas dépassé 9,88 hectolitres. Or, de 1867 à 1872, durant six années consécutives, la récolte a été supérieure à cette moyenne, tandis que dans les neuf années précédentes, six des récoltes ont été inférieures.

Quant aux emblavures, dans la première année de la même période, c'est-à-dire en 1858, la surface a excédé de quelques hectares celle ensemencée dans la dernière année 1872. En 1862, année extrême, les emblavures comprenaient 970,000 hectares ; en 1869, l'autre année extrême, elles ne s'étendaient que sur 650,000 hectares. Pendant quinze ans, la moyenne a été de 678,000 hectares. Les six premières années, les emblavures supérieures à cette moyenne croissent constamment; à partir de la septième, elles décroissent de 25 p. 100 jusqu'en 1867, et à partir de 1867, elles se maintiennent aux environs de la moyenne. Il n'y a donc pas lieu de s'étonner que la production de l'Ohio ait présenté comme extrêmes 210,000 hectolitres en 1866 et 10,800,000 hectolitres en 1862.

Prix de revient de la culture du blé. — Le rendement se prêtant à des variations dans des limites très-étendues, suivant les années et suivant les districts, il devient très-difficile, pour ne pas dire impossible, d'établir le coût moyen de la production du blé aux États-Unis.

En agriculture, d'ailleurs, plus que dans toute autre industrie, c'est comme prix de revient qu'il faut surtout se garder de généraliser. Les termes mêmes qui servent à l'établir se modifient si profondément en raison des conditions variables du climat, du sol, des procédés culturaux, des frais généraux et spéciaux de toute nature, que ce qui est vrai économiquement pour tel district ou pour telle région, ne l'est plus pour un autre district ou pour une autre région, même les plus proches.

C'est seulement d'après un ensemble de données recueillies sur les différents points du territoire pendant une longue série d'années, pour relever les frais de culture et la rente de la terre, en tenant compte des oscillations dans les prix de transport, aussi bien que dans les cours des produits sur les marchés de vente, que l'on pourrait arriver avec quelque exactitude à l'appréciation de la situation du cultivateur américain, producteur de blé, et de la concurrence qu'il est en mesure de soutenir. Ce travail statistique n'est pas plus fait pour les États-Unis

que pour les autres contrées où les effets du climat sur la
végétation sont tellement variés; et il le serait, que les
chances d'erreur se multiplieraient, étant donnée l'étendue si vaste du territoire.

Aussi, n'est-ce pas sans quelque surprise que l'on a vu
dans ces derniers temps se produire des affirmations plus
ou moins extraordinaires, basées sur des faits particuliers de la culture des États de l'ouest, pour demander
des changements dans la législation douanière en Angleterre et en France, et déclarer comme imminente la
ruine du producteur de blé dans ces pays!

Il semble qu'on n'eût dû attacher à ces cas spéciaux
qu'un intérêt de curiosité et les citer sans en tirer de
conclusion applicable à la France ou à l'Angleterre.

Avant de procéder à l'examen des frais de culture des
États de l'ouest, il importe de mettre sous les yeux les
comptes de la culture du blé, telle qu'elle se pratique dans
la région moyenne des anciens États.

M. Killebrew a reproduit dans l'appendice de son utile
ouvrage sur la culture du blé, deux comptes de la ferme
Mark Cockrill, dont l'un s'applique à une récolte en blé
sur trèfle, pour 11,33 hectares, et l'autre à une récolte
en blé sur chaume de maïs, pour 26,30 hectares.

La pièce en trèfle ayant été défoncée, aux mois d'août et
de septembre, à l'aide d'une charrue à trois chevaux, puis
immédiatement passée à la herse Share, fut de nouveau
labourée en septembre, ensemencée à la volée des 1ᵉʳ au
10 octobre, à raison de 67 litres à l'hectare, en graine de

la variété Fultz, recouverte de nouveau à la charrue et hersée légèrement. Le rendement fut de 20 hectolitres à l'hectare.

Pour la pièce en chaume de maïs, les semailles se firent en blé Fultz également, vers le 1er octobre, par lots de 4 hectares, et le hersage s'opéra en long et en travers. Le rendement s'éleva à 12,5 hectolitres à l'hectare.

1. Ferme Mark Cockrill.

COMPTE DE CULTURE DE 11hect,33 EN BLÉ SUR TRÈFLE.

Dépenses.

Labour de défoncement (11hect,33 × 17 fr. 12 c.). . .	194f »
Hersage (3 journées × 11 fr. 70 c.).	35 10
Deuxième labour (2 chevaux)	170 35
Deuxième hersage.	10 40
Ensemencement (2 journées d'homme)	10 40
Semence (67 litres par hectare, à 18 fr. l'hectolitre). .	136 65
Enfoui la semence et hersé	46 80
Moissonneuse (12 fr. 90 c. par hectare)	146 15
5 lieuses à 5 fr. 20 c. (pendant 2 ⅓ journées)	60 60
3 batteurs à 5 fr. 20 c. (pendant 2 ⅓ journées). . . .	36 40
2 chariots à 2 chevaux, à 15 fr. 60 c. par attelage et par jour (pendant 2 jours)	62 40
2 chariots à 4 chevaux, à 18 fr. 20 c. par attelage et par jour (pendant 2 jours)	72 80
12 journaliers à 5 fr. 20 c. (2 journées).	124 80
Payement aux batteurs (¹/₁₀ de la récolte), soit 23 hectolitres × 20 fr.	460 »
Transport au marché de 207,5 hectolitres, à 30 c. . . .	62 25
Rente de 11hect,33, à 64 fr. 35 c. par hectare.	729 »
Total des dépenses.	2,358 10

Recettes.

Produit de 230 hectol. de froment à 20 fr. . 4,600ᶠ 00
— de 14 tonnes de paille à 25 fr. les
1,000 kilogr. 350 00

Total des recettes. 4,950 00 4,950ᶠ 00

Bénéfice. 2,591 90

soit 229 fr. par hectare, qui correspondent, en négligeant la rente de la terre, à 293 fr. 35 c.

Si du chiffre des dépenses totales 2,358 fr. 10 c., on retire le produit de la paille, soit 350 fr., il reste 2,008 fr. 10 c., qui donnent, pour 207,5 hectolitres de blé, 10 fr. comme prix de revient de l'hectolitre.

2. Ferme Mark Cockrill.

COMPTE DE CULTURE DE 26ʰᵉᶜᵗ,30 EN BLÉ SUR CHAUME DE MAÏS.

Dépenses.

Sciage du chaume 33ᶠ 80
Labour (2 journées) . . . . 169 »
Semence (23ʰᵉᶜᵗ,60 à 18 fr.). 424 80
Ensemencement (5 journées et demie à 5 fr. 20 c.). . 28 60
Moissonneuse (12 fr. 90 c. par hectare). 339 30
4 lieuses à 5 fr. 20 c. (pendant 4 journées). 83 20
2 batteurs à 5 fr. 20 c. (pendant 4 journées). . . . 41 60
Transport avec 4 chariots (2 journées). 135 20
17 journaliers à 5 fr. 20 c. (2 journées). 176 80
Payement aux batteurs (¹/₁₀ de la récolte), soit 33 hec-
tolitres × 18 fr. 30 c. . . . . 604 »
Transport au marché de 295 hectolitres à 30 c. . . . 177 »
Rente de 26ʰᵉᶜᵗ,30, à raison de 45 fr. par hectare. . . 1,183 50

Total des dépenses. 3,396 80

Recettes.

Produit de 330 hectol. de froment à 18 fr. 30 c. 6,039ᶠ »
— de 20 tonnes de paille à 25 fr. . . . 500 »

Total des recettes. . . . . . . 6,539 » 6,539ᶠ 00

Bénéfice. 3,142 20

soit 119 fr. 45 c. par hectare, qui correspondent, en dehors de la rente de la terre, à 164 fr. 45 c., et en faisant un calcul semblable à celui indiqué dans le précédent exemple, 9 fr. 80 c. comme prix de revient de l'hectolitre.

Le fermier Campbell, du comté de Franklin, dans le Tennessee, a donné également un compte de culture pour 3,84 hectares en blé, après trèfle, dans l'année 1876.

Après un premier labour de défoncement vers le 15 août, on reprit à la sous-soleuse au commencement de septembre pour enfouir le trèfle, on donna deux hersages et l'on roula à la chaîne pour bien émotter et ameublir la surface. Le semoir Daniell fut employé, distribuant 70 litres à l'hectare. Avant le tallage, la pièce reçut comme engrais un mélange de 75 litres de plâtre avec 330 litres de cendres brutes, à l'hectare. Malgré le préjudice causé par des orages en avril et en juin, on récolta 24,5 hectolitres de froment, laissant un bénéfice de 228 fr. 15 c. à l'hectare.

Le prix de revient de l'hectolitre de blé ressort, en défalquant des dépenses le produit de la paille, à 8 fr. 53 c.

Ferme Campbell (Tennessee).

COMPTE DE CULTURE DE 3[hect],84 DE BLÉ SUR TRÈFLE.

Dépenses.

	Par hectare.
Labour.	19[f] 30
Sous-solage.	19 30
Premier hersage.	3 20
Deuxième hersage	3 20
Roulage.	3 00
Semence (70 litres).	11 90
Ensemencement au semoir.	6 45
Plâtre (75 litres).	10 80
Cendres (330 litres)	3 55
Épandage de l'engrais.	1 35
Loyer de la terre.	64 20
Moisson à la machine.	12 85
Liage et gerbes.	27 95
Main-d'œuvre	7 10
Battage.	14 20
Chariot et attelage	1 70
Mise en grange et en meule (main-d'œuvre).	8 60
Nourriture de l'attelage et whisky.	4 »
Total des dépenses.	222 70

Recettes.

Produit de 24[hectol],5 de blé, déduction de 10 p. 100 de redevance	437[f] 30	
Paille ; produit.	13 55	
	450 85	450[f] 85
Reste, bénéfice net.		228 15

On le voit, pour une même région, les frais de culture et le prix de revient varient suivant les procédés culturaux. Quant au bénéfice, sans tenir compte du rendement, il ressort du prix du marché; or, les prix de 20 fr., de 18 fr. 30 c. à la ferme Cockrill, et de 19 fr. 63 c. à la ferme Campbell, sont plutôt élevés par rapport à la moyenne constatée généralement aux États-Unis.

Omettant la fumure qui n'est pas de règle dans la zone du centre sud, quand on cultive le blé après trèfle ou après des pois, M. Killebrew évalue comme il suit les frais d'un hectare en froment, sur une terre calcaire de moyenne qualité :

Labour en août	12ᶠ 90
Labour en octobre.	12 90
Hersage	3 20
Semence (66 litres)	12 90
Ensemencement avec semoir en location. .	6 40
Moisson	12 90
Battage, taxes, etc.	32 20
Main-d'œuvre.	9 60
Rente de la terre	25 80
Total des dépenses.	128 80

Sur les dépenses énumérées, le propriétaire-fermier aurait, il est vrai, à déduire la nourriture des hommes et des chevaux qu'il fournit lui-même et dont le prix rentre dans sa caisse. S'il possède un semoir, une moissonneuse et une batteuse, il n'a pas de loyer à payer pour cet instruments; de plus, les bras dont il dispose feraient tous le travail sans avoir une paye spéciale, et il tirerait une rente de sa terre, au lieu d'en payer une. La perte pour le propriétaire-fermier se bornerait alors à la semence, à l'usure et à l'entretien de ses machines.

Quoi qu'il en soit, la recette provenant de 15 à 25 hectolitres de froment couvrirait bien au delà les dépenses, telles qu'elles ont été établies par M. Killebrew.

Compte de culture dans l'ouest. — Pour revenir aux conditions exceptionnelles de la culture du blé dans l'ouest, nous emprunterons d'abord au rapport du département de l'agriculture en 1873, le compte d'une pièce de blé de 60 hectares, située sur la ferme de 1,600 hectares appartenant à M. Georges Wells, dans le comté de Grundy (État d'Iowa). Cette pièce a fourni 1,075 hectolitres, ou 17,40 hectolitres à l'hectare, moyennant la dépense suivante :

Labour (12 fr. 90 c. par hectare).	774ᶠ »
Hersage (15 journées à 5 fr. 18 c.).	77 70
Semence (8,175 litres à 14 fr. 25 c. l'hectolitre). .	1,165 »
Semailles (8 journées et demie)	44 »
Moisson à la machine (60 journées).	310 80
Battage à la machine (77 journées).	398 90
Entretien des attelages et des machines	259 »
Ensemble.	3,029 40

D'après ce compte, la dépense par hectare se serait réduite à 50 fr. 50 c. et le coût de l'hectolitre de blé, sur place, à 2 fr. 82 c.; mais il nous sera permis de faire observer que, s'il n'y a pas eu d'engrais employés, ni de récolte précédente enfouie en vert, pour obtenir ce rendement plus élevé que la moyenne, de rente à payer pour la terre, de loyer pour les bâtiments, etc., il n'est point fait mention des impositions, de l'intérêt du capital d'exploitation, de la quotité des honoraires du cultivateur ou du tenancier. Or, l'ensemble de ces frais, du moins dans le prix de revient tel qu'on l'établit en Europe, représente près de 10 p. 100 de la dépense totale. En outre, il n'est donné aucune indication des frais de transport jusqu'au prochain dépôt du chemin de fer, et le blé de l'Iowa, tant qu'il n'y est pas rendu, n'a aucune valeur commerciale. On ne serait donc pas justifié, en s'appuyant sur un compte de culture aussi incomplet et sur le prix de revient de 2 fr. 82 c. par hectolitre, pour déclarer que c'est là une moyenne aux États-Unis.

Il est préférable de s'en rapporter aux affirmations de M. Close, qui a mis en valeur une quarantaine de fermes dans l'Iowa et le Minnesota [1].

M. Close, qui possède également des fermes en Angleterre, pourvoit, sur chacune de ses exploitations américaines, aux dépenses de construction de la maison d'habitation, des hangars et écuries ou étables, des graines de semence et de préparation de la terre. Le tenancier fournit, de son côté, la main-d'œuvre, les machines, le cheptel, etc. Les récoltes sont partagées également entre le tenancier et lui.

---

1. *The Times,* 3 novembre 1879. Lettre de M. W. B. Close, datée d'Eccles, près de Manchester, 29 octobre.

En établissant comme règle que, sur une exploitation de
65 hectares, 40 hectares sont consacrés au blé et 15 hectares à d'autres récoltes, et que l'usage du semoir et de la
moissonneuse est commun à trois exploitations de même
contenance, le coût de la mise en valeur de chaque exploitation est établi par M. Close de la manière suivante :

Labour de défrichement de 40 hect., à 25 fr. l'hect.	1,000 f	» c
Maison d'habitation : 5^m × 6^m,70, quatre pièces . .	1,125	»
Hangars, écurie, étable.	500	»
Herse	60	»
Trois chevaux.	1,500	»
Harnais et chariot	450	»
Charrue	81	25
Autres instruments et outils.	375	»
Puits	100	»
Mobilier, y compris le poêle.	500	»
Taxes	125	»
Quote-part du semoir et de la moissonneuse . . .	312	50
Semence (45 hectolitres)	625	»
Total.	6,753	75

En se basant sur ce détail des dépenses d'installation,
M. Close donne le compte de mise en culture d'une de
ses fermes de l'Iowa, en 1878-1879, considérée comme
moyenne. Le rendement par hectare ayant été de 13,70 hectolitres, le produit total des 36 hectares en blé a atteint
494,3 hectolitres.

Dépenses (1878).

Prix d'achat de 65 hectares à 43 fr. 20 c.	2,808 f	» c
Défrichement de 36 hectares, à 25 fr.	900	»
A reporter	3,708	»

Report.	3,708[f] »[c]
Maison, écurie ou étable, puits.	1,733 75
Semence (40 hectolitres à 10 fr. 30 c.)	412 50
Taxes sur la terre et bâtiments.	90 »
	5,944 25

Produit (1879).

Moitié du produit en blé, soit 24[hect],70 à 13 fr. l'hectol. 3,211[f] »[c]

Ainsi, le propriétaire, dès la seconde année, avait réalisé, à l'aide de la récolte de blé seule, 54 p. 100 du capital engagé.

On peut dire que l'année 1879 a été exceptionnelle comme prix de vente du blé, mais en prenant le prix de 1878, soit 8 fr. 30 c. par hectolitre, le revenu du capital engagé, sans compter le produit des 20 hectares restants, eût été encore de 35 p. 100.

Les résultats de l'exploitation, dans le Minnesota, des fermes de M. Dalrymple ont été souvent signalés. Déjà en 1873, avec 810 hectares en blé, ayant produit 16,000 hectolitres, soit 19,75 hectolitres par hectare, M. Dalrymple réalisait une somme de 228,000 fr., lui laissant un produit net de 57,000 fr. La moisson et sa rentrée avaient occupé 100 ouvriers, 80 chevaux, 10 moissonneuses Mac Cormick et 4 batteuses à vapeur. Les journées d'ouvrier valaient alors, nourriture non comprise, de 12 à 15 fr. [1].

Depuis cette époque, l'attention publique est fixée, aussi bien sur les terres de la rivière Rouge, que nous avons

---

1. *Department of agriculture. Report for* 1873, p. 298.

mentionnées, que sur l'exploitation monstre installée par
M. Olivier Dalrymple à Casselton, dans le haut Dakota.

Nous consacrons le chapitre qui suit à la description
de la contrée qui s'étend dans le haut Minnesota, le Dakota et la province canadienne du Manitoba, et à la ferme
à blé de Casselton.

8. — CULTURE DU BLÉ DANS LA VALLÉE DE LA RIVIÈRE ROUGE [1].

La rivière Rouge, qui prend sa source dans une série de
lacs des hautes terres, à l'ouest du Minnesota, reçoit les
eaux de la rivière Sioux-Wood, sortant du lac Traverse,
pour couler au nord et se jeter dans le bassin du lac
Winnipeg. Le long de son parcours tortueux de plus de
1,000 kilomètres, il y a 800 kilomètres sur le territoire
même des États-Unis, où la rivière sert de frontière entre
les États de Minnesota et de Dakota.

C'est du même ensemble de lacs que le Mississipi débouche pour couler au sud jusqu'au golfe du Mexique,
et que le Saint-Louis, dirigé vers l'ouest du lac Supérieur, forme l'affluent principal du Saint-Laurent; de telle
sorte que ces trois vastes bassins hydrographiques, issus
d'un même plateau, pourraient être réunis par un canal
dont le bief le plus élevé serait à 360 mètres au-dessus du

---

1. *Our New Wheat-fields in the North-West,* by J. Vernon Smith; article
du *Nineteenth century,* juillet 1879. *The Red River.* (*Times,* 28 octobre 1879.)

niveau de la mer. Ce canal, de 100 kilomètres de longueur, permettrait de souder 30,000 kilomètres de navigation déjà utilisés sur les trois systèmes de fleuves qui coulent vers le golfe Saint-Laurent, le golfe du Mexique et l'Océan Arctique.

Haut Minnesota et Dakota. — Le Minnesota passe, nous l'avons déjà dit, pour le meilleur district à blé des États-Unis ; les progrès qui ont été réalisés sur les bords du haut Mississipi sont merveilleux ; seulement la difficulté d'accès à la rivière Rouge et son éloignement avaient tenu jusqu'ici à l'écart les colons agriculteurs.

Le chemin de fer du Pacifique-Nord, dont les travaux furent arrêtés à la suite de la dernière crise financière, avait heureusement à peu près terminé la section du lac Supérieur jusqu'à la rivière Rouge ; et un autre chemin non moins mal partagé, le Saint-Paul-Pacifique, avait livré à l'exploitation, avant de suspendre ses travaux en 1873, l'embranchement reliant Saint-Paul, la capitale du Minnesota, avec le Pacifique-Nord.

Entre temps, le Canada ayant établi un gouvernement dans la province de Manitoba, la capitale Winnipeg s'était transformée d'un poste indien de la Compagnie de la baie d'Hudson, en une ville de 8,000 habitants, et des services de bateaux à vapeur eurent établi bientôt une communication régulière entre Winnipeg et Saint-Paul.

Depuis le mois de novembre 1878, la situation s'est modifiée : un chemin de fer continu, de 756 kilomètres, rejoint ces deux capitales. Le gouvernement fédéral ayant en outre subventionné d'autres compagnies dans les États de Minnesota et de Dakota, moyennant d'importantes concessions de terrains, une affluence énorme d'émigrants s'est produite pour acheter les terres aux chemins de fer et au gouvernement et les livrer à la culture.

Les grandes émigrations de 1854 et de 1857 n'approchent pas, comme résultat, de celle attirée vers cette région depuis 1877.

Dans les trois mois se terminant au 30 novembre 1877, les divers bureaux *terriens* du gouvernement américain avaient vendu 173,000 hectares de terres, et les compagnies de chemins de fer, 218,000 hectares dans le Minnesota et le Dakota, aux environs de la rivière Rouge.

On estime qu'à la fin de mars 1878, indépendamment des grandes surfaces en cours d'acquisition pour l'établissement des nouvelles colonies, le gouvernement, aussi bien que les compagnies des chemins de fer du Nord-Pacifique, du Saint-Paul-et-Pacifique, du Saint-Paul-et-Sioux, avaient vendu, pour être immédiatement défrichés et colonisés, plus d'un million d'hectares.

La Compagnie du Nord-Pacifique, dont les opérations étaient suspendues par la faillite de ses banquiers Jay Cooke et Cⁱᵉ, avait disposé, en 1877, de 110,000 hectares, moyennant paiement en ses propres obligations qu'elle recevait au pair. L'hectare revenait à 62 fr. environ aux acquéreurs. Dans le premier trimestre de 1878, elle en cédait 48,000 à 230 émigrants, le prix variant entre 50 et 93 fr. par hectare ; mais le cours des obligations s'était si notablement relevé dans l'intervalle que la Compagnie, reprenant ses travaux avec vigueur, pouvait dès lors développer son matériel et son trafic en vue des besoins des 65,000 individus groupés désormais sur le parcours de la ligne.

De même, la Compagnie du Saint-Paul-Pacifique, au moment d'ouvrir l'embranchement du chemin de fer aboutissant à Saint-Vincent, ville frontière américaine, pour la communication directe avec Winnipeg, réalisait, dans le premier trimestre de 1878, 29,879 hectares sur l'embranchement, et 17,919 hectares sur la ligne principale, au prix moyen de 80 fr. l'hectare.

Les terres de la vallée que desservent aujourd'hui la rivière Rouge, navigable jusqu'à Fargo au sud, et le chemin de fer de Saint-Paul au Pacifique qui longe la rivière à une distance de 16 à 24 kilomètres à l'est, sont généralement sèches, sauf sur les berges du fleuve, et si faciles à défoncer que les conducteurs d'attelages et de charrues se présentent en nombre pour retourner le sol sur une profondeur de 12 à 15 centimètres, moyennant 37 à 38 fr. par hectare; à l'aide de la charrue double, avec siége pour le conducteur, il est de règle de défricher de 1 hectare à 1 hectare et demi par jour. Le défoncement se faisant en juin, c'est deux ou trois mois plus tard, le gazon étant bien décomposé, que l'on donne un nouveau labour en travers, à raison de 25 fr. par hectare. On abandonne ainsi la terre pendant l'hiver. Aussitôt que la saison le permet, et souvent lorsque la gelée est encore à craindre, on ensemence. La plante lève rapidement et jusqu'à la moisson, au mois d'août, n'exige plus de façon. Les frais de récolte et de battage s'élèvent à 38 fr. par hectare. En ajoutant 19 fr. pour la semence (135 litres à l'hectare), on obtient comme coût total 119 fr. Le rendement varie entre 18 et 22 hectolitres à l'hectare, et le prix moyen réalisé sur place, pendant ces dernières années, étant de 9 fr. 65 c. par hectolitre, c'est-à-dire de 193 fr. par hectare pour 20 hectolitres, le produit net atteint 74 fr.

Aux environs des gares du chemin de fer, les nouveaux arrivants ont acheté d'abord 65 hectares à raison de 38 à 120 fr. par hectare, puis ils se sont fait céder 65 autres hectares en vertu de la loi sur l'*Homestead,* et une étendue égale, libre de toutes taxes, sauf celle du bureau foncier qui s'élève à 1 fr. 90 c. par hectare, moyennant qu'ils s'engagent à planter 4 hectares en bois sur les 65 hectares, et à entretenir pendant cinq années les plantations.

A 60 kilomètres au nord de Fargo, la rivière Rouge reçoit comme affluent la rivière de l'Oie, coulant au nord-ouest, dans un pays des plus fertiles, où les émigrants de Norwége se sont établis. L'embranchement que construit la Compagnie du Nord-Pacifique sur la rive gauche de la rivière Rouge desservira prochainement ces terres où les premières récoltes de froment sont si lourdes que la verse y est l'objet des préoccupations.

La plupart des autres émigrants attirés vers la rivière Rouge sont des fermiers depuis longtemps installés dans l'Iowa, le Wisconsin, le Michigan, l'Illinois et les autres

États nouveaux de l'Union, de même que dans le bas Canada, qui se sont défaits de leurs exploitations pour recommencer la vie de pionnier et profiter de l'expérience et des capitaux chèrement acquis. Pour ces hommes rompus à la culture des céréales, la spéculation est simple : ils ont remplacé leurs terres, en les vendant au prix de 3,500 à 4,000 fr. l'hectare, par celles du nord-ouest, valant un dixième de ce prix, dans le but de les amener en cinq ou six ans à valoir le double de celles qu'ils ont quittées. Pour eux, il y a bénéfice à *faire* de la terre, et il n'y a pas de meilleur placement que celui affecté à la culture du blé, dans les conditions qu'offrent les terres vierges de prairie; tels seraient les mobiles essentiels de l'émigration au nord-ouest.

Les essais de culture sur les terres du chemin de fer Saint-Paul-et-Sioux, exploitées par lots de 250 à 1,200 hectares, ont démontré que le froment dur n° 1, variété Minnesota, peut être amené aux élévateurs des chemins de fer à un prix représentant de 96 fr. 50 c. à 110 fr. par hectare, y compris le labour de défrichement, l'ensemencement, la moisson, le battage, le transport au chemin de fer, la dépréciation de la terre, l'usure du matériel et l'intérêt du capital engagé. Dix hectolitres de blé à un prix variant entre 9 fr. 70 c. et 11 fr. couvrent toutes ces dépenses de culture, et il reste de 15 à 16 hectolitres pour solder les frais d'acquisition, d'installation et d'appropriation de la terre. Ainsi, avec 25 ou 26 hectolitres de froment à l'hectare, tout est payé dès la première récolte, en y comprenant l'intérêt du capital, et il reste une exploitation clôturée, en état de fournir aux exigences de la culture à venir. Tout rendement supérieur à 26 hectolitres est du bénéfice net; or, il n'est pas rare d'obtenir, la première année, 35 et 45 hectolitres à l'hectare, qui laissent un excédant de 125 à 190 fr. par hectare. On peut se demander en effet quelle autre opération industrielle permettrait en douze mois de rembourser les avances d'acquisition et d'installation, tout en obtenant un bénéfice en argent et en matériel représentant une valeur quadruple de celle engagée au début?

On sait, d'après les observations climatologiques, que les plantes cultivées fournissent le plus fort rendement près de la limite septentrionale de leur habitat. C'est ainsi que le froment, qui rend en moyenne 12,5 hectolitres dans le Wisconsin, 13,5 hectolitres dans l'Ohio et la Pensylvanie, et 18 hectolitres dans le Minnesota méridional, en rend souvent 36 et 40 dans les provinces nord-ouest du Canada, sur les bords de la Saskatchewan.

Quoi qu'il en soit, les résultats obtenus dans la nouvelle région de la rivière Rouge attestent une production peu commune, pour les céréales comme pour les racines et les tubercules; et il n'est pas surprenant que, sous l'action du courant continu de l'émigration, on conçoive la mise en culture, dans peu d'années, de 800,000 hectares pouvant fournir un supplément de production de 30 à 40 millions d'hectolitres.

Manitoba. — Du côté du Canada, les vallées sont non

moins fertiles, et les landes de prairie non moins étendues que celles de la rivière Rouge. Entre autres, les vallées d'Athabasca et de la Paix, bien que situées sous le 55e degré de latitude nord, sont aussi célèbres pour la douceur du climat, leurs fleurs et leurs fruits, que pour la belle qualité de leurs céréales.

La seule vallée de la Paix a une superficie estimée à 200,000 kilomètres carrés.

Les rivières de Saskatchewan nord et sud traversent, sur des milliers de kilomètres, d'immenses surfaces d'alluvion, et leurs rives sont admirablement boisées pour servir à abriter le bétail.

A 800 kilomètres de Winnipeg se rencontre l'établissement de Prince-Albert, avec 600 feux. Les habitants s'y livrent à la culture, mais surtout à l'élève des troupeaux que facilite l'abondance des pâturages.

Le gouvernement de Manitoba a évalué à 880,000 kilomètres carrés l'étendue des terres arables, ne le cédant en rien, comme prix et comme fertilité, aux plus belles terres des États-Unis : les voies de communication, rivières navigables et chemins de fer, s'y développent rapidement.

La colonie écossaise de Kildonnan, établie depuis quarante ans à une dizaine de kilomètres à l'est de Winnipeg, exploite, avec un millier de familles, une surface de 60,000 à 80,000 hectares en lots de 65 à 70 hectares. Le rendement du blé y est de 22 hectolitres; celui de l'avoine, de 40 hectolitres. Le maïs jaune, dur, pour les distilleries, les pommes de terre, les turneps, réussissent à merveille dans le sol argilo-sableux de cette région. La quantité d'eau pluviale annuelle, y compris la fonte des neiges, y est de $0^m,60$; la température maximum en été, de 35 degrés centigrades, mais la température minimum de l'hiver descend au-dessous de 20 degrés.

A l'ouest de Winnipeg, le pays, également très-fertile le long des rives de l'Assiniboine, est peuplé par une race mêlée, descendant des Anglais et des Écossais engagés jadis par la Compagnie de la baie d'Hudson. Ce sont des agriculteurs très-entendus et qui savent tirer un excellent parti de leurs cultures.

A Portage-la-Prairie, situé à 120 kilomètres ouest de Winnipeg, et à Shoal-Lake, un grand nombre de jeunes fermiers de l'Ontario se sont installés, et, malgré les rigueurs de l'hiver, ne semblent pas regretter leur émigration. Le blé, les racines, les pommes de terre, ont des rendements considérables : 600 hectolitres de turneps, 270 hectolitres de pommes de terre à l'hectare, sans autres frais de culture que l'ensemencement. Plus loin, se sont fixés sur les deux rives de la rivière Rouge, les Mennonites, émigrants de Russie, qui échappent à la conscription. 8,000 Russes sont adonnés surtout à la culture du blé; mais leurs terres, non drainées, ne rendent que 10 hectolitres en moyenne à l'hectare.

D'après l'état des ventes du Canada, en 1876, les bureaux terriens de Winnipeg avaient disposé de 62,000 hectares; en 1878, le chiffre s'était élevé à 275,000 hectares.

La province de Manitoba, qui, au 30 juin 1878, avait

importé dans l'année pour 6 millions de francs d'articles de l'étranger, avait exporté pour 3,775,000 fr. de produits. La balance ne saurait tarder à se montrer favorable aux efforts de la population et du gouvernement [1].

Il n'y a pourtant pas de si grands avantages qui n'offrent quelques inconvénients. Dans les bas-fonds des vallées, le terrain est humide et soumis aux débordements. Les longs hivers sont peu propices à l'élève du bétail, dans des conditions économiques, et il convient de le développer pour maintenir l'état de fertilité du sol. Au Canada et dans le Manitoba surtout, les moyens rapides de communication font encore défaut et le bois manque absolument. Pour l'émigrant sans capitaux, le bois est indispensable au point de vue de la construction de sa cabane, des abris pour ses chevaux et son bétail, des clôtures pour ses champs et du chauffage pendant l'hiver rigoureux.

Le gouvernement canadien, qui a déjà encouragé les pionniers à faire des plantations sur quelques hectares de leurs concessions, devra lui-même, pour favoriser l'émigration, entreprendre des plantations en grand, en mélangeant les essences à pousse lente et à pousse rapide.

Ferme Casselton (Dakota). — Il y a quatre ans, la ferme monstre de Casselton (elle occupe 30,000 hectares) faisait partie des landes incultes de la vallée que nous venons de décrire, hantée par les buffles et les castors, les écureuils de prairie et les canards sauvages. Sur l'appel

---

1. *The Times,* 8 novembre 1879. *Wheat growing in Dakota and Manitoba.*

des administrateurs de la Compagnie du chemin de fer
Pacifique-Nord, M. Olivier Dalrymple, qui exploitait avec
succès, près de Saint-Paul, dans le Minnesota, la ferme
de Saint-Elme, de 2,400 hectares, consentait à entreprendre à mi-fruit, avec la Compagnie, la mise en culture
pour blé des 30,000 hectares qui lui étaient offerts[1].

Le sol de la ferme Casselton consiste en une couche
d'alluvion noire, friable, exempte de pierres, dont l'épaisseur varie entre 30 et 50 centimètres ; elle repose sur
une couche argileuse particulièrement riche en détritus
végétaux.

Les installations, méthodiquement conçues, sont réalisées dans le but d'économiser le temps et la main-d'œuvre.
Des communications téléphoniques, pour ne citer qu'un
exemple du soin qui a présidé à ces installations, sont
établies entre le bureau des surveillants et chacun des
chefs journaliers, de manière à ce que, sur l'ensemble de
l'exploitation, les ordres s'exécutent directement et rapidement. Des bâtiments en charpente, mais solides, ont été
construits sur les points désignés comme les mieux appropriés au service de la culture. Ils comprennent les loge-
ments des surveillants, les dortoirs et les réfectoires des
hommes, les écuries, les greniers et les hangars pour
abriter le matériel agricole, les ateliers et les forges nécessaires à l'entretien et à la réparation des bâtiments et des
machines. L'eau est fournie par des puits de 15 à 25 mètres

---

1. *The biggest Wheat-farm in America.* (*Times,* 30 octobre 1879.)

de profondeur, forés à travers la couche de sable et de gravier. inférieure à l'argile.

Le prix des terres varie de 5 fr. 20 c. jusqu'à 64 fr. l'hectare. Il n'y a pas de taxes fédérales; le seul impôt à payer, pour les écoles, s'élève à 1 fr. 25 c. par hectare.

Le domaine est réparti en sections de 2,000 hectares chacune, ayant un surveillant-chef assisté de deux contre-maîtres, dont l'un accompagne à cheval les quinze ou vingt attelages en service, voit aux labours, aux semailles, au travail des journaliers, à l'état des animaux et aux détails de l'outillage: Chaque section est pourvue d'un ou de plusieurs groupes de bâtiments d'exploitation, et de vastes baraquements convenablement chauffés, pouvant accommoder de lits cinquante hommes en temps de grand travail, avec des cuisines attenantes dont l'approvisionnement en farine, en viande, en lard, en beurre et fromage, en thé et café, etc., se fait par des magasins spéciaux, sur des bons du contre-maître. Trois repas sont fournis par jour : avant six heures du matin, à midi et à sept heures du soir. Point de paiements qui ne soient opérés par le caissier et teneur de livres, sur le visa d'un contre-maître. Les hommes se font payer comme ils l'entendent, les uns à la semaine, les autres au mois ou par trimestre. Le taux des salaires varie suivant la saison. Au printemps, les gages sont, nourriture comprise, de 93 fr. 60 c. par mois; à l'époque de la moisson, de 11 fr. 70 c. par jour; à l'époque du battage, de 10 fr. 40 c. par jour; dans les mois d'automne, les gages mensuels sont de 130 fr.

Point de travail à la tâche; au moment de la récolte, 600 journaliers sont souvent à la fois engagés sans que le moindre désordre ait lieu. Les hommes supplémentaires ne sont payés que pour les heures de travail effectif. En cas de maladie, les soins médicaux sont fournis gratuitement.

Dès que la gelée empêche de labourer, tous les ouvriers sont licenciés, à l'exception du contre-maître et de dix hommes, par section, employés à l'entretien des 40 chevaux et mules attachés à chacune des sections. Les journaliers ainsi congédiés trouvent facilement de l'ouvrage comme bûcherons, dans les forêts, pendant les mois d'hiver.

En 1879, 8,000 hectares étaient en blé : 2,000 hectares doivent être mis en valeur chaque année. La surface non arable de la prairie est fauchée pour l'herbe, ou livrée en pâturage aux vaches. Quatre cents chevaux et mules sont journellement employés au défoncement ou à labourer en travers les terres défoncées dans les premiers mois d'été. Chaque charrue double, montée par son conducteur, est attelée, pour le terrain sec, de quatre mules. Le coutre de ces charrues, que fabrique la maison John Deer (Illinois), au prix de 312 fr., est remplacé par un disque tranchant. Construits en acier dans les parties travaillantes, ces instruments conjugués retournent une bande de $0^m,38$ de largeur sur $0^m,126$ d'épaisseur. Les socs sont affûtés, tous les trois jours. Chaque attelage défonce un hectare par jour, en terre sèche, ou 1,20 hectare en terre molle, et parcourt de 27 à 30 kilomètres, avec une heure de repos à midi.

Les mulets sont préférés aux chevaux à cause de leur plus grande résistance, de leur docilité et de leur rusticité. Ils sont moins sujets aux maladies que les chevaux. On les achète à l'âge de cinq ou six ans au marché de Saint-Louis, au prix moyen de 700 fr.; ils pèsent de 500 à 550 kilogr. Le harnais léger qui sert à traîner la charrue ou les chariots coûte 120 fr. par animal. Les écuries, très-bien aérées, contiennent 50 chevaux et mulets, deux par stalle de 8^m,25. La ration journalière consisté en 13 litres d'un mélange d'avoine et d'orge et en 7 à 9 kilogr. de foin de prairie. En hiver, la quantité de grain est réduite, mais le repos de cinq mois refait les animaux pour le dur labeur de l'été.

Les pièces carrées, d'une contenance de 40 hectares chacune, sont clôturées par des poteaux de chêne que relient des fils métalliques.

Le défoncement, y compris l'entretien et l'usure des charrues, revient à 32 fr. En ajoutant le prix du déchaumage et du labour en travers, soit 22 fr., on a pour coût total de la préparation du sol, 54 fr. par hectare.

Des ondées en juin et juillet, d'abondantes rosées pendant les fortes chaleurs, maintiennent, sous ce climat, l'humidité nécessaire à la pleine maturité du grain. Les sauterelles, depuis quatre ans, ont été seules, parmi les insectes destructeurs de la récolte, à faire leur apparition en 1876.

Au moment de la moisson, vers le 1er août, 300 journaliers supplémentaires sont embauchés. La récolte s'opère à l'aide de 115 moissonneuses-lieuses dont 100 du sys-

tème Wood et le reste, du système Mac Cormick, fonc-
tionnant également bien. Le grain, amené sur les points
désignés, est soumis au battage de 21 machines à vapeur,
pourvues de leur tambour batteur, de l'appareil à nettoyer
et de l'élévateur de paille. Dix chariots, attelés d'une paire
de chevaux ou de mulets, qui amènent les épis, emportent
le blé nettoyé dans des sacs d'un hectolitre de contenance,
sur un parcours de 3 kilomètres environ jusqu'aux wagons
du chemin de fer. Une brigade de 25 hommes est occupée
aux batteuses et aux chariots pour la remise à la station
de 360 hectolitres de froment par jour. Cinquante wagons
de chemin de fer, contenant chacun 144 hectolitres, forment un train complet à expédier sur Duluth, à 410 kilomètres de Casselton.

La récolte de 1879, comme celle de 1878, a été de
18 hectolitres à l'hectare, pesant 74 kilogr.

Le coût de production par hectare, établi par M. Dalrymple, est le suivant :

Intérêt à 6 p. 100 sur la terre, évaluée à 154 fr. 45 c. l'hectare	9ᶠ 27ᶜ
Taxes et impôts	1 28
Intérêt à 10 p. 100 sur le capital : bâtiments, matériel et attelages.	1 28
Labour.	38 60
Semence	19 30
Moisson et battage	38 60
Total	108 33

Sauf pour la première année, où ce coût a atteint 140 fr.

à cause du défoncement et du double labour, M. Dalrymple ne dépense guère plus de 100 fr. à l'hectare. Pendant quatre années consécutives, le rendement moyen de 18 hectolitres a ramené le prix de l'hectolitre à 6 fr. ; et comme il peut être vendu, dès livraison à la gare de Casselton, entre 9 fr. 65 c. et 10 fr. 25 c., le bénéfice est considérable.

Bien qu'il n'y ait aucun indice de diminution dans le rendement, il n'est pas probable qu'il dure indéfiniment. On montre toutefois certaines terres du même district où vingt récoltes consécutives ont été obtenues sans fumure et sans diminution dans le rendement ni dans la qualité. La terre reste propre, sans autres herbes adventices que des caille-lait, des oseilles et des pâquerettes. Excepté la petite quantité de paille qui sert de litière aux animaux, la paille provenant des 8,000 hectares est brûlée. M. Dalrymple ne se propose pas, cependant, d'épuiser ses terres. En augmentant de 2 centimètres, chaque année, la profondeur du labour, en intercalant plus tard une récolte de trèfle, tous les quatre ans, pour l'enfouir en vert, enfin en changeant la semence et en semant occasionnellement de l'orge et de l'avoine, M. Dalrymple compte s'assurer une longue série d'aussi bonnes récoltes que celles des quatre dernières annés.

Autres fermes. — M. Dalrymple n'est pas le seul dont les succès dans les nouvelles terres doivent être signalés.

Dans la vallée, au nord de Glyndon, M. C. S. Barnes, établi depuis cinq ans sur la lande inculte, avait, en 1879, 728 hectares en blé, qui lui ont fourni un rendement de

14 à 18 hectolitres à l'hectare. Comme courtier en grains, M. Barnes a fait construire plus de 80 élévateurs, dont plusieurs marchant à la vapeur, dans les gares du chemin de fer qui dessert la région.

Plus au nord, à Eda, M. G. Rees, un des maîtres de forges de Pensylvanie, a déjà défoncé 400 hectares de lande pour être ensemencés en blé au mois d'avril; construit sa ferme avec habitation, et des écuries pour 32 chevaux.

De même que les frères Grandin, qui exploitent, à l'ouest d'Eda, une vaste ferme à blé, M. Rees compte élever du bétail et partager les chances de l'exploitation entre les pâturages et le froment.

Prix de revient du blé du Dakota en Europe. — Pour tous les fermiers de cette région, qui ont une comptabilité bien tenue, la possibilité de cultiver le blé avec bénéfice, en dépensant de 100 à 110 fr. par hectare, est démontrée. A ce coût, l'intérêt du capital, du matériel d'exploitation, la main-d'œuvre et tous les autres frais étant payés, il reste un bénéfice assez considérable pour parer même aux insuffisances de rendement. Dans une terre bien choisie et bien préparée, il est permis de tabler sur 18 hectolitres de rendement, revenant à 6 fr. 50 c. l'hectolitre. Or, dans la plupart des localités, le prix de vente, cette année, a été à peu près double.

Les dépenses de transport, d'après les comptes de M. Dalrymple, peuvent s'établir, par hectolitre, de la manière suivante.

Par chemin de fer de Casselton à Duluth (410 kilom.).   2ᶠ 16ᶜ
Frais d'élévateur, de nettoyage et d'emmagasinage des
   grains à Duluth 0 22
Transport de Duluth à Montréal ou à New-York. . . .   2 16
Fret sur l'Océan. 2 60
Assurance maritime et commission. 0 44
Imprévu pour augmentation de fret et frais divers. . .   1 80

                                                  9 38

Le prix de l'hectolitre de blé rendu dans un port anglais serait ainsi de 15 fr. 88 c., laissant du bénéfice au producteur, aux chemins de fer, aux expéditeurs et intermédiaires.

Si l'agriculteur anglais obtient de 1 fr. 50 c. à 2 fr. de plus par hectolitre, pour son blé plus plein, plus riche en amidon, mais moins riche en gluten que le blé du Minnesota ou du Dakota, il ne trouve pas là une compensation suffisante, étant donnée la moyenne de ses récoltes.

II

VOIES DE COMMUNICATION

———

Aux États - Unis, l'industrie des transports apparaît comme une condition première du problème que le peuple américain s'est posé en voulant conquérir, coloniser et exploiter le territoire immense qui l'environne, sans considération pour les forces à dépenser, pourvu que le temps ne soit pas perdu.

Les chaussées pavées ou empierrées qui, dans l'ancien monde, avaient joué un rôle prépondérant dans les relations et les échanges des provinces entre elles, et des peuples entre eux, occupent une place insignifiante, comme voies de communication en Amérique.

Au contraire, les cours d'eau, les canaux, les chemins de fer, les services de navigation, ont tout d'abord reçu des améliorations et pris des développements tels que l'ancien monde offre à peine des exemples d'aussi grandes facilités données à l'industrie et d'une pareille fécondité réservée à la production individuelle.

L'agriculture devait être des premières à tirer parti d'un

outillage d'une aussi puissante énergie et l'on ne saurait opposer de plus merveilleux effets à ceux de la mécanique appliquée à la préparation des récoltes de l'Amérique, que ceux des voies de transport assurant les débouchés des denrées agricoles d'une manière presque illimitée.

Concédés par les législatures des États ou par le Congrès, les grands travaux de chemins de fer et de canaux ont reçu le plus souvent des subventions importantes, d'abord en argent, puis en concessions de terres publiques que les compagnies ont vendues aux émigrants, en donnant le plus grand essor à la colonisation.

1. — FLEUVES ET LACS.

Si l'on se reporte à la description géographique très-sommaire par laquelle cette étude a commencé, on distinguera trois bassins principaux dans le continent de l'Amérique du Nord.

Premier bassin. — Le premier, celui du littoral atlantique, reçoit les eaux du versant oriental des Alleghanys et des vallées qui serpentent à travers les crêtes de cette chaîne; ce sont les eaux de l'Hudson, de la Susquehannah, du Potomac, de James-River, de la Delaware, de la Chesapeake, etc.

De tous ces cours d'eau, l'Hudson est le plus important, parce qu'il met en relations les deux villes d'Albany et de New-York, et qu'à Troy il relie, par un barrage formant un grand bassin, le canal Érié avec l'Océan. Entre les deux grandes cités, les bâtiments à vapeur de 2^m,85 de tirant d'eau naviguent librement, et le courant même de la marée, utilisé par des digues assez rapprochées, sert à y maintenir le libre passage du chenal.

La Delaware a été l'objet de travaux récents pour l'approfondissement du chenal sur la rive de Pensylvanie et sur celle de New-Jersey. Le dragage de la barre permet d'obtenir une profondeur d'eau de 6^m,70 à marée basse.

Le Schuylkill a été également dragué à l'embouchure pour porter la profondeur d'eau de 6 mètres à 7^m,30.

Au midi de la Pensylvanie, les fleuves du littoral, navigables sur tout leur parcours dans l'étendue des formations primitives ou secondaires qui s'étendent jusqu'à 250 kilomètres de la côte, ont été pendant longtemps les seules routes donnant accès à l'intérieur. Ce sont encore aujourd'hui les voies que suit le coton pour arriver aux ports d'embarquement.

Deuxième bassin. — Le deuxième bassin, celui de l'intérieur, dans lequel les grands fleuves de l'Alabama, la Sabine, la Trinidad, etc., coulent du nord au sud vers le golfe du Mexique, est arrosé principalement par le Mississipi, qui reçoit comme affluents à l'est, l'Illinois, l'Ohio, le Wisconsin, le Tennessee, etc., et à l'ouest, le Minnesota, la rivière des Moines, le Missouri, l'Arkansas, la rivière Rouge du Sud, etc.

Le Mississipi. — A lui seul, le Mississipi représente un parcours de 4,200 kilomètres; le Missouri, depuis les montagnes Rocheuses, où il prend naissance, jusqu'à son confluent avec le Mississipi, compte 4,500 kilomètres, et l'Ohio, formé par la réunion de deux rivières qui descendent des Alleghanys, à Pittsburg est encore à 1,500 kilomètres de son confluent. A eux trois, ces cours d'eau développent une longueur de navigation de 10,000 kilomètres.

Comme l'Alabama, navigable par les steamers sur un parcours sinueux de plus de 800 kilomètres, les fleuves de ce bassin sont sillonnés par des bâtiments à vapeur, jusqu'à de grandes distances de leurs embouchures ou de leurs confluents ; ce sont les routes naturelles du transport des denrées agricoles, le coton, le maïs, les blés, etc., vers le sud.

« Autrefois, écrivait Dupin, sur le Mississipi, dont le seul bassin comprend une superficie égale à six fois celle de la France, c'était à force de rames et quelquefois en se halant sur des points fixes au moyen d'un cordage tiré du bord que les bateliers remontaient. On ne pouvait guère parcourir en un jour que quatorze à quinze milles, malgré le nombre des mariniers employés, et leur attention à naviguer dans les parties où le courant avait le moins de rapidité. »

On parle encore de la condition singulière des premiers colons de l'Ohio, cultivant leurs friches une année pour obtenir leur récolte, et la transportant eux-mêmes, l'année suivante, sur des radeaux, jusqu'à la Nouvelle-Orléans, d'où ils rentraient chez eux à travers le pays.

Le premier steamer, du nom de la *Nouvelle-Orléans,* qui

naviguait entre Natchez et cette ville en décembre 1811, mettait de deux à trois jours pour le trajet en aval, et de sept à huit jours pour le trajet en amont ; il ne faisait guère plus de deux voyages par mois.

La grande voie de navigation qui s'est ouverte depuis cette époque au nord, par les lacs et le Saint-Laurent, n'empêche pas que celle vers le sud, par les affluents du Mississipi et le Mississipi lui-même, ne soit appelée bientôt à concourir plus économiquement à l'exportation des produits de l'Ohio et des terres de l'ouest ; mais pour cela de grands travaux d'amélioration ont été nécessaires et d'autres devront s'exécuter au prix de sacrifices importants.

Entre Saint-Louis et la Nouvelle-Orléans, le Mississipi est, comme on l'a dit, le beau idéal des fleuves, sous le rapport de la navigabilité. « Sur une distance de 450 lieues, il y a toute l'année de l'eau pour les bateaux à vapeur de 600 tonneaux. Il roule ses eaux sales et boueuses dans un fossé toujours profond, malgré ses nombreux circuits, large communément de 800 à 1,000 mètres, quelquefois agrandi par des îlots plats et boisés. Le chenal y est libre de bancs de sable. » Mais, outre que les arbres de dérive, formant des obstacles redoutables à la navigation, exigent un service spécial, le haut Mississipi, entre Saint-Paul et Saint-Louis, offre pendant les basses eaux des rapides infranchissables, et le bas Mississipi, par l'envasement et les déviations du chenal, crée une barre naturelle qui s'oppose à la sortie en mer des navires de fort tonnage.

Il ne faut pas oublier que ce fleuve a, comme le Nil,

son débordement annuel. Il en a même deux, mais celui du printemps est de beaucoup le plus considérable. Traversant un pays uniformément plat, dont le sol est du sable ou plutôt de la boue détrempée par les crues, c'est à toutes les cent lieues à peine qu'apparaît un monticule à l'abri des inondations, sur lequel les populations luttent contre les émanations des marais d'alentour[1].

Dans le haut Mississipi, où les crues sont de 11 mètres, la rectification des rapides de Rock-Island, sur une longueur de 23 kilomètres, et de Kéokùk ou des Moines, sur 12 kilomètres, par un canal placé dans le lit même du fleuve, n'ont pas été les seuls grands travaux récemment réalisés ; mais encore, dans le bas Mississipi, où les crues atteignent 16 mètres, de grandes opérations s'exécutent pour prévenir les inondations.

En 1876, le Congrès votait une somme de 21 millions de francs, à répartir entre les États riverains, pour la construction des levées et des digues destinées à l'encaissement du lit.

De même, pour rendre la navigation plus facile et plus sûre pendant la période des eaux basses, des améliorations d'une autre nature ont été apportées par des dragages à l'aide de bateaux excavateurs, par des redressements du lit, des dérivations des bras et le pilotage des berges.

A l'embouchure, les entreprises confiées par le Congrès au capitaine J. B. Eads ont été couronnées de succès. La

---

1. MICHEL CHEVALIER, *Lettres sur l'Amérique du Nord*. Paris, 1837.

passe sud centrale devant rester le seul chenal navigable, parmi les trois bras formant le delta du fleuve, des barrages ont été établis en amont, dans le but d'intercepter la passe à l'Outre et la passe sud-ouest, et des jetées parallèles ont été construites en tête de la passe sud, de telle sorte que le courant résultant du volume total des eaux drague la barre qui se forme en travers de l'entrée. Le résultat de ces ouvrages a été tel que la profondeur actuelle, la barre ayant disparu, varie entre 6^m,70 et 8 mètres, la largeur minimum du chenal étant de 70 mètres. Les pilotes peuvent désormais conduire tous navires tirant 6 mètres d'eau à travers la passe centrale.

Des bateaux à hélices coniques, qui désagrégent le limon et en permettent l'entraînement par les courants de marée jusque dans les bas-fonds d'aval, entretiennent le libre passage.

Ce n'est pas tout que d'améliorer et d'entretenir les conditions de navigation du fleuve depuis Saint-Paul jusqu'au delta, sur 4,200 kilomètres de parcours, on étudie depuis longtemps un projet qui ferait éviter les passages tortueux et fiévreux de la Floride, sur le golfe du Mexique, et faciliterait la dérivation, vers le sud, des produits du bassin du Mississipi.

Il s'agit de creuser un nouveau bras, qui traverserait au-dessus du golfe, à la hauteur des deltas des cours d'eau se jetant à la côte, jusqu'à la partie supérieure de la presqu'île de la Floride, puis de le faire déboucher dans les meilleurs ports de l'Océan Atlantique par les rivières Suwannee et Sainte-Marie, qui bisectent la presqu'île. Le canal ainsi projeté serait assez large pour admettre les bateaux plats du Mississipi, dont les plus grands portent des chargements de 30,000 hectolitres avec un tirant d'eau qui n'excède pas 1^m,80. Moyennant une dépense de 60 millions de francs, on pourrait, assure-t-on, réduire ainsi de moitié le coût actuel du transport du blé par les lacs et New-York ; ce qui équivaudrait au coût de sa production dans les États du *Far-West*.

En attendant, de plus grands navires fréquentent dès aujourd'hui le port de la Nouvelle-Orléans ; le prix du fret sur l'Océan a diminué de manière à permettre aux expéditeurs de coton seulement, de réaliser une économie qui s'est chiffrée à plus de 8 millions de francs. Les producteurs de l'État du Missouri seront les premiers appelés à bénéficier sur cette voie, qui agira désormais comme un régulateur des prix de transport par les voies du nord.

Affluents du Mississipi. — Sur les affluents au nord du Mississipi, les vitesses des courants étant considérables, les lits se déplacent et offrent des obstructions partielles qui exigent des dragages fréquents et l'enlèvement des troncs d'arbres.

Le Missouri notamment, sur un parcours de 4,680 kilomètres, avec une largeur moyenne de 900 mètres est intercepté dans les plateaux supérieurs par de nombreux rapides et dans la plaine, par des bancs de sable et des snags. De même que le Wisconsin, le Minnesota et l'Arkansas, le

Missouri peut être remonté par les steamers, grâce aux travaux d'entretien permanent. Une flotte de plus de 30 bateaux à vapeur navigue aujourd'hui sur ce fleuve et sur son affluent le Yellow-Stone pour relier la station terminus du chemin de fer Nord-Pacifique avec le territoire de Montana.

La rivière de l'Illinois offre cet intérêt spécial que, jointe au canal Michigan, elle réunit les voies navigables du nord et du sud et forme un circuit complet de Saint-Louis à New-York, soit par les lacs et le Saint-Laurent, soit par le Mississipi et la mer.

Quant à l'Ohio, qui parcourt les plus riches contrées agricoles de l'Union, son développement, de Pittsburg à Cairo, est de 1,800 kilomètres. Comme les autres cours d'eau, il offre des hauts-fonds, des troncs d'arbres et des rapides dont la pente atteint 8 mètres sur 5 kilomètres environ de longueur. Ces rapides, infranchissables pendant presque toute l'année, sont contournés par le canal de Louisville à Portland sur 3 kilomètres de parcours.

Un barrage mobile avec bief de 210 mètres de longueur, établi en amont de Pittsburg, assure aux écluses de la Mononghela et de l'Alleghany une profondeur d'eau de 1^m,82. Dans les hautes crues, ce barrage s'abaisse et laisse un libre passage à la navigation ; dans les basses eaux, il est élevé pour utiliser les biefs des affluents.

L'Ohio est non-seulement remonté par les bateaux à vapeur jusqu'au delà de Wheeling, ville principale de l'État d'Ouest-Virginie, mais ses affluents, la grande et la petite Kanawha, la Mononghela, sont également desservis par des lignes régulières de navigation.

Pour tous ces cours d'eau, un conseil supérieur de navigation se réunit chaque année dans une ville différente et prend l'initiative des propositions à adresser au Congrès ou aux États, dans le but d'améliorer les conditions de la navigation et de défendre les intérêts des voies de transport par eau.

Troisième bassin. — C'est dans le troisième bassin du Saint-Laurent que se présente la grande artère navigable allant du lac Supérieur à l'Océan Atlantique, par laquelle s'écoulent les blés des États situés au nord du fleuve Ohio.

Lacs. — Les lacs Supérieur et Michigan étant en communication avec le lac Huron, le premier par le saut Sainte-Marie, le second par le détroit de Michilli, le lac Huron déverse à son tour ses eaux dans le lac Érié par les canaux de Sainte-Claire et de Détroit. Du lac Érié, elles passent dans le lac Ontario par le canal et les chutes du Niagara, et, finalement, du lac Ontario dans le fleuve Saint-Laurent qui débouche dans le golfe du même nom.

Le développement de cette voie est de 3,835 kilomètres répartis de la manière suivante :

	Kilomètres.
Le lac Supérieur.	628
La rivière et le canal Sainte-Marie	89
Le lac Huron	434
La rivière et les canaux Sainte-Claire et Détroit.	122
A reporter.	1,273

Report.	1,273
Le lac Érié	373
Le canal Welland parallèle au Niagara	43
Le lac Ontario	274
Le Saint-Laurent du lac Ontario à Montréal	286
Le Saint-Laurent de Montréal à Québec	257
Le golfe Saint-Laurent	1,329
Longueur totale	3,835

Cette distance est, à 300 kilomètres près, celle qui sépare Liverpool de l'entrée du Saint-Laurent, soit 4,137 kilomètres.

Les canaux qui tournent le saut Sainte-Marie, les rapides du Niagara et du Saint-Laurent en amont de Montréal, offraient, il y a peu d'années, 56 écluses rachetant une chute totale de 170 mètres, et un mouillage de $2^m,75$ qui permettait le passage aux navires de 400 à 600 tonneaux. Il y avait un tel intérêt, on le comprend, à porter à 1,500 tonneaux le jaugeage des bâtiments auxquels ces canaux doivent donner passage, car de Chicago à Buffalo les steamers portant 1,000 à 1,500 tonneaux pourraient aller jusqu'à l'Océan avec leur plein chargement de céréales, que leur agrandissement s'effectue. Malheureusement, la navigation du Saint-Laurent, rendue difficile surtout en amont de Montréal, est absolument empêchée par les glaces pendant cinq mois de l'année, de décembre jusqu'à la fin d'avril.

Les Canadiens ont pris toutefois l'initiative de la construction de navires pouvant franchir les glaces impunément. Le *Northern-Light*, lancé en 1876, à Québec, est établi de manière à ne donner aucune prise au choc normal des glaçons et à permettre à son hélice, profondément submergée, de rester en action.

Le Saint-Laurent. — « Le Saint-Laurent diffère essentiellement du Mississipi. Au lieu d'eaux bourbeuses, il épanche des flots d'un bleu invariablement limpide. Il sillonne une contrée accidentée, montagneuse, escarpée même, fertile dans les fonds, salubre partout. Grâce à l'immensité des lacs qui lui servent de réservoir et de régulateur, il se tient toujours au même niveau ; les variations extrêmes y sont de 50 centimètres. Si le Saint-Laurent, par la beauté de ses eaux, par leur volume prodigieux, par le pays qu'il arrose, par les groupes d'îles dont il est parsemé, doit être aux yeux d'un artiste le plus admirable fleuve de l'univers, aux yeux d'un commerçant son mérite est moins qu'ordinaire [1]. »

Les bateaux qui peuvent descendre les rapides, moyennant de bons pilotes, ne peuvent les remonter sans suivre les dérivations que présentent les canaux.

2. — CANAUX.

Les Américains ont tourné d'abord tous leurs efforts vers les canaux pour faciliter les communications navigables entre les centres de production et de consommation,

---

1. Michel Chevalier, *loc. cit.*

et assurer des débouchés économiques à leur agriculture. Encore aujourd'hui, malgré la rude concurrence des chemins de fer, les canaux, pour les États au nord de l'Ohio, contribuent dans une grande mesure au transport à bas prix des denrées agricoles vers l'Océan.

Canaux de l'État de New-York. — L'État de New-York, en 1817, fut le premier à commencer ces travaux, et le canal Érié, projeté par Witt Clinton, reliait New-York au lac Érié, dès 1825, sur une longueur de 146 lieues et demie, moyennant une dépense de 45 millions de francs.

Depuis cette époque, la voie principale, composée d'une partie du cours de l'Hudson, entre New-York et Albany (232 kilomètres environ), et du canal Érié proprement dit, entre Albany et Buffalo sur le lac Érié (564 kilomètres environ), s'est complétée par sept embranchements aboutissant : au nord, au lac Champlain, à la rivière Noire, au lac Onéida, au lac Ontario, et vers le sud, à la rivière Susquehannah de Pensylvanie, aux trois petits lacs Cayuga, Sénéca, Crooked et à la rivière Chemung, enfin à la rivière Alleghany.

Le canal Champlain, entre le lac du même nom et la rivière Richelieu, parfait la communication par eau entre l'Hudson et le Saint-Laurent ; le canal Chénango opère la jonction du canal Érié avec la Susquehannah ; enfin le canal Oswego relie au lac Ontario le canal Érié.

C'est à Syracuse, sur le canal principal, que se trouve le point d'embranchement du canal Oswego, qui aboutit à Oswego. Le bief de partage de ces deux canaux a une longueur de 90 kilomètres et se termine près de la ville d'Uttica.

Le seul État de New-York possède ainsi, par la voie principale et ses embranchements, 1,460 kilomètres de canaux, non compris le cours de l'Hudson. Avec des dimensions se rapprochant alors de celles de nos plus grands canaux, mais qui ont été considérablement augmentées depuis, ces canaux laissaient passer plus de 7,000 bateaux, dont le tonnage variait entre 60, 90 et 200 tonneaux. Les écluses simples fonctionnaient jour et nuit, donnant jusqu'à 190 passages par vingt-quatre heures, et les écluses doubles, jusqu'à 310 passages, ce qui représente une moyenne par éclusée de sept minutes et demie à huit minutes.

Le touage à vapeur est mis depuis peu en application sur les canaux; ce sont encore des chevaux ou des mulets qui les desservent.

Le canal Érié, formant l'artère principale du réseau, a été, on peut le dire, la cause première du développement extraordinaire des États de l'ouest. A partir d'Albany sur l'Hudson, la vallée de la Mohawk, dans laquelle le canal s'engage, traverse la chaîne des Alleghanys au pied des montagnes et débouche sur le plateau du lac Ontario qui s'étend avec une parfaite régularité jusqu'au Niagara, à 500 kilomètres ouest de l'Hudson. Le niveau est si exceptionnel qu'une seule écluse du canal suffit pour relier deux biefs de 120 et de 177 kilomètres de longueur. A Lockport, un jeu de huit écluses porte le canal au-dessus de l'escarpement formé par les chutes du Niagara, et la différence de 21 mètres étant franchie, le canal se continue horizontalement jusqu'à Buffalo, où il aboutit.

Avec une voie de transit aussi facilement exploitable, le fret par tonne et par kilomètre est des plus réduits. Il variait, il y a quelques années encore, entre 1,2 centime et 1,6 centime. Un premier agrandissement du canal, permettant aux bateaux de plus de 200 tonnes de naviguer, avait abaissé le fret de moitié; un second agrandissement, livrant passage aux bateaux de 700 tonnes, a réduit le fret à 0^f,006 par tonne et par kilomètre. Ne pouvant plus agrandir le canal, on a projeté de le doubler en creusant un chenal parallèle au premier.

Malgré un chômage forcé de trois ou quatre mois par an, malgré la concurrence aussi redoutable que peu justifiée des chemins de fer, le canal Érié a conservé longtemps l'avantage, aussi bien au point de vue du tonnage kilométrique que du tarif. De 1859 à 1869, les prix moyens de transport de la tonne kilométrique sur les canaux variant entre 0^f,021 et 0^f,036, ceux des chemins de fer étaient restés entre 0^f,054 et 0^f,086.

Bien avant cette époque, M. Michel Chevalier constatait que les résultats du seul canal Érié dépassaient, en 1835, toutes les espérances.

« La canalisation de l'État de New-York, écrivait-il, ouvrit un débouché aux fertiles cantons de l'ouest de l'État, jusqu'alors sans lien avec la mer et avec le monde. Le littoral des lacs Érié et Ontario se couvrit aussitôt de riches cultures et de belles villas. Jusqu'au fond du lac Michigan, le silence des forêts primitives fut interrompu par la hache des colons venus de New-York et de la Nouvelle-Angleterre. L'État d'Ohio, que baigne le lac Érié et qui n'avait de communication avec la mer qu'au loin, du côté du sud, par le Mississipi, en eut une autre courte et rapide, par New-York, avec l'Atlantique. Le territoire de Michigan se peupla ; il a aujourd'hui 100,000 habitants et va passer au rang d'État. La circulation du seul canal Érié a excédé 400,000 tonnes en 1834, et aura dû approcher de 500,000 en 1835. Avec un tarif modéré, les péages des çanaux de l'État de New-York produisent près de 8 millions. La population de la ville de New-York s'est accrue de 80,000 âmes en dix ans; de 1820 à 1830, New-York est devenu le premier port et la cité la plus peuplée du Nouveau-Monde. » Et plus loin il ajoute : « Le canal Érié ne suffit plus au commerce qui vient s'y précipiter... Il n'y a plus assez de place dans le canal, dont au reste les dimensions sont étroites. L'impatience du commerce, pour qui le temps est de l'argent, ne se contente plus d'une rapidité quadruple au moins de celle qui est usitée sur nos lignes navigables, des chemins de fer s'établissent sur les bords du canal ! »

A quarante ans de distance, que de progrès accomplis pour satisfaire à la masse toujours envahissante du trafic et au développement des régions desservies par le canal ! Si l'on ne veut considérer que le blé, la ville de New-York, qui compte aujourd'hui avec Brooklyn, plus d'un

million et demi d'habitants, reçoit par an dix millions
et demi d'hectolitres de froment et en réexpédie dix millions ! L'État de Michigan, où la population atteint actuellement un million et demi d'âmes, récolte par an, sur
500,000 hectares emblavés, près de 8 millions d'hectolitres de blé ; et l'État d'Ohio, avec ses 3 millons d'âmes,
produit sur 700,000 hectares près de 10 millions d'hectolitres ; ce qui lui assigne un des premiers rangs, parmi
les États de l'Union, comme producteur de céréales !

Péages sur les canaux. — Dans la classification des
marchandises transportées par les canaux de l'État de
New-York, les produits des forêts représentent la première classe, ceux de l'agriculture la deuxième, et ceux
de l'industrie la troisième classe.

Les droits de navigation, qui varient suivant la nature des
classes de marchandises, étaient pour les céréales de 1,027
centime par tonne kilométrique. Pendant trente-trois années
l'excédant des droits de navigation perçus par l'État, sur
les dépenses d'entretien et d'exploitation, a été de 10
millions de francs annuellement, ce qui a permis de
rembourser le capital consacré à la construction. L'État
de New-York ayant reçu en moyenne, pendant cette période, 3 fr. par tonne de transport, le produit net moyen
kilométrique avait été de plus de 12,000 fr.

Cette situation a notablement changé depuis 1870. La
concurrence des chemins de fer et des autres voies navigables a amené des réductions telles dans les péages que
la presse de New-York sollicitait la vente des canaux, dont

les recettes ne couvrent plus les frais d'exploitation et imposent de lourds sacrifices à l'État.

C'est que la masse des transports, qui représentait déjà 1 milliard et demi de tonnes kilométriques en 1870, soit 6 millions de tonnes portées chacune sur 250 kilomètres, n'a fait que croître avec l'abaissement du tarif.

Sur ce chiffre de transports, les céréales figuraient pour 20 p. 100 et les produits forestiers pour 35 p. 100. Comme destination, 54 p. 100 du tonnage total se rendait à l'Océan, sur lesquels 34 p. 100 provenaient des États de l'ouest et 20 p. 100 des États du nord ou de New-York.

L'abaissement du tarif sur les canaux, comme sur les lacs, eût ruiné de longtemps la navigation, sans les améliorations incessantes dont ils ont été l'objet. Aujourd'hui de grands bâtiments de 1,000 à 3,000 tonneaux ont remplacé sur les lacs les schooners de 500 tonneaux. De grosses barques, portant juste assez de voilure pour se tenir en cas d'abandon, sont remorquées par trains de quatre à six, chargeant ensemble 60,000 à 70,000 hectolitres, à l'aide de puissants toueurs à vapeur. Ces barques ayant les dimensions des canaux accostent à marée haute à New-York et sont transbordées sans avoir à subir les frais de manutention à Buffalo.

Autres canaux. — Tous les canaux n'ont pas produit aux États-Unis les remarquables effets de celui de l'Érié; mais, bien que plusieurs aient périclité parce qu'ils étaient mal conçus ou d'une utilité contestable, on peut dire qu'ils ont, pour la plupart, rendu des services considérables en reliant les bassins des fleuves principaux et en favorisant le transit des produits du sol vers les centres de consommation ou d'exportation.

Parmi les canaux qui se dirigent, comme ceux de New-York, de l'est à l'ouest, il faut citer ceux de Pensylvanie, de la Chesapeake à l'Ohio, de James-River à la Kanawha.

Le canal de Pensylvanie, long de 540 kilomètres, commencé aux frais de l'État en 1826 et achevé en 1834, part de Philadelphie et se termine à Pittsburg, en joignant la rivière Susquehannah au fleuve de l'Ohio. Tout en rompant charge sur un point, cet ouvrage réalise encore le mode de transport le moins coûteux vers la capitale de la Pensylvanie. De même que la canal de New-Jersey, qui a une longueur de 107 kilomètres, le canal de Pensylvanie est exploité par la compagnie des chemins de fer de cet État.

Projeté par Washington pour longer le Potomac et rejoindre l'Ohio à travers les Alleghanys, le canal de la Chesapeake à l'Ohio fut commencé seulement en 1828, et exécuté dans des conditions bien autrement difficiles que celles du canal Érié, à l'aide des sommes votées tour à tour par le Congrès et par les États de Maryland et de Virginie. Ce canal est en partie desservi par de petits steamers réalisant une économie de 20 p. 100 sur les frais de navigation. Il réunit Cumberland par George-Town à Harpers'Ferry ; sa longueur est de 160 kilomètres. Avant l'achèvement du chemin de fer Baltimore-Ohio, Cumberland était le centre vers lequel étaient dirigés les produits en destination des marchés de l'est.

De James-River, qui est l'un des affluents de la baie de Chesapeake, un autre canal en Virginie part de Richmond pour joindre la Kanawha, qui débouche dans l'Ohio.

Les canaux qui établissent la communication entre le bassin du Mississipi et celui du Saint-Laurent sont nombreux. Les États d'Ohio, d'Indiana et d'Illinois, formant un grand triangle compris à peu près tout entier dans la vallée du Mississipi, avec une pente générale du nord au sud, offrent par la disposition des vallées secondaires, autant que par la configuration et l'humidité du plateau qui sépare les deux bassins, de grandes facilités pour l'établissement de canaux de jonction. Malheureusement, pour l'État d'Ohio en particulier, l'exploitation des canaux est peu profitable, et la compagnie fermière des 1,287 kilomètres de l'État renonçait en 1878 à son bail. Le canal de l'Ohio proprement dit traverse du nord au midi l'État de ce nom, et unit Cleveland sur le lac Érié avec Portsmouth sur le fleuve Ohio. Le canal Miami, joignant Cincinnati sur l'Ohio avec Dayton, se continue par la Miami canalisée jusqu'à Defiance, situé sur la Maumée, dont le lac Érié reçoit les eaux. Le canal de la Wabash, l'un des affluents de l'Ohio, débouche également dans la Maumée après avoir parcouru les deux États de l'Indiana et de l'Ohio. La Wabash canalisée est à son tour prolongée en Indiana jusqu'à Évansville sur l'Ohio. Le canal Michigan, entrepris en 1836 par l'État d'Illinois, part de Chicago, à l'extrémité méridionale du lac Michigan, jusqu'au point où commence la navigation à vapeur sur la rivière d'Illinois ; c'est un des plus utiles ouvrages entrepris pour les relations entre les deux bassins du Mississipi et du Saint-Laurent. Dans le bassin même du Saint-Laurent, le canal Welland, parallèle au Niagara, a été l'objet de travaux importants pour amener sa profondeur à 4^m,60, ses biefs ayant 80 mètres de longueur et 13^m,70 de largeur.

Sans nous arrêter aux autres canaux établissant des relations de même nature et entrepris pour la plupart, moyennant une donation de terres de la part du Congrès et des fonds votés par les États directement intéressés, on comptait en 1878, dans l'Union américaine, 7,850 kilomètres de canaux construits et 1,423 kilomètres en construction, soit ensemble 9,273 kilomètres.

Navigation intérieure. — En 1875, la navigation intérieure utilisait sur les cours d'eau et les canaux de l'ouest, 1,070 bâtiments à vapeur et 1,842 chalands représentant un tonnage de plus de 400,000 tonneaux ; et sur les lacs et les cours d'eau du nord, 891 bâtiments à vapeur, 2,702 barques de canal, 1,710 embarcations à voile et 193 chalands représentant ensemble un tonnage de 388,000 tonneaux.

A l'effectif des canaux seuls, le *Registrar* du Trésor mentionnait 4,245 bateaux cubant 752,000 tonnes.

Canaux et travaux maritimes. — Pour compléter ce qui a trait à la navigation, il nous resterait à signaler les travaux maritimes, le mouvement du cabotage dans les baies et par les lagunes qui longent la côte atlantique, et les grandes compagnies maritimes qui établissent la communication avec l'Europe et les autres parties du monde.

Le long du littoral Atlantique, divers ouvrages ont été exécutés d'ancienne date pour faciliter le cabotage; le canal du Ravitan à la Delaware, traversant l'isthme qui compose l'État de New-Jersey sur 107 kilomètres de longueur, est de ce nombre. Exploité par la Compagnie du chemin de fer de Pensylvanie, ce canal, ouvert au trafic pendant 241 jours en 1877, transportait 2 millions de tonnes, dont 225,000 par steamers. Sur 5,357,000 fr. de recettes dues aux péages, au touage et à divers, il avait été dépensé 2,708,000 fr. pour l'entretien et l'exploitation. Le rapport des dépenses aux recettes était ainsi de 50,67 p. 100. Le canal de la Delaware à la Chesapeake, à travers un autre isthme, ayant coûté près de 14 millions pour une longueur de cinq lieues et demie, permet d'arriver jusqu'à Norfolk. Enfin, pour la communication des goëlettes de cabotage avec les lagunes et les passes qui bordent la Caroline du Nord, la Caroline du Sud et la Géorgie, le canal du Dismal-Swamp, long de 8 lieues et quart, a été pratiqué, avec l'idée de le faire suivre par des rigoles navigables et des embranchements.

Avec un littoral de 1,500 lieues de développement, tant sur l'Atlantique que sur le golfe du Mexique et l'Océan Pacifique, on conçoit que le pays soit essentiellement maritime et que sa marine marchande, dont le tonnage atteint

3 millions de tonnes, lui assure le second rang dans le monde. D'ailleurs, par une intuition peu ordinaire, les premiers fondateurs des grandes cités commerciales américaines se sont invariablement établis à la portée de la mer, dans des fleuves constituant de véritables ports intérieurs, commodes et sûrs, d'où la communication avec l'étranger par la navigation maritime et avec les futurs centres de production et de consommation était facile. C'est ainsi que New-York, la reine du littoral, s'élève au bord de l'Hudson ; que Philadelphie a été fondée par Penn entre les eaux de la Delaware et du Schuylkill ; que Baltimore est édifiée sur le Patapsco, et la Nouvelle-Orléans sur le Mississipi. Des douze grands ports que possèdent les États-Unis, six sont sur l'Atlantique, deux sur le golfe du Mexique et quatre sur le Pacifique, tous avec des aménagements spéciaux pour faciliter les manipulations du commerce.

Parmi les travaux considérables que les ports des villes maritimes ont exigés, nous rappellerons la digue de défense de la Delaware, de 1,600 mètres de longueur, établie par des fonds de 11 mètres ; le déblaiement de l'East-River, le dérochement de Hellgate et du Flood-Rock dans la rade de New-York pour porter l'approfondissement du chenal à 7^m,92 ; l'enlèvement des barres extérieure et intérieure de la baie de Galveston, le principal port du Texas, par l'établissement de digues à la mer, etc.

C'est surtout pour l'aménagement de leurs ports que les Américains ont caractérisé leur sens éminemment pratique.

Les estacades, couvertes de hangars et de magasins, qui se projettent normalement aux quais et que les navires accostent de chaque côté, offrent toutes les installations nécessaires au chargement, au déchargement et au transport économique des marchandises. A Philadelphie, comme à New-York, les voies ferrées sont prolongées jusqu'aux quais et sur les jetées du port.

Services de navigation. — Les relations entre les différents ports sont établies par des services réguliers de bateaux, dont plusieurs relèvent des compagnies de chemins de fer qui y aboutissent.

Ainsi la Compagnie du Central-Pacifique possède une douzaine de steamers pour le service entre San-Francisco et Oakland ; la Compagnie des chemins de fer de Pensylvanie et du Central-New-York ont des lignes régulières entre Philadelphie, Boston, New-York, Portland, Baltimore, etc.

Entre Boston et New-York (400 kilomètres), il y a huit routes différentes, dont deux par voies ferrées et six comprenant un tiers de la distance en chemin de fer et deux tiers par eau.

Le seul port de New-York reçoit 6,000 navires par an.

Sur un effectif de 4,320 navires à vapeur jaugeant 1,172,000 tonneaux, la marine marchande américaine, en 1876, en comptait 2,080 sur l'Océan Atlantique, jaugeant 666,000 tonneaux, et 270 sur le Pacifique, jaugeant 78,000 tonneaux.

Il y a deux ans, le nombre des steamers transatlantiques

faisant un service régulier entre les États-Unis et l'Europe, était estimé à 182, dont 125 anglais appartenant à quatorze compagnies de la Grande-Bretagne, 32 allemands, 10 hollandais, 10 français et seulement 5 américains. Sur le tonnage total de ces steamers, soit 556,850 tonnes, l'Angleterre était comprise pour 377,905 tonnes (plus de la moitié) et la France pour 39,325 tonnes seulement.

Avant 1877, les services transatlantiques, éprouvés par la dépression des affaires, avaient dû laisser nombre de steamers inactifs, tant en Angleterre qu'en Allemagne. Quatre lignes sur New-York s'étaient retirées : celles de South-Wales, partant de Cardiff; de l'Aigle, partant de Hambourg, par Plymouth; de Suède, partant de Stockholm ; et de Danemark, partant de Copenhague et de Stettin.

Depuis cette date, une nouvelle ligne, sous le nom de *Blue-Star*, a été établie entre Philadelphie et Liverpool. Treize steamers permettent de faire trois départs par semaine, de telle sorte que dans le seul port de Philadelphie, en y comprenant le service de la ligne américaine et de la ligne *Red-Star* d'Anvers, on compte cinq arrivages transatlantiques par semaine.

Sous les auspices de la Compagnie du chemin de fer Central-New-York, une ligne de 14 steamers relie cette année la cité de New-York avec les ports de Liverpool, de Hambourg, d'Anvers et du Hâvre; pour se rendre maîtresse de la concurrence que lui fait la navigation au départ de Chicago, la Compagnie n'exige plus, pour le transit par sa flotte, le paiement d'aucun frais de quai ni d'élévateur.

3. — CHEMINS DE FER.

Le développement des chemins de fer est un des aspects sous lesquels l'agriculture américaine a pu le plus merveilleusement se développer.

En Europe, où le capital abondait, où les populations étaient déjà groupées et desservies par des routes et des chaussées, le chemin de fer fut considéré plutôt comme un moyen de diminuer les distances, en recourant aux grandes vitesses, que comme une voie universelle pour la colonisation et le commerce. En Amérique, au contraire, le chemin de fer s'établit, à traction de chevaux d'abord, puis à traction de locomotives, pour pénétrer dans les régions nouvelles, livrer d'immenses surfaces à la culture, maintenir les communications avec les centres peuplés et transporter à de grandes distances les hommes et les produits du sol.

L'intensité des intempéries, la rareté des bons matériaux pour les routes, la cherté de la main-d'œuvre, l'impérieuse nécessité de faire vite, ont imposé aux Américains la voie ferrée et, avec elle, la dépense d'un capital énorme pour desservir les pays traversés.

La certitude des communications est au début bien plus précieuse que leur rapidité, aussi les chemins de fer américains, se ressentant de la précipitation avec laquelle ils ont été établis, ont-ils exigé plus tard des dépenses de réfection et d'amélioration plus ou moins importantes, suivant l'importance même du trafic.

Les premiers chemins sont rudimentaires. Les traverses sont simplement placées sur le terrain affermi; la voie métallique, sans ballast, se déroule avec des courbes de faible rayon, des pentes et des rampes plus ou moins fortes, en épousant le sol; pas de grandes tranchées, ni de grands remblais; les ponts et les estacades en bois les remplacent; pas de tunnels, de fossés d'assainissement, de clôtures ni de barrières. Les changements de voie sont du type à rail mobile; les réservoirs à eau sont en bois; les gares et les stations sont primitives; partout le télégraphe. Comme matériel roulant, des locomotives puissantes, des véhicules longs et lourds, qui, grâce aux chevilles ouvrières les rendant mobiles sur leurs trucks à quatre roues, ont une stabilité d'allure incompatible avec les grandes vitesses, mais susceptible de résister aux inégalités de la voie et aux chocs des courbes. L'exploitation est à l'avenant; des gares ouvertes, deux agents seulement dans celles des localités qui comptent de 3,000 à 6,000 habitants; la recette des billets se fait en route, les bagages sont chéqués, les marchandises sont consignées à des compagnies spéciales de transport qui traitent avec celles des chemins de fer et en sont responsables, etc.

Ainsi conçu et réalisé, le chemin de fer aux États-Unis est une institution publique qui revêt des aspects bien différents du chemin que nous connaissons en Europe. Le territoire est si vaste, les corporations sont si nombreuses,

les intérêts des districts sont si variés, que chaque État
ayant une législation particulière, les questions de libre
concurrence y revêtent un caractère spécial, difficile à
apprécier.

Sur certaines artères de grand trafic, les lignes de chemin de fer, d'abord très-nombreuses, ont fini par se fusion-
ner, ostensiblement ou secrètement, et ne plus former que
des grandes compagnies, dictant la loi aux pouvoirs publics
dans certains États et aux populations par leurs tarifs.

Quelques-unes de ces grandes compagnies, en acquérant
des canaux et des bassins houillers entiers, ont pu ainsi
parvenir à monopoliser le commerce de certains ports de
mer ; mais alors elles ont fait entre elles la concurrence sur
les points où elles étaient en contact pour les transports à
la mer, sauf à se dédommager par les tarifs locaux.

D'ailleurs, contre le monopole des trois ou quatre
compagnies qui se disputent les transports vers l'Atlantique, une puissante organisation de parti, parmi les
producteurs de l'ouest, s'est introduite dans les législatures pour obtenir des lois fixant un maximum aux prix
de transport. Un mouvement puissant d'opinion demande,
en outre, au Congrès, de réglementer d'une façon uniforme
les tarifs des chemins de fer, afin d'obtenir que le système
national des voies de communication échappe au pouvoir
législatif des États [1]. Nous insistons plus loin sur cette

----

1. CL. JANNET, *les États-Unis contemporains*, 3ᵉ édit., t. I, p. 158. —
1877.

attitude militante de l'ouest, à laquelle le sud s'est également rangé.

Réseau total. — En 1877, le réseau énorme qui enlace le territoire de l'Union comprenait 814 chemins de fer différents, dont plusieurs fusionnés et d'autres exploités par les mêmes compagnies, mais la plupart formant des entreprises distinctes.

Depuis 1830, lorsque les États-Unis comptaient 67 kilomètres de chemins de fer en exploitation, jusqu'en 1850, où ils en possédèrent 14,433 kilomètres, l'augmentation annuelle fut d'environ 700 kilomètres ; mais à partir de 1850, l'esprit d'émulation qui s'était emparé autrefois des États de l'Union pour la construction de leurs canaux et de leurs travaux de navigation fluviale, reparut et excita l'établissement rapide des chemins de fer.

Quelques chiffres suffisent pour témoigner de l'activité extraordinaire des Américains dans le développement de leurs voies ferrées.

Années.	Chemins exploités.	
1835.	1,757	kilomètres.
1845.	7,413	—
1855.	29,398	—
1865.	56,136	—
1875.	119,283	—

Dans la période qui précède la guerre civile, la construction est poussée vivement, surtout dans les années 1853 et 1856, où 3,923 et 5,835 kilomètres sont livrés à l'exploitation, mais c'est à dater de 1864, sous l'influence de la rapide constitution des États de l'ouest, et pour mettre à profit l'émission continue des *greenbacks* que les Américains donnent la plus grande impulsion aux chemins de fer.

La spéculation des entreprises financières, quelques années plus tard, jette le pays dans une panique qui couvre le marché de désastres et de ruines. A la fin de l'année 1869, l'argent s'empruntait à 250 p. 100 et les titres des sociétés (*stocks*) tombaient de 20 à 50 p. 100 de leur valeur [1].

Tandis que de 1867 à 1869, 28 compagnies de chemins de fer portaient leur capital collectif de 1,435 à 2,000 millions de francs pour spéculer sur les titres, la construction des lignes avançait toujours. En 1869, 7,941 kilomètres ; en 1870, 9,105 kilomètres ; en 1871, 12,256 kilomètres ; en 1872, 9,882 kilomètres de lignes nouvelles sont ouverts à l'exploitation.

La politique des compagnies consiste alors à obtenir la plus grande partie possible du domaine public, comme concessions de terrains, en agissant sur les législatures des États ; à emprunter en Europe le plus de capitaux possible à un taux quelconque ; à tirer tout le parti possible des émigrants fixés sur le parcours des lignes, et à vendre les lignes, quelles que soient les pertes des obligataires, afin de s'en rendre maîtres à quelques-uns.

La fièvre est telle qu'une crise devient inévitable pour les chemins de fer, et, en 1873, elle finit par éclater !

La période brillante qu'avaient inaugurée les concessions

---

1. Th. Balch, *Journ. des Économ.*, juin 1878.

de terres aux colons et le développement du trafic de l'ouest, est suivie d'années de dépression et de pertes excessives pour les compagnies, pendant lesquelles la construction de lignes nouvelles est entravée.

Le tableau suivant reproduit les longueurs des chemins exploités dans chacun des cinq groupes d'États et les totaux annuels, de 1864 à 1878.

LONGUEURS *des chemins de fer exploités aux États-Unis à la fin de chaque année (de 1864-1878).*

ANNÉES.	ÉTATS de la Nouvelle-Angleterre (1)	ÉTATS du Centre. (2)	ÉTATS de l'Ouest et territoires. (3)	ÉTATS du Sud. (4)	ÉTATS du Pacifique. (5)	TOTAUX annuels.
	Kilom.	Kilom.	Kilom.	Kilom.	Kilom.	Kilom.
1864	6,069	12,706	19,995	15,218	266	54,254
1865	6,134	13,662	20,555	15,411	373	56,135
1866	6,189	14,630	21,794	15,787	523	58,923
1867	6,301	15,288	24,362	16,202	690	62,843
1868	6,430	15,624	27,022	17,093	1,422	67,591
1869	6,882	17,203	31,814	17,771	1,862	75,532
1870	7,190	17,586	37,664	19,514	2,683	84,637
1871	7,837	19,808	45,230	21,194	2,824	96,893
1872	8,085	21,598	51,379	22,579	3,134	106,775
1873	8,502	22,430	54,248	24,565	3,509	113,254
1874	8,814	22,866	55,926	24,963	3,742	116,311
1875	9,021	23,614	57,283	25,470	4,022	119,410
1876	9,110	24,136	59,288	26,682	4,736	123,952
1877	9,299	24,773	61,019	27,198	5,202	127,491

1. Maine, New-Hampshire, Vermont, Massachussetts, Connecticut, Rhode-Island.

2. New-York, New-Jersey, Pensylvanie, Delaware, Maryland, Ouest-Virginie.

3. Ohio, Indiana, Illinois, Missouri, Michigan, Wisconsin, Iowa, Kansas, Minnesota, territoires de Columbia, Dakota, Nebraska, Nouveau-Mexique, Utah.

4. Virginie, Caroline du Nord, Caroline du Sud, Géorgie, Floride, Alabama, Mississipi, Louisiane, Texas, Arkansas, Tennessee, Kentucky.

(5) Nevada, Californie, Orégon, Washington.

4. — RÉSULTATS DE CONCURRENCE.

Dans un pays de liberté extrême, où la législation commerciale, changeant d'une province à l'autre, échappe au contrôle supérieur de l'État, la multiplicité indéfinie des voies de communication a pour effet naturel la concurrence.

Nulle part autant qu'aux États-Unis, cette concurrence, stimulée par les exigences d'un trafic exceptionnel, n'a connu moins de bornes.

Déclarée d'abord entre les canaux et les chemins de fer, puis entre les chemins de fer eux-mêmes, cette lutte, qui dure avec une grande vigueur depuis un certain nombre d'années, n'a pas encore épuisé les champions de la liberté des tarifs.

Concurrence des chemins de fer et des canaux. — Déjà en 1874, sous l'influence des abaissements de tarifs des chemins de fer, la législature de New-York réduisait d'un tiers les droits de péage sur les canaux de cet Etat. Malgré cette réduction, qui atténuait sensiblement les bénéfices des canaux, les expéditions sur Buffalo et Oswego pour New-York ont continué à décroître, et il a fallu, d'année en année, diminuer le prix du fret; de telle sorte qu'en y comprenant les frais d'assurance et de transbordement, le coût du transport par eau a fini par se rapprocher de celui des chemins de fer, sans offrir les avantages particuliers de ces derniers pour le commerce des grains, au point de vue de la rapidité et des chances moindres d'imprévu et d'avaries en route.

Ainsi, en 1876, de Chicago à New-York, les prix du transport par lacs et par canaux, *viâ* Buffalo, pendant la saison navigable, étaient descendus en moyenne à 1 fr. 38 c. par hectolitre de blé pesant 74^k,80. Pour le même trajet par chemin de fer, le tarif appliqué à tous les grains, du 26 avril au 5 mai, était de 1 fr. 95 c.; du 5 mai au 18 décembre, de 1 fr. 73 c., et la navigation étant fermée, de 2 fr. 60 c. en décembre.

De Buffalo à New-York, le tarif des chemins de fer s'abaissait parfois au-dessous de celui des canaux et des lacs, dont le fret appliqué à l'hectolitre de blé était en moyenne de 96 centimes.

Le péage des canaux de l'État de New-York, qui était, en 1876, de 0^r,299, tombait, en 1877, à 0^r,149.

De Chicago à New-York, le prix du transport des 1,000 kilogr. de blé par eau était, en 1877, de 16 fr. 60 c., contre 20 fr. 80 c. par chemin de fer.

Ce prix de 16 fr. 60 c. se décomposait comme il suit : 5^r,028 de Chicago à Buffalo par les lacs, et 11^r,575 de Buffalo à New-York par canaux. Dans le prix de 11^r,575 se trouve comprise l'assurance qui est à la charge du transporteur, tandis que sur les lacs le prix de 5^r,028 ne comprend pas l'assurance, qui est à la charge de l'expéditeur. Il en résultait qu'en déduisant le péage sur les canaux, le transporteur obtenait, en 1877, 1 fr. 06 c. par hectolitre de blé transporté sur 2,283 kilomètres, au lieu de 4 fr. 37 c. qu'il payait en 1867.

Concurrence des compagnies de chemins de fer.

— Tandis que les canaux étaient ainsi progressivement amenés à baisser leurs prix pour tenir tête aux chemins de fer transportant les produits de l'ouest vers New-York, les compagnies qui aboutissent à Baltimore et à Philadelphie engageaient également la lutte des tarifs avec celles conduisant à New-York et à Boston.

En 1875, les tarifs de ces compagnies étaient encore calculés de manière à faire profiter Baltimore et Philadelphie d'une différence de 5 fr. par tonne, en plus d'un drawback de 3 fr. 20 c. pour le grain, par rapport à New-York, et le port de New-York, d'une différence de 5 fr. par rapport à Boston. Cette dernière ville trouvait une compensation dans la différence du fret sur l'Océan ; mais Baltimore et Philadelphie conservaient un avantage marqué sur New-York.

Dans ces circonstances, le prix du transport de Chicago à New-York par les lacs et canaux, *via* Buffalo, variant entre 15 fr. 50 c. et 16 fr. 60 c., et celui de Chicago à Montréal, en acquittant le péage des canaux Welland et du Saint-Laurent, variant entre 15 fr. 50 c. et 16 fr., la situation n'était plus tenable pour New-York.

Sous l'influence de la dépression des valeurs financières en 1876 et de la diminution de leurs revenus, les grandes compagnies de chemins de fer en communication avec les États de l'ouest se déclarèrent la guerre, en acceptant la dénonciation, par la Compagnie du Central-New-York, des conventions jusqu'alors en vigueur. Le commodore Vanderbilt, président de la Compagnie du Central-New-York,

réclamait un tarif uniforme pour les marchandises à destination des ports de l'Atlantique; les Compagnies de Baltimore et de Philadelphie résistèrent en maintenant les tarifs
basés sur la plus courte distance, qui donnaient l'avantage
à ces deux ports d'expédition. C'est alors que la Compagnie du Central-New-York abaissa de 23 centimes par 100
kilogr. le tarif de la quatrième classe de marchandises
entre Chicago et New-York. Après neuf mois de lutte à outrance et de sacrifices considérables de part et d'autre, une
nouvelle convention fut signée, aux termes de laquelle un
tarif uniforme était appliqué à tous les produits transitant
vers l'Océan par une des trois villes de New-York, Philadelphie et Baltimore. L'avantage des bas tarifs n'était réservé
aux deux dernières que pour les produits destinés à l'intérieur.

Il n'en résulte pas moins qu'après une période où l'hectolitre de blé revenait à quai à 38 centimes dans le port de
Baltimore, et à 22 centimes dans le port de Philadelphie,
au-dessous du prix payé pour New-York, le fret sur l'Océan
étant le même pour les trois villes, une grande partie du
trafic des grains de New-York détourné par ses rivales a
gardé la direction prise.

En 1876, le mouvement des blés et farines sur New-
York par les lacs et canaux, *viâ* Buffalo, se restreignait à
9,998,000 hectolitres, après avoir été de 18,307,000 hectolitres en 1873.

Les Compagnies de Baltimore et du Central-Pensylvanie,
outre les avantages qu'offre le transport en hiver dans des

régions plus clémentes, sur des lignes plus courtes que celles aboutissant à New-York, ont créé dans les ports d'embarquement toutes les installations dont dispose New-York, dans le but de faciliter et d'activer la manutention des grains à l'expédition.

Abaissement des tarifs. — La conséquence de la guerre des tarifs a été de les abaisser, pour toute la contrée, dans une proportion qui a été évaluée à près de 37 p. 100 en 1876, relativement à ceux appliqués en 1871. Aussi, en 1876, sur un transport global de 197 millions par les chemins de fer de l'Union américaine, représentant une augmentation de 6 millions de tonnes eu égard à l'année précédente, les recettes totales avaient diminué de près de 15 millions de francs.

Le tableau suivant reproduit, pour les années 1871 et 1876, l'abaissement du tarif moyen et l'augmentation de tonnage, dans trois États : Massachussetts, Ohio et New-York, qui correspondent à la moyenne des régions du nord-est, de l'ouest et du centre.

ETATS.	TARIF MOYEN par tonne et par kilom.			TONNES TRANSPORTÉES.		
	1871.	1876.	Réduc-tion.	1871.	1876.	Augmenta-tion.
Massachussetts. . .	Fr. c. 0,101	Fr. c. 0,066	Fr. c. 0,035	8,934,000	11,327,000	2,393,000
Ohio	0,059	0,036	0,023	18,554,000	26,349,000	10,795,000
New-York.	0,057	0,038	0,019	14,174,000	22,892,000	8,718,000

Situation des compagnies. — Aussi les chemins de

fer ont-ils vu décroître annuellement leurs bénéfices, depuis l'année 1871, où ils avaient atteint le maximum. Un grand nombre de compagnies n'ont plus donné de dividendes, et plusieurs, parmi les plus importantes, ont dû suspendre le paiement de leurs coupons d'obligations.

En 1876, 86 compagnies furent mises en vente par licitation et sous séquestre ; elles représentaient, pour 22,686 kilomètres, un capital de 4,742 millions de francs. C'est le cinquième des voies ferrées de l'Union !

Les intérêts de l'agriculture ont eu le moins à souffrir de cette détresse, car, avec des tarifs faibles, la demande pour l'exportation des produits agricoles est pour ainsi dire illimitée. Au contraire, les produits de l'industrie manufacturière, que la création du papier-monnaie avait beaucoup stimulée, ont souffert de la réduction des tarifs correspondant à celle des prix du marché intérieur. La reprise des paiements en espèces, en faisant restreindre les dépenses, a ralenti les entreprises industrielles tant que la situation économique n'a pas été rétablie, tandis qu'elle a contribué à l'amélioration des intérêts agricoles.

La réduction des prix de transport, par chemins de fer, a naturellement réagi sur les grandes voies navigables et sur le fret de l'Océan ; mais son effet le plus marqué a été d'amener les compagnies à diminuer progressivement leurs frais d'exploitation.

En 1876[1], le produit brut des chemins de fer avait été

---

1. Recettes des chemins de fer, 1875. . . 2,616 millions de francs.
   Id.   1876. . . 2,584   id.

inférieur de 32 millions de francs à celui de 1875, bien que les lignes exploitées comprissent 4,570 kilomètres de plus; mais, grâce à l'économie dans les dépenses d'exploitation, le produit net en 1876 fut plus élevé de 5 millions de francs que celui de 1875. Sans l'excès de lignes nouvelles par rapport au chiffre de la population, le produit net eût été vingt fois plus considérable, et un grand nombre de compagnies auraient été sauvées de la ruine.

Si, en 1874, les compagnies de chemins de fer payaient 8 p. 100 de dividende à leurs actionnaires pour la Pensylvanie, 7,87 p. 100 pour le Massachussetts, 7,20 p. 100 pour le New-Jersey, 6,73 p. 100 pour le Connecticut, en y comprenant le trafic extraordinaire des houilles, déjà, dans la plupart des autres États, elles en payaient d'insignifiants : 0,50 p. 100 pour les États du sud, 1,92 p. 100 pour les États de l'ouest, et dans d'autres, elles étaient obligées de surseoir à leurs paiements.

Cette situation, même pour les meilleures compagnies de l'est et du nord-est, n'a fait que s'aggraver malgré les coalitions auxquelles plusieurs ont recouru pour se soutenir contre la concurrence effrénée.

En 1877, sur les 814 compagnies de chemins de fer, 106 seulement, ou 24 p. 100, distribuaient un dividende. Aucune des lignes situées dans les États ou territoires de Vermont, Kansas, Nebraska, Missouri, Dakota, Colorado, Caroline du Sud, Floride, Alabama, Mississipi, Louisiane, Texas, Arkansas, Californie, Orégon, Nevada et Washington, représentant ensemble 16,600 kilomètres, ne donnait

de dividende. Il est vrai que, pour beaucoup de chemins
créés à l'aide d'obligations, l'intérêt sur ces obligations
était payé.

Chemins de fer et population. — En dix années, à
partir de 1867, le nombre de kilomètres des chemins de
fer double, et la population de l'Union n'augmente que de
23 p. 100, c'est-à-dire que les chemins de fer se développent quatre fois plus vite que le nombre des habitants.

La proportion de 530 habitants par kilomètre reconnue
jusqu'alors aux États-Unis comme celle qui répond à
une fructueuse exploitation des chemins de fer, descend à
360 habitants. Dans les États de l'ouest, les lignes qui
assuraient un bon revenu, pour un chiffre de 500 individus
par kilomètre, comme en 1867, périclitent lorsque ce
chiffre descend, en 1876, au-dessous de 270. Il ne peut
guère en être autrement, car la population ayant augmenté
chaque année d'un million, les chemins de fer se sont
allongés de plus de 60,000 kilomètres dans la même
période.

Si l'on compare le progrès des chemins de fer aux
États-Unis avec celui réalisé en 1876 dans les îles Britanniques et en France, on demeure frappé de l'extension
que les premiers ont reçue par rapport au territoire et de
la faible proportion d'habitants qu'ils sont appelés à desservir. Les données utiles à ce rapprochement sont consignées dans le tableau suivant, où les longueurs kilométriques exploitées figurent en regard du chiffre de la
population et de la superficie des trois pays.

RÉSEAUX *comparés des États-Unis, des îles Britanniques*
et de la France en 1876.

ANNÉE 1876.	ÉTATS-UNIS.	ILES BRI-TANNIQUES.	FRANCE.
Superficie (kilomètres carrés)	7,825,330 »	316,790 »	528,570 »
Population (nombre d'habitants recensés) .	44,673,000 »	32,104,000 »	36,906,000 »
Chemins de fer (kilom. exploités)	123,952 »	26,995 »	20,360 »
Id. id. par kilom. carré .	63 13	11 73	25 96
Nombre d'habitants par kilom. exploité . .	360 40	1,181 »	1,812 »
Population (densité)	5 70	101 34	69 85

Pour se rendre compte de la répartition des chemins de fer sur le territoire américain et confronter leur développement avec celui de la population dans les cinq régions territoriales, on pourra consulter les chiffres du tableau ci-après.

De 1867 à 1877, la population augmente au total de 8,383,850 habitants, soit de 23,06 p. 100; et les chemins de fer augmentent de 61,543 kilomètres, soit de 97,79 p. 100.

Progrès du réseau américain. — Pendant cette période, les chemins se sont complétés dans les anciens États.

Pour n'en citer qu'un seul, l'État d'Ohio, qui comprenait :

En 1845 . . . . 134 kilomètres,
En 1855 . . . . 2,625 —
En 1865 . . . . 5,082 —

porte son réseau, en 1875, à 7,133 kilomètres.

En outre, les voies ferrées se poursuivent ou pénètrent dans les États nouveaux (l'Utah, le Colorado, le Dakota) jusqu'à atteindre, à la fin de 1877, le chiffre total de 127,500 kilomètres.

50 à 60 lignes, commencées en 1878, se continuent en 1879, parmi lesquelles les chemins de Archison, Topeka et Santa-Fé. Grâce aux excellentes récoltes, des embranchements se multiplient également dans le Minnesota, le Kansas, la Nebraska, etc.

RÉPARTITION *par groupes du réseau des États-Unis.*

ÉTATS.	POPULATION.				CHEMINS DE FER (kilomètres).			
	NOMBRE D'HABITANTS.		AUGMENTATION.		1867.	1876.	AUGMENTATION.	
	1867.	1876.	Habitants.	P. 100.			Nombre.	P. 100.
Nᵉ-Angleterre. .	3,348,000	3,806,850	458,850	13,70	6,301	9,110	2,809	51,46
Centre.	9,930,000	11,405,000	1,475,000	14,85	15,288	24,136	8,848	57,86
Ouest et territ. .	11,985,000	15,835,000	3,850,000	32,12	24,362	59,288	34,926	143,36
Sud	10,440,000	12,410,000	1,970,000	18,87	16,202	26,682	10,480	64,69
Pacifique	650,000	1,280,000	630,000	96,92	690	4,736	4,016	587,37
Total . . .	36,353,000	44,736,850	8,383,850	23,06	62,843	123,952	61,109	97,79

Le Minnesota, qui comptait 186 kilomètres de chemins de fer en 1867, en compte 3,505 en 1877.

Le Colorado, par la construction de 240 kilomètres de chemins en 1877, comprend un réseau de 1,716 kilomètres.

Au Texas, les progrès sont plus rapides qu'ailleurs; la

Sunset-route atteint et dépasse San-Antonio, et un embranchement relie Waco à Weatherford.

En même temps, la fabrication des rails Bessemer reçoit le plus grand développement pour la substitution de l'acier au fer, sur les voies principales. En 1875, sur une fabrication totale de 800,000 tonnes de rails, on estimait à 300,000 tonnes la quotité de rails d'acier. L'économie de ces derniers, par rapport aux rails en fer, est chiffrée entre 5 et 10 p. 100 par les compagnies.

Trafic total des chemins de fer. — Pendant que les lignes se complètent et se prolongent, le trafic croît sans cesse et impose de plus lourds sacrifices aux compagnies. Le tonnage, qui représentait, en 1860, 544 kilogr. transportés par tête, s'élève, en 1870, à 1,725 kilogr., et en 1876, à 4,400 kilogr.

Figurant pour un capital de 23 milliards de francs comme coût d'établissement, le réseau des chemins de fer de l'Union transporte en 1876, 197 millions de tonnes de marchandises, pour lesquelles la perception est de 1,877 millions de francs, soit environ 9 fr. 50 c. par tonne.

5. — LES GRANDES COMPAGNIES DE CHEMINS DE FER.

Avant de passer au détail de l'exploitation des lignes, nous dirons quelques mots de ces puissantes compagnies concurrentes dont le rôle a été si marqué dans l'histoire financière et commerciale des dernières années.

a. **Compagnie du chemin Central-New-York.** —

Le chemin de fer Central-New-York se développe, parallèlement au canal Érié, dans une contrée remarquablement appropriée au trafic, par suite de l'absence de fortes rampes. Formé de quatre voies de rails d'acier, il constitue sur toute sa longueur un des plus puissants outils de transport au service de la cité de New-York, où seul ce chemin possède une entrée et une station terminale.

De New-York partent deux doubles voies dont l'une suit l'Hudson au niveau de ce fleuve (231 kilom.), et l'autre à un niveau plus élevé (241 kilom.), mais en se tenant à une distance de 10 à 16 kilomètres de la précédente. Avant d'arriver à Albany, l'une de ces deux voies, à l'intérieur, reçoit à Chatham la ligne de Boston à Albany, longue de 322 kilomètres ; Albany se trouve ainsi le centre de trois lignes de distribution, dont deux sur New-York et une sur Boston.

D'Albany à Rochester (480 kilom.), quatre doubles voies sont établies sur un plan presque horizontal et se bifurquent à Rochester. L'une des branches se dirige vers la rivière du Niagara, où, par le pont suspendu, elle se continue sur le Grand-Ouest-Canadien.

L'autre branche court vers Buffalo, d'où, sous différents noms, mais sous la même direction, le trajet se poursuit, soit à travers le Canada, par le chemin Sud-Canadien, soit le long de la rive du lac Érié par le chemin du Sud-Michigan ; là les branches se rejoignent de nouveau pour desservir Chicago.

Tous ces chemins, exploités par la puissante Compagnie

du Central-New-York, que préside M. W. H. Vanderbilt, donnent aux mêmes mains le trafic de deux des principales routes de transport du nord-ouest. Ils comprennent :

	Kilomètres.
Le Central-New-York.	1,610
Le Sud-Michigan.	1,893
Le Sud-Canadien.	520
Total.	4,023

sur lesquels 368 kilomètres à quadruples voies en rails d'acier.

b. **Compagnie des chemins de fer de Pensylvanie.** — La Compagnie des chemins de fer de Pensylvanie est encore plus puissante que celle du Central-New-York par la longueur de son réseau et par son organisation.

Concédée en 1847, achevée en 1854, la première ligne principale de New-Jersey à Pittsburg (570 kilom.) s'est transformée par les lignes affluentes construites, rachetées ou affermées depuis cette date, en un réseau qui comprend 2,687 kilomètres.

En 1871, un autre grand réseau de 4,943 kilomètres formant le système des chemins de fer pensylvaniens, à l'ouest de Pittsburg, a été annexé, comme exploitation, à la Compagnie des chemins de fer de Pensylvanie, réorganisée à cet effet ; de telle sorte qu'aujourd'hui la même compagnie, présidée par le colonel Scott, administre un réseau de 7,630 kilomètres, auquel plus de 4,800 kilomètres d'autres chemins sont reliés par des traités d'exploitation.

Toutes les communications de New-Jersey et de Philadelphie, avec New-York d'une part, avec Érié et Pittsburg d'autre part, conduisant aux grandes routes de transport qui aboutissent à Chicago et à Saint-Louis, sont au pouvoir de la compagnie. Sur le réseau qui lui est propre, 1,300 kilomètres de voies principales sont en rails d'acier, ballastées sur $0^m,90$ d'épaisseur, et parcourues, malgré des courbes de faible rayon, à raison de 55 kilomètres à l'heure, par les longs et lourds véhicules de la compagnie[1].

En 1874, sur 380 millions de francs de recettes, cette compagnie modèle avait dépensé 234 millions; d'où un produit net de 146 millions, qui permettait de distribuer un dividende de 10 p. 100 aux actions de capital.

Pendant six ans, de 1869 à 1875, le dividende distribué aux actions avait été de 10 p. 100; en 1876 et 1877, il s'est réduit à 8 p. 100.

Le trafic, employant 654 locomotives, 296 voitures à voyageurs et 13,490 wagons à marchandises, plus 1,000 trucks à charbon en location, et 9,600 wagons appartenant à d'autres compagnies, représentait en 1874 le transport de :

Voyageurs	4,685,000
Marchandises	18,745,000
Kilomètres-train. . . .	23,430,000

La Compagnie de Pensylvanie exploite actuellement les lignes suivantes :

---

1. *The Pensylvania Railroad*. (*Engineering*, t. XXIII et XXIV, 1877.)

Kilomètres.

Chemin de fer de Pensylvanie, avec embranchements. .	2,657
— de Jersey-Ouest	207
— de la vallée de Cumberland	201
— de Pittsburg, Virginie et Charleston. . .	50
— de la vallée Alleghany.	416
— de Oil-Creek et Alleghany.	195
— de Buffalo, Corry et Pittsburg	67
— du Central-Nord.	515
— de Baltimore et Potomac	146
— d'Alexandrie et Fredericksburg.	55
— de Richmond et Danville	712
— d'Atlanta et Richmond-Air-Line	427
— de la Compagnie Pensylvanie.	2,760
— de Pittsburg, Cincinnati et Saint-Louis. .	1,850
— de Saint-Louis, Vandalia et Indianapolis.	382
Total.	10,640

c. **Compagnie du chemin de fer Baltimore-Ohio.**
— La Compagnie du chemin de fer de Baltimore à Ohio
est la plus ancienne de l'Union, car son acte de concession, signé par les États de Maryland et Virginie, date de
février 1827. Son réseau comprend actuellement 2,348
kilomètres, qui se divisent en :

Kilomètres.

Ligne principale de Baltimore à Wheeling . .	608
Embranchements.	345
Lignes affermées.	910
Lignes rachetées.	485
Total.	2,348

Sur ce total, plus de 500 kilomètres sont à double voie,
30 kilomètres à trois et quatre voies.

Les voies d'évitement comprennent une longueur de 1,878 kilomètres.

Cette compagnie possède une des lignes les plus courtes de Chicago à l'Océan.

Son matériel roulant, composé de plus de 500 locomotives et 12,000 wagons, représente une valeur de 80 millions de francs.

d. **Compagnie Lake-Shore et Michigan.** — Une autre compagnie, réorganisée en 1869, sous le nom de Lake-Shore et Sud-Michigan, comprend, outre la première concession de l'État de Michigan en 1833, les chemins de l'Indiana-Nord et de Buffalo à Érié ; elle a de la sorte une ligne principale directe de Buffalo à Chicago. Le réseau de cette compagnie comprend 1,880 kilomètres, qui se répartissent comme il suit :

	Kilomètres.
De Buffalo à Chicago	864
Embranchements	518
Lignes affermées	242
Lignes rachetées	254
Total	1,880

En 1876, le tonnage sur les 1,880 kilomètres s'était partagé en 3 millions de tonnes dirigées vers l'est, et en 1 million et demi dirigées vers l'ouest.

Pour un total de près de 19 millions de kilomètres de train dans l'année, la compagnie utilisait 10,546 wagons, dont 295 à voyageurs [1].

---

1. Ce matériel roulant est constamment en augmentation. Fin 1878, la compagnie commandait un supplément de 1,500 wagons à marchandises.

La seconde voie était alors posée sur 376 kilomètres.

Liée par un traité d'exploitation avec la Compagnie du Central-New-York, la Compagnie du Lake-Shore et Sud-Michigan constitue une des artères les plus importantes du trafic de Chicago sur New-York.

e. **Compagnies du Grand-Pacifique**. — D'autres grandes lignes méritent de nous arrêter : en premier lieu, celle qui, traversant de part en part le continent ouest américain, rejoint San-Francisco à Omaha sur 3,615 kilomètres de longueur.

Le chemin du Pacifique, concédé par le Congrès à deux compagnies : l'une, Union-Pacifique, partant d'Omaha et se dirigeant vers l'ouest (1,660 kilom.), l'autre, Central-Pacifique, partant de Sacramento et dirigée vers la rencontre de la première (1,955 kilom.), assure une communication à travers le continent américain vers le Japon et la Chine.

Omaha, sur le Missouri, relie ainsi les quatre grandes artères de l'est avec l'ouest ; c'est le point de jonction des lignes du Chicago-Nord-Ouest, du Chicago-Burlington, du Chicago-Pacifique et la tête de la ligne orientale.

Par les lois de 1862 et de 1864 le Congrès, en concédant la ligne de l'Union-Pacifique, stipulait une avance du Gouvernement comprise entre 52,000 et 156,000 fr. par kilomètre, une cession gratuite par kilomètre de 3,200 hectares de terrains bordant le chemin [1], et autorisait la

---

1. La vente de ces terrains par la compagnie n'a pas donné de grands résultats, car la plupart sont impropres à la culture.

compagnie à émettre en son propre nom des obligations pour une somme égale au montant de celles qu'elle recevrait du Gouvernement.

Commencés au mois de décembre 1863, les travaux étaient achevés en mai 1869, bien qu'exécutés au milieu d'immenses solitudes, où souvent l'eau et le bois manquaient, où les tribus errantes des Indiens menaçaient la vie des ouvriers et où la nourriture devait être apportée. La ligne qui, sur une longueur de 1,800 kilomètres, se tient à une altitude moyenne de 1,800 mètres au-dessus du niveau de l'Océan, est parcourue d'Omaha à Oakland (San-Francisco) sur 3,080 kilomètres en 100 heures. La dépense totale de premier établissement s'est élevée à 1,218 millions de francs, soit environ à 395,000 fr. par kilomètre.

En 1874, elle n'avait pour matériel roulant que 330 locomotives, 368 wagons à voyageurs et 6,949 wagons à marchandises. Le nombre des voyageurs transportés avait été de 506,571 et le tonnage des marchandises de 188,877. Le produit net des deux lignes atteignait 74 millions de francs, sur lesquels la Compagnie Central-Pacifique payait 17 millions de dividende, soit 6 p. 100 du capital-actions, représentant moitié du capital total.

Les lignes de jonction du Mississipi avec l'Océan Pacifique ne doivent pas se borner à celle-ci; celle beaucoup plus au nord, aboutissant à Portland dans l'Orégon, n'a qu'un faîte à franchir et traverse partout des terrains susceptibles de culture; puis viennent celles du Kansas-Pacifique, de l'Atlantique et Pacifique, et enfin de Memphis el Paso et Pacifique, aboutissant à San-Diego, au sud de San-Francisco, sur le golfe de Californie.

Le Pacifique-Sud, exécuté à travers le désert du Colorado, sur 160 kilomètres de longueur, grâce aux puits artésiens, a pénétré jusqu'à l'Arizona.

Le Pacifique-Nord, subventionné par le conseil législatif de Montana, est entré dans ce territoire. Sur 888 kilomètres de chemins exploités en 1875, la compagnie recevait cette année, aux termes de son acte de concession, 4,320,000 hectares de terres, qu'elle vendait aux colons au prix moyen de 16 fr. par hectare.

6. — Communications entre l'ouest et les ports de l'Atlantique.

De Chicago, cinq artères de chemins de fer, ramifiées presque parallèlement jusqu'à l'Océan Atlantique, se disputent le trafic de l'ouest et conduisent par quatorze voies différentes aux ports d'expédition pour l'Europe et la côte de l'Atlantique.

Ces cinq lignes en partant du nord sont les suivantes :

1. Chemin de fer Michigan-Central jusqu'à Detroit ;

2. Chemin de fer Michigan-Sud jusqu'à Toledo et Buffalo ;

3. Chemin de fer Baltimore et Ohio, directement jusqu'à Baltimore ;

4. Chemins de fer de Pittsburg, Fort-Wayne et Chicago, jusqu'à Pittsburg ;

5. Chemin de fer de Pittsburg et Cincinnati, jusqu'à Cincinnati.

Les deux dernières lignes, n°⁵ 4 et 5, sont exploitées par la Compagnie des chemins de fer de Pensylvanie, qui possède ainsi une double communication directe entre Chicago, Philadelphie et New-York.

La ligne n° 3, également directe de Chicago, *viâ* Newark et Sandusky, à Baltimore, est entre les mains de la Compagnie Baltimore et Ohio.

La ligne n° 2, du Michigan-Sud, relève par traité de la Compagnie du Central-New-York depuis 1869, comme voie directe entre Chicago, New-York et Boston. A l'approche du lac Érié, elle se bifurque : l'une des branches, dirigée sur Munroe et Detroit, franchit la rivière Detroit par un bac à vapeur pour rejoindre le chemin du Canada sud, qui, après un parcours de 370 kilomètres à travers le Canada, aboutit à Buffalo. L'autre branche, tracée le long de la côte méridionale du lac Érié, va directement à Buffalo, où, comme la précédente, elle débouche sur la ligne du New-York-Central.

La ligne n° 1, du Michigan-Central, qui parcourt la péninsule sur une largeur de 456 kilomètres jusqu'à Detroit, est restée indépendante des compagnies américaines de l'est. C'est elle qui alimente la Compagnie canadienne Grand-Trunk, dont la ligne principale, depuis Detroit jusqu'à Portland dans l'État du Maine, compte 1,378 kilomètres.

Le Grand-Trunk canadien, à partir de Detroit, traverse

l'État de Michigan sur 100 kilomètres jusqu'à Port-Huron, où il passe sur la rivière Sarnia dans le Canada pour toucher à Stratford. A 128 kilomètres de là, il se dirige d'une part vers le nord par Toronto et Montréal jusqu'à Portland, et d'autre part, vers le sud, par Fort-Érié sur le Niagara, où il rejoint les lignes du Grand-Ouest et du Sud-Canadien qui circulent ensemble à Buffalo, sur le pont International. A partir de Buffalo, plusieurs routes, parmi lesquelles dominent le Central-New-York et la ligne Érié, dont l'écartement de voie est spécial, conduisent à New-York.

Enfin, à Montréal, le chemin du Grand-Trunk canadien abandonne le trafic qui n'est pas à destination de Portland, à la ligne du Vermont-Central aboutissant à New-York d'une part, et à Boston, par Albany, d'autre part.

Il en résulte que les cinq lignes tracées de Chicago vers l'ouest se partagent suivant quatorze routes différentes, à savoir :

Kilomètres.

1. A Portland,	par le Central-Michigan et le Grand-Trunk . . .	1,822
2. A Boston,	par le Central-Michigan, le Grand-Trunk et le Vermont-Central.	1,874
3. A New-York,	par le Central-Michigan, le Grand-Trunk et le Vermont-Central.	1,998
4. A Boston,	par le Central-Michigan, le Grand-Ouest et le Central-New-York	1,629
5. Id.	par le Sud-Michigan, le Sud-Canadien et le Central-New-York	1,629
6. A New-York,	par le Central-Michigan, le Grand-Ouest et le Central-New-York.	1,539
7. Id.	par le Central-Michigan, le Grand-Ouest et le chemin Érié	1,491
8. Id.	par le Central-Michigan, le Grand-Trunk et le chemin Érié	1,534
9. Id.	par le Sud-Michigan, le chemin Lake-Shore et le Central-New-York	1,568

Kilomètres.

10. A New-York, par le Sud-Michigan, le Sud-Canadien et le Central-New-York 1,528
11.   Id.   par la ligne Pittsburg, Fort-Wayne et Chicago. . 1,462
12.   Id.   par la ligne Pittsburg et Cincinnati 1,497
13. A Philadelphie, par la ligne Pittsburg, Fort-Wayne et Chicago. . 1,318
14. A Baltimore,   par la ligne Baltimore-Ohio 1,342

Les trois chemins du Canada ont le désavantage de la plus grande distance et surtout du bac à vapeur pour franchir la rivière Detroit. Deux d'entre eux, le Grand-Trunk et le Grand-Ouest, qui ne peuvent utiliser le chemin Érié à Buffalo, à cause de sa voie différente, ce qui eût abrégé de 400 kilomètres leur parcours sur New-York, dépendent d'ailleurs, à leurs extrémités, d'autres lignes pour le trafic, tandis que les compagnies concurrentes du Central-New-York, de Pensylvanie et de Baltimore, avec des parcours beaucoup moins longs, ont leurs stations de tête à Chicago et leurs stations terminales dans les ports de Boston, de New-York et de Baltimore, pourvus de tout l'outillage nécessaire à l'exportation, sans avoir rien à payer à d'autres compagnies intermédiaires.

Une des grosses difficultés à vaincre par les compagnies de chemins de fer, et que les canaux n'ont pas au même degré, résulte de la disproportion entre les transports allant vers l'ouest et ceux venant de l'ouest. En effet, les lourdes denrées agricoles dirigées vers la mer, sont, aux articles légers dirigés vers l'ouest, dans le rapport de 4 à 1. Il se peut que les demandes de produits apportés de l'est, et notamment de charbons, augmentent, et que la population s'accroisse rapidement dans l'ouest. Il n'en est

pas moins certain qu'actuellement l'ensemble du matériel
des lignes aboutissant aux ports de Boston, de New-York,
de Philadelphie et de Baltimore, comprenant plus de
60,000 wagons pouvant transporter en un seul trajet
1,200,000 tonnes à la mer, n'a pas ce même aliment
de retour.

Le système suivi par les compagnies consiste à retenir
le grain aussi longtemps que possible dans l'ouest. Dès
que les commandes sont reçues pour l'Europe ou pour
les côtes américaines, le grain est mis en wagons et amené
sans retard à New-York ou à Philadelphie pour être em-
barqué, de telle sorte qu'il n'y ait pas d'entreposage avant
qu'il parvienne à destination; on compte sur un délai
de dix-huit jours pour l'expédition d'un chargement de
l'ouest jusqu'à Liverpool.

Prix des transports de l'ouest. — M. le capitaine
Douglas Galton, dans son rapport sur la classe des chemins
de fer à l'Exposition de Philadelphie [1], donne comme prix
total de transport du grain par tonne et par kilomètre,
appliqué en 1875 par la Compagnie du chemin de fer de
Pensylvanie, $0^f,0156$; ce qui représente une dépense pour
transport de Chicago à Philadelphie, de 11 fr. 70 c.

Pratiquement, les États de l'ouest en 1878 ont fait
transporter la plus grande partie de leurs produits à New-
York, au tarif de $0^f,013$ par tonne et par kilomètre.

Au mois de mai 1878, les lignes concurrentes s'étaient

____

1. *Reports on the Philadelphia International Exhibition of* 1876. London,
1877, vol. 1, p. 198.

engagées à transporter les marchandises de 4ᵉ classe et
les denrées alimentaires au tarif de 0ᶠ,018, mais elles
ne tardèrent pas à être entraînées par la concurrence à
l'abaisser à 0ᶠ,010. Une nouvelle tentative de relèvement à
0ᶠ,013 pour les marchandises et à 0ᶠ,011 pour les grains
à destination de New-York, proposée en juillet, avortait
aussitôt.

Or, à 0ᶠ,010 par tonne et par kilomètre, le tarif américain couvre tous les frais de location et d'exploitation,
les risques pour dommages et délais de livraison, les manipulations au départ et à l'arrivée, les assurances, etc.

Répartition des transports de l'ouest. — Sur les
55 millions d'hectolitres de grains portés à New-York,
44 p. 100 y arrivent par les voies navigables et 56 p. 100
par les voies ferrées. Les autres ports de l'Atlantique
reçoivent ensemble à peu près la même quantité que celui
de New-York.

En 1878, le prix moyen du fret de la navigation des
lacs et des fleuves était de 1 fr. 25 c. par hectolitre pour
1,600 kilomètres ; et le fret sur l'Océan était si bas que,
pour le même prix, l'hectolitre de grains était expédié
aux ports de l'Europe.

Sur les 56 p. 100 de transports par voies ferrées à
New-York, la Compagnie du Central-New-York et de
l'Hudson en portait 31 p. 100, ou plus de 18 millions
d'hectolitres, la Compagnie du chemin de fer Érié 14,5
p. 100, et la Compagnie des chemins de Pensylvanie 9,5
p. 100.

Les chemins de fer appliquèrent également alors, sur un parcours de 1,500 à 1,600 kilomètres, de Chicago aux ports de l'Atlantique, pendant les mois d'hiver et de printemps, le tarif de 1 fr. 35 c. par 100 kilogr. pour le grain en wagon complet. Naturellement, pour de plus courtes distances, comme des stations du Michigan central et de la Pensylvanie ouest, le tarif était beaucoup plus élevé. En été, ces prix baissèrent encore.

La farine en sacs ou en culasse, aux mois de juillet et d'août 1878, s'expédiait de Chicago à New-York par le chemin de fer central, à raison de 1 fr. 10 c. les 100 kilogr., le prix de 2 fr. 20 c. étant le tarif maximum. Les bœufs arrivaient en trois jours au prix de 25 fr. par tête, et la compagnie transportait environ 5,000 têtes de gros bétail et autant de moutons, chaque semaine dans l'année.

De tels tarifs seraient doublés, qu'avec un prix de transit aussi faible et un transport aussi rapide, les agriculteurs de l'ouest pourraient encore lutter avantageusement avec ceux de l'est. La question toutefois n'est pas de savoir si les cultivateurs de l'ouest et si les commissionnaires expéditeurs trouvent leur bénéfice dans des transports à prix aussi réduit, mais bien de déterminer si les compagnies de chemins de fer peuvent continuer à se ruiner avec des tarifs aussi peu rémunérateurs pour les grandes distances, en présence des améliorations que la navigation ne cesse pas de réaliser.

Recettes des compagnies. — Pendant l'année 1877,

la recette moyenne des compagnies concurrentes, par tonne et par kilomètre de transport, s'établissait de la manière suivante :

Central-New-York . . . . $0^r,035$
Chemin de fer Érié . . . . $0\ ,030$
Chemin de Pensylvanie . . . . $0\ ,028$
Grand-Trunk-Canada . . . . $0\ ,024$

Si l'on compare les résultats des deux compagnies pour lesquelles l'écart est le plus considérable, on constate que, pendant les années 1872 à 1878, les recettes d'exploitation, aussi bien que les bénéfices de la Compagnie Central-New-York, progressent dans le rapport de 100 à 155, sauf en 1877, où elles baissent légèrement, tandis que pour le Grand-Trunk canadien elles augmentent dans le rapport de 100 à 196, les bénéfices de la compagnie diminuant. De même, pour la première des deux compagnies, la recette moyenne kilométrique dans ces six années s'abaisse de 100 à 60, tandis que pour la seconde elle s'abaisse de 100 à 55. Enfin, comme résultat de la lutte entre ces deux compagnies, la première, qui, sur son vaste réseau, récupère ses pertes en appliquant de hauts tarifs aux courtes distances, continue avec un bénéfice net annuel de plus de 25 millions de francs sur ses transports de marchandises seulement, à payer un dividende de 8 p. 100 à ses actionnaires; la seconde, au contraire, obtient à peine de quoi rémunérer le capital de ses obligations, les frais d'exploitation étant supérieurs aux recettes.

Voies nouvelles. — Quoi qu'il en soit, il semble difficile qu'à l'avenir les tarifs résultant de la lutte pour le trafic des États de l'ouest puissent se relever et améliorer les recettes des compagnies. Jusqu'ici, en effet, les coalitions que les chemins de fer ont tentées ont été déjouées par l'association véritable des producteurs de l'ouest, qui n'ont rien épargné dans le but de s'assurer les moyens de transport les plus économiques. Mais, en 1878, des expéditeurs de Davenport, dans l'Iowa, ont décidé de faire remorquer sur le Mississipi des chalands chargés de 3,600 hectolitres de blé, *viâ* Nouvelle-Orléans, à destination de l'Angleterre. Le coût du transport de Davenport, situé à 240 kilomètres à l'ouest de Chicago jusqu'à Liverpool, a été de 46 fr. 85 c. par 1,000 kilogr. On conçoit, d'après cet essai, que les tarifs des compagnies du nordest continuant à transporter sur rails, ajoutés au fret de l'Océan, ne pourront pas excéder la limite ainsi fixée par la navigation fluviale.

D'ailleurs, la navigation à vapeur n'a pas dit son dernier mot au sujet des communications directes des lacs du nord avec l'Europe.

Le Canada, avec beaucoup d'énergie et de persévérance, cherche à utiliser le fleuve Saint-Laurent et à faire de Montréal un port rival de New-York. Le canal Welland a déjà été remanié trois fois pour permettre aux navires de fort tonnage de franchir les rapides du Niagara. Le canal Lachine, qui mène de Montréal au lac Saint-Louis, a été également agrandi et approfondi à deux reprises. Un nouveau canal a été projeté de Port-Colbourn, sur le lac Érié, à Port-Dalhousie, sur le lac Ontario, avec 22 biefs de 82 mètres de longueur, 12^m,20 de largeur et 4^m,60 de profondeur.

Ces travaux importants, sans compter que les deux premiers seront doublés, mettront au défi les concurrences des chemins de fer, du moins pendant les sept mois de navigation, qui correspondent au transport de 80 p. 100 de la totalité des produits dirigés vers l'Atlantique.

Chaque progrès réalisé par la navigation semble accroître cette proportion. Avec des écluses comme celles qui s'exécutent, le libre passage est assuré aux navires de 1,500 tonneaux, chargés à Chicago, à Milwaukee ou à Detroit pour Montréal, ou directement pour Liverpool, Glasgow et le Hâvre.

La production extraordinaire des terres de la vallée de la rivière Rouge laisse entrevoir en projet le transport des blés de la baie d'Hudson en Europe.

Le lac Winnipeg, en effet, qui reçoit les eaux des trois fleuves : la rivière Rouge, l'Assiniboine et la Saskatchewan, navigables les uns et les autres sur un parcours de 6,000 kilomètres, à travers la contrée granifère, se décharge au nord-est, dans la baie d'Hudson, par le fleuve Nelson, large, profond, sans rapides, et digne, à tous égards, de figurer parmi les cours d'eau de premier rang. Bien que le lac Winnipeg soit à 213 mètres au-dessus du niveau de l'Océan, il est constaté que la pente du Nelson n'est pas plus rapide que celle des fleuves Missouri et Yellowstone, parcourus par les bateaux à vapeur.

En outre, le Nelson, près de son embouchure dans la baie d'Hudson, offre à Port-Nelson un refuge vaste, commode et sûr, ouvert à la navigation maritime pendant quatre mois au moins dans l'année, de juin à octobre, et plus rapproché, de 130 kilomètres, de Liverpool que ne l'est New-York.

En attendant que cette nouvelle voie soit ouverte, le grain des nouvelles contrées de la rivière Rouge et du Manitoba, transporté par les chemins de fer du Pacifique au lac Supérieur, ainsi que celui expédié à Chicago de l'intérieur des terres, pourra être mis à bord directement pour Montréal, et aura à parcourir 1,900 kilomètres sur les lacs et sur le Saint-Laurent.

Situation du trafic du grain en 1878. — De Chicago à Buffalo le parcours sur les lacs est à peu près la moitié de celui qui vient d'être indiqué, soit de 965 kilomètres.

Or, le prix du fret pour cette distance, après avoir été de 95 centimes par hectolitre en 1869, s'est abaissé graduellement (sauf en 1872 où il fut très-élevé) jusqu'à 23 centimes en 1878.

Sur le canal Érié, de Buffalo à New-York, le prix du fret a également diminué de 1 fr. 95 c. en 1869 à 65 centimes en 1878.

Le coût total du transport d'un hectolitre, de Chicago à New-York par la voie du lac et du canal, y compris les frais à Buffalo, descendait, en 1878, à 1 fr. 08 c.; c'est le prix le plus bas qui ait été atteint jusqu'alors.

En d'autres termes, le canal transportait l'hectolitre à 1 fr. 20 c., tandis que le chemin de fer le transportait à 1 fr. 60 c.

Comme le fret sur l'Océan, de New-York ou de Montréal à Liverpool, était alors de 2 fr. 20 c. par hectolitre, il s'ensuit qu'il coûtait deux fois plus d'expédier du blé de New-York à Liverpool, que de Chicago à New-York, le parcours étant trois fois plus long.

En admettant que le prix du fret de Chicago à Buffalo fût la moitié de celui entre Chicago et Montréal, le coût du transport par les voies navigables du Saint-Laurent, entre Chicago et Montréal, pourrait être de 46 cent., et comme ce tarif est un minimum de 55 cent. par hectolitre; ce qui correspondrait à une économie de 53 cent. par rapport à la voie de New-York.

Pour concurrencer de tels prix, les chemins de fer devraient alors baisser leurs tarifs à $0^f,005$ par tonne et par kilomètre!

Une autre considération que nous avons à faire valoir, c'est que si, contrairement à ce qui paraît admissible, les canaux du nord devaient perdre du terrain par rapport aux chemins de fer concurrents, dirigés sur New-York et Philadelphie, les lignes du centre et du midi seraient plutôt appelées à en bénéficier que celles du nord-est.

En effet, outre que l'avantage des expéditions directes, sans transbordement jusqu'à la mer, est de plus en plus apprécié, et que les chemins de fer peuvent supporter un tarif un peu plus élevé que la navigation, à cause de la plus grande rapidité du service et des moindres risques d'altération ou d'avarie du grain pendant le trajet, les lignes moins longues du sud amènent le blé de l'ouest plus près de la navigation des fleuves à marée, d'où les steamers peuvent se rendre directement en Europe. De plus, elles transportent à des prix plus réduits que celles dirigées vers l'Atlantique, et pendant l'hiver notamment, elles sont toujours accessibles et sans encombrement.

La meunerie, qui s'était localisée à New-York et dans les villes de l'Océan, grâce aux facilités de transport sur les lignes du centre, s'est beaucoup développée à Cincinnati, à Saint-Louis, etc., et ces villes, dont le commerce prend chaque année, comme on le verra plus loin, de plus grandes proportions, sont devenues des marchés considérables pour la consommation intérieure. Si elles sont peut-être moins au courant des exigences de l'étranger et des régions tropicales dont New-York, avec ses vastes moulins, conserve la clientèle, elles lui disputent l'approvisionnement des farines de l'ouest, sur des marchés plus fermes et mieux réglés, et elles ne tarderont pas à détourner par le Mississipi le grand trafic des céréales.

7. — POLITIQUE DES TRANSPORTS.

Tout ce que nous avons dit jusqu'ici du développement incessant, de l'amélioration poursuivie sans répit des voies de communication elles-mêmes, serait incomplet si nous n'ajoutions deux mots sur la politique qui dirige la question des transports. Or, la politique commerciale aux États-Unis, c'est à la fois la politique extérieure et intérieure du pays tout entier.

En Amérique, où, comme on l'a fait très-justement remarquer, « tout le monde spécule et l'on spécule sur tout »,
l'intérêt industriel est le premier de tous, et l'intérêt agricole vient au second rang. Mais cette situation, pour peu
que l'exportation des denrées agricoles soit encore appelée
à s'étendre ou même à se maintenir, est destinée, grâce au
commerce, à changer prochainement.

Le nord, c'est-à-dire les États de la Nouvelle-Angleterre
augmentés de ceux de New-York, de la Pensylvanie et des
petits États de Delaware, de New-Jersey et de l'Ouest-
Virginie, forme une région absolument homogène dans
laquelle se concentrent les trois quarts des manufactures
des États-Unis, qu'alimentent d'immenses bassins de
houille et des gisements de minerais inépuisables. C'est là
où trônent les trois grandes métropoles commerciales de
New-York, Boston et Philadelphie, qui accaparent tous les
produits fabriqués pour en faire l'objet de leur commerce
avec l'ancien continent et le reste du globe.

Le sud, écrasé par la guerre et par la question de races
qu'il ne peut résoudre, a fait taire ses griefs politiques,
en conséquence de sa défaite; mais il subit en protestant
l'exploitation financière et commerciale des capitalistes et
des spéculateurs du nord. Exclusivement agricole, cette
région, qui dote le monde du coton, du tabac, du sucre, du
riz, du maïs, etc., sans avoir même touché à ses richesses
minérales, voit les travaux publics s'exécuter sur les fonds
de l'Union pour le nord, les grandes voies de transit se
diriger exclusivement vers les métropoles du nord, et les

ports du sud exclus non-seulement du commerce des produits de la zone du Mississipi qui leur reviennent géographiquement, mais encore des précieuses denrées que produisent les États mêmes formant le groupe du sud.

Restent l'ouest et la série des territoires où la population s'accroît beaucoup plus rapidement que dans les autres parties de l'Union et où se concentre l'avenir de la nation. L'ouest, presque absolument agricole, avant tout, veut échanger aux meilleures conditions possibles l'excédant de sa production contre les objets manufacturés dont il a besoin. Disposant de peu de capitaux relativement aux riches régions de l'industrie, et obligé d'exporter pour s'en procurer, il s'insurge, d'une part, contre l'accaparement de son trafic au profit des places commerciales de l'est qui font les prix sur ses propres marchés et, d'autre part, contre le système protecteur à outrance qui le contraint à payer les objets fabriqués à des prix supérieurs à leur valeur réelle, c'est-à-dire à la valeur qu'ils obtiendraient directement des pays, même étrangers, en retour du blé, des bestiaux, du lard, etc., qu'il leur envoie.

Les compagnies de chemins de fer qui monopolisent, comme nous l'avons vu, les transports entre l'ouest et l'Atlantique, au profit des capitalistes de New-York et de Philadelphie, ne font des sacrifices en apparence au trafic de grande exportation que pour se dédommager entre elles par des tarifs différentiels au détriment des États intermédiaires. Elles savent également, lorsque l'hiver est venu et que la navigation des lacs et des canaux est fermée, relever leurs tarifs et augmenter les rigueurs de leur domination.

Aussi les *farmers* de l'ouest, qui payent aux manufacturiers de l'est les primes que représente le tarif protecteur, ont-ils, depuis une dizaine d'années, organisé pour la défense de leurs intérêts, de vastes associations qui tiennent en respect les compagnies de chemins de fer. Constituées en 1867 sur le modèle des loges de franc-maçonnerie, les *granges*, admettant également hommes et femmes, pourvu qu'ils soient occupés dans l'agriculture, étaient déjà en 1874 au nombre de 18,000, et comptaient plus de deux millions et demi d'affiliés, répandus non-seulement dans l'ouest, mais encore dans le sud dont les intérêts agricoles et économiques sont identiques.

Les *granges* ont réussi à s'emparer de la législature de plusieurs États où dominaient jusqu'alors les affidés des compagnies de chemins de fer, et mieux encore à porter le conflit au sein même du Congrès, où leurs représentants réclament impérieusement l'établissement d'un système national et centralisé des voies de communication. Les membres du Congrès appartenant à l'ouest et au sud, réunis en 1874 à Saint-Louis, où l'on aspire à jouer le premier rôle pour la zone du Mississipi, ont concerté un plan de commune défense, qui, pour provenir de causes d'antagonisme différentes, n'en est pas moins redoutable.

Outre que l'ouest possède en abondance le fer et la houille, les trois grandes villes Cincinnati, Saint-Louis et Chicago, croissant toujours en force, auront bientôt assez de capitaux pour pouvoir les exploiter avec profit. Ce jour-là, les communications directes avec l'Atlantique par les lacs, avec le golfe du Mexique par le Mississipi et la Nouvelle-Orléans, seront également dans leurs mains, et la scission sera ouvertement tentée avec New-York et Philadelphie.

Déjà l'Ohio occupe le quatrième rang parmi les États manufacturiers de l'Union; l'Illinois, le Missouri et le Michigan suivent de près; les conditions du travail, au point de vue des salaires, s'améliorent dans l'ouest comme dans le sud; les travaux de navigation du Mississipi sont achevés; ceux des canaux canadiens et des lacs sont en voie d'exécution, et du lac Huron à l'état de projet. Il est évident que la situation devient menaçante, d'autant plus que l'ouest en appelle à la centralisation de l'État pour détruire le régime si favorisé des provinces du nord-est.

III

STATISTIQUE

La difficulté d'obtenir des données statistiques agricoles
sûres et complètes, dans un pays où le recensement officiel est décennal, et où les administrations de quelques
États seulement se soucient de réunir les informations
relatives à l'agriculture, ne devait pas échapper au gouvernement fédéral.

Statistique officielle des États-Unis. — Dès 1847,
le bureau des brevets (*Patent office*) avait été chargé, par
l'entremise de sa division d'agriculture, de rédiger un rapport annuel sur les progrès des principales cultures. Ce
rapport, tiré au début à 5,000 exemplaires, fut plus tard
gratuitement adressé jusqu'en 1861, au nombre de
200,000 exemplaires, à tous ceux qu'il pouvait intéresser.

En 1863, un département spécial de l'agriculture ayant
été constitué, le bureau de la statistique, doté d'un crédit
annuel de 100,000 fr., eut pour mission de publier mensuellement toutes les informations concernant les récoltes,
et en 1866, d'y joindre un rapport général annuel. Depuis
cette époque, ce rapport a été distribué au nombre de
200,000 à 275,000 exemplaires par an. Une divergence
entre le Sénat et la Chambre a arrêté un instant le développement de cette publication. La Chambre des représentants approuve chaque année le tirage à 300,000 exemplaires et vote l'expédition en franchise postale ; le Sénat

limite chaque année la dépense pour l'expédition en franchise, en manifestant sa préférence pour la vente du rapport au prix de revient, suivant l'usage adopté en Angleterre pour les *Blue books* du Parlement.

Malgré cette différence d'opinion et de fait, les publications du département de l'agriculture n'en ont pas moins rendu des services signalés, en stimulant dans le pays le zèle pour les informations statistiques, en répandant la connaissance des procédés nouveaux, en initiant les districts éloignés aux pratiques les plus recommandables des anciens États et de l'Europe.

Pour recueillir et compléter les faits statistiques de l'agriculture, en vue de l'économie rurale du territoire tout entier, chaque comté possède un correspondant attitré et trois aides chargés de répondre mensuellement au questionnaire de l'administration centrale, touchant l'état des cultures, les surfaces ensemencées ou plantées, les rendements, les mercuriales, le nombre et la condition des animaux, etc., de même qu'aux circulaires concernant des sujets d'enquête spéciale.

Ces correspondants, désignés par les sociétés locales d'agriculture, ou, à leur défaut, par les représentants du Congrès, font un service gratuit et ignoré.

La division de statistique, outre la centralisation de tous ces renseignements et de ceux fournis par les particuliers de bonne volonté, dépouille, traduit et coordonne les travaux statistiques de l'étranger, ainsi que les documents transmis par les États, les chambres de commerce, les compagnies de chemins de fer et les sociétés industrielles. Elle est en relations suivies avec les comités et les membres du Congrès, avec les Chambres, les journaux agricoles, etc. Enfin, elle publie les recherches et les travaux originaux dont l'agriculture peut tirer profit.

D'après le rapport présenté en 1876 au Congrès, sur le service central de la statistique :

Les recherches d'informations s'étendent sur plus de 2,500 comtés ;

Les renseignements sur les récoltes sont fournis gratuitement par 1,700 correspondants ;

Les tableaux publiés résument les données officielles des États, des chambres d'agriculture et de commerce ;

Les statistiques étrangères sont traduites et compilées ;

Le volume annuel contient les travaux originaux et les recherches de l'année ;

Le rapport annuel comprend 1,500 pages d'impression, et les rapports spéciaux plus de 1,000 pages, se référant à l'agriculture, à l'industrie et au commerce ;

Le crédit annuel voté pour ce service considérable, après avoir été réduit de 100,000 fr. à 75,000 fr. au moment de la guerre, était descendu en 1865 à 50,000 fr. ; ce qui n'eût pas permis de rétribuer les employés fixes, ni de pourvoir aux demandes statistiques ; mais la Chambre des représentants, comprenant que cette réduction impliquerait la censure même du service, votait un crédit de 650,000 fr. pour l'impression et la distribution gratuite de 300,000 exemplaires du rapport annuel.

Les fonds votés pour la statistique, en dehors du traitement du chef de division, n'ont pas été ramenés cependant à ce qu'ils étaient au début. En 1877, sur la proposition du comité d'agriculture de la Chambre, le crédit fut élevé à 75,000 fr., bien que les exigences du service fussent quatre fois plus grandes.

Nous rappelons ici ces détails pour montrer l'importance justement attachée aux renseignements officiels et réguliers sur la production agricole, et à leur vulgarisation.

Dans une contrée où la récolte donne lieu à des résultats si souvent imprévus et joue un si grand rôle dans l'ensemble des opérations commerciales, il devient indispensable d'être informé. De 1874 à 1875, la production du Kansas en maïs sautait de 576,000 hectolitres à 2,880,000 hectolitres ! En Géorgie, le premier des États pour le coton, on évalue à plusieurs millions l'économie qu'ont fait réaliser les engrais nouveaux et les indications sur de nouvelles cultures, émanant de l'initiative du département de la statistique agricole.

La plupart des chiffres et des tableaux numériques qui figurent dans ce chapitre et dans le suivant, ont été extraits de la collection des utiles rapports du département de l'agriculture depuis 1872.

Statistique de la consommation du blé. — Il y a vingt-cinq ans (1855), on évaluait la consommation moyenne de froment, dans les familles américaines s'alimentant de pain de froment, et occasionnellement de maïs et de sarrasin, à 200 litres par individu.

La population, comprenant toutes les classes, et s'élevant alors à 26 millions d'habitants, sur lesquels 20 millions s'alimentaient de blé, la consommation totale atteignait 40 millions d'hectolitres ; ce qui, sur une production totale de 54 millions, laissait 14 millions d'hectolitres d'excédant pour le blé de semence et d'exportation.

Jusqu'en 1854, on évaluait la quantité exportée à 12 p. 100 de la récolte totale. Cette quantité variait naturellement suivant les cours du blé ; mais aux environs de 15 fr. l'hectolitre, le cultivateur américain, qui eût trouvé profit à produire du blé, était rarement tenté d'exporter, à cause de l'oscillation des prix.

Pour faire apprécier les progrès de la culture du blé aux États-Unis, il suffit de comparer les trois étapes décennales 1850, 1860 et 1870 avec l'année 1877, la dernière dont nous possédions tous les éléments.

En 1850, les États-Unis, dont la population est de 23,191,876 âmes, produisent 36,476,000 hectolitres de blé, soit 157 litres par habitant.

En 1860, la population s'étant élevée à 31,440,000, la production atteint 62,924,000 hectolitres, soit 200 litres par habitant, et réalise ainsi une augmentation de 43 litres par tête.

En 1870, avec une population de 38,554,000 habitants, la production monte à 85,626,000 hectolitres, soit à 222 litres, ce qui donne une augmentation de 65 litres par tête, par rapport à 1850.

Enfin, en 1877, la population étant évaluée à 47 millions

d'habitants, la production excède 132 millions et demi d'hectolitres, correspondant à 286 litres par habitant, ou à une augmentation, par rapport à 1850, de 129 litres par tête.

Statistique des prix du froment. — D'après une statistique très-exacte, tenue à Albany, capitale de l'État de New-York, l'hectolitre de blé, dans une période de soixante et une années, de 1793 à 1854, n'aurait atteint et dépassé le prix de 28 fr. que cinq fois; tandis qu'il aurait été coté dix-sept fois à 14 fr. et au-dessous, et deux fois à 10 fr.

Pendant trente-sept ans, depuis 1817 jusqu'à 1856, le prix de 28 fr. a été réalisé une seule fois; en 1856, la guerre coïncidant avec les faibles récoltes de l'Europe, et le marché des blés russes étant fermé, ce cours avait été tout à fait exceptionnel.

En somme, le prix moyen de l'hectolitre de blé a été, pendant soixante-trois années, de 19 fr. 70 c.; et celui des trente années expirant en 1856, de 18 fr. 80 c.

Plus loin, nous reproduisons, en regard des chiffres de la production, des emblavures et du rendement à l'hectare, le prix de l'hectolitre pendant huit années, de 1870 à 1878.

Mais auparavant nous croyons utile de consigner dans le tableau I les prix moyens du blé sur les marchés intérieurs des divers États, et par États distincts, pendant huit années, de 1866 à 1873 [1].

---

1. *Report of the commissioner of Agriculture for the year* 1873. Washington, 1874, p. 43.

I. — PRIX MOYEN *du blé sur les marchés intérieurs de 36 États de l'Union, de 1866 à 1874.*

ÉTATS.	1866.	1867.	1868.	1869.	1870.	1871.	1872.	1873.
	Fr.	Fr.	Fr.	Fr.	Fr.	Fr.	Fr.	Fr.
Maine	41 33	40 32	34 68	26 44	25 72	26 01	27 74	27 45
New-Hampshire .	37 28	41 77	34 97	26 73	22 98	24 85	26 59	27 17
Vermont.	38 58	39 88	32 66	22 69	23 55	23 41	25 14	24 13
Massachussetts. .	40 17	40 60	34 68	25 29	25 29	24 28	27 88	23 99
Rhode - Island . .	40 46							
Connecticut . . .	40 89	38 »	28 90	20 23	21 96	22 40	23 84	23 84
New-York. . . .	38 58	38 15	30 06	19 80	20 37	21 82	23 84	23 12
New-Jersey . . .	42 34	37 28	30 49	19 36	20 66	22 25	25 »	23 84
Pensylvanie . . .	38 58	35 11	28 51	18 50	18 36	20 95	24 13	21 67
Delaware	43 35	34 39	27 45	» »	18 06	21 96	23 12	24 28
Maryland	42 48	35 11	30 20	18 79	18 50	21 96	24 28	22 25
Virginie.	41 18	30 63	27 45	17 48	17 92	20 09	22 54	20 95
Caroline du Nord.	39 30	30 49	28 90	22 10	17 48	20 51	22 21	22 40
Caroline du Sud .	46 10	34 39	32 51	30 20	27 31	29 33	27 17	32 51
Géorgie	39 30	33 96	31 79	23 84	21 24	23 99	25 »	25 28
Floride	» »	» »	39 74	» »	» »	» »	» »	» »
Alabama.	33 81	29 62	27 61	23 41	18 50	22 54	21 39	24 57
Mississipi	36 56	34 68	31 65	25 28	21 96	22 98	22 69	25 28
Louisiane	36 12	36 12	» »	18 06	» »	» »	» »	» »
Texas.	20 95	27 31	32 51	24 57	25 »	28 47	23 84	20 23
Arkansas	29 77	29 04	28 90	21 82	18 79	22 40	21 96	21 67
Tennessee. . . .	31 93	30 49	27 17	16 62	14 01	18 50	20 23	19 22
Ouest-Virginie. .	38 58	34 42	27 17	18 21	17 63	18 93	20 66	20 66
Kentucky	33 23	31 36	26 87	15 90	14 45	18 64	18 64	17 48
Ohio.	36 41	34 10	23 84	14 88	14 45	18 21	20 52	18 93
Michigan	36 85	33 81	23 70	14 01	15 61	19 07	21 10	19 51
Indiana	31 82	31 93	21 67	13 44	14 45	18 21	19 07	17 63
Illinois	27 89	28 47	17 34	10 98	13 58	17 05	17 77	15 90
Wisconsin. . . .	24 13	25 58	14 45	9 83	13 »	16 04	14 88	14 01
Minnesota. . . .	19 65	21 39	11 99	8 53	11 99	14 45	11 99	11 56
Iowa	20 52	20 66	13 73	7 51	11 27	13 87	129	11 42
Missouri.	29 04	28 90	21 53	11 56	13 15	16 76	20 37	16 33
Kansas	27 60	26 59	19 51	11 42	12 43	16 33	20 52	14 45
Nebraska	17 77	19 07	13 87	9 25	9 25	13 »	11 28	10 83
Californie. . . .	» »	» »	» »	13 44	15 90	20 37	16 04	19 07
Orégon	» »	» »	» »	» »	13 73	15 03	10 69	13 »
Moyennes gén[les].	» »	» »	20 56	13 59	15 05	18 17	17 90	16 62

En 1868, le prix moyen de 20 fr. 56 c. était plus élevé que dans les cinq années précédentes ; mais l'année suivante, correspondant à la plus grosse récolte de dix ans, il s'abaissait à 13 fr. 59 c. Pour deux récoltes moindres en 1870 et en 1871, le cours moyen montait de nouveau à 15 fr. 05 c. et à 18 fr. 17 c. En 1872, malgré une année moyenne, les demandes de l'étranger et les craintes d'un approvisionnement insuffisant avaient ramené le cours à 17 fr. 90 c. En 1873, année d'abondance, le cours eût dû baisser notablement, mais le manque de blés russes le maintint à 16 fr. 62 c.

Les prix moyens relatés dans le tableau I et fournis par les correspondants du département de l'agriculture, sont calculés au 1er décembre de chaque année, plus élevés par conséquent que les prix de la saison des moissons, mais aussi moins élevés que ceux des derniers mois d'hiver.

Statistique de la production et du rendement. — Les relevés statistiques que le département de l'agriculture a publiés depuis 1863, ont permis de se renseigner plus exactement sur la marche de la production du blé aux États-Unis, par rapport à la consommation, au rendement, etc.

Au point de vue du rendement, dans la période de vingt-cinq années comprise de 1852 à 1878, on constate que le rendement moyen maximum à l'hectare est obtenu en 1869 : 12,12 hectolitres, et en 1877 : 12,52 hectolitres ; tandis que le rendement minimum est réalisé en 1866 :

8,85 hectolitres, quand il y eut disette dans l'État d'Ohio, et en 1876: 9,41 hectolitres.

Ainsi, l'écart entre le rendement moyen des meilleures et des plus mauvaises années a été, pendant vingt-cinq ans, de 3,19 hectolitres.

Pour resserrer plus utilement la comparaison aux huit années écoulées de 1870 à 1878, dont le tableau suivant (II) reproduit les données principales, on remarque que l'écart entre le rendement le plus élevé en 1877, et celui le plus bas en 1876, est de 3,11 hectolitres.

II. — **PRODUCTION** *du blé aux États-Unis* (1870 à 1878).

ANNÉES.	PRODUCTION	SURFACE en blé.	VALEUR de la production.	RENDEMENT à l'hectare.	PRIX de l'hectolitre.	VALEUR réalisée par hectare.	PRODUCTION par tête.
	Hectolitres.	Hectares.	Francs.	Hectol.	Francs.	Francs.	Litres.
1870	85,626,146	7,637,108	1,273,851,000	11,21	14,87	166,80	222,4
1871	83,752,231	8,057,333	1,504,333,000	10,39	17,96	186,70	212,3
1872	90,748,947	8,426,777	1,606,734,000	10,77	17,70	190,67	223,9
1873	102,095,456	8,957,957	1,676,221,000	11,40	16,41	187,13	244,9
1874	111,841,280	10,086,679	1,507,939,000	11,08	13,48	149,50	261,3
1875	106,045,368	10,658,131	1,525,929,000	9,95	14,38	143,17	240,9
1876	105,036,409	11,161,310	1,555,343,000	9,41	14,80	139,35	232,2
1877	132,529,412	10,582,136	2,046,905,000	12,50	15,44	193,43	280,6
Totaux. .	817,675,250	75,602,837	12,696,985,000	»	»	»	»
Moyennes.	102,209,406	9,450,354	1,587,123,000	10,84	15,63	169,59	239,8

Quant à la production par tête, pendant cette même période, l'écart est compris entre 212,3 litres en 1871 et 280,6 en 1877.

Si l'on admet qu'un plein approvisionnement de pain

comporte, aux États-Unis, 182 litres de froment par individu, quoique dans les années où le froment coûte cher, 163 litres suffisent; si l'on ajoute 36 litres pour semence et 54 litres pour les besoins de l'exportation des années moyennes, on trouve qu'avec 240 litres par tête, on assure une exportation de 24 millions d'hectolitres. Or, les années de plus forte exportation, 1874 et 1877, ont précisément coïncidé avec la production la plus considérable par tête.

. Pour les prix, on remarque qu'ils sont plus élevés en 1871, la production par tête ayant été moindre, et qu'ils continuent, la production se relevant, à s'abaisser jusqu'en 1874. Les mauvaises récoltes de la Grande-Bretagne pendant les années 1875, 1876 et 1877, et notamment en 1877, les nécessités de la guerre entre la Turquie et la Russie qui tenait bloquée la mer Noire, expliquent pourquoi, malgré une production croissante aux États-Unis, les mercuriales du blé y ont été affectées en hausse par celles de Londres.

On conçoit que les demandes de l'étranger, qui reçoit un quart de la récolte américaine, influent sur les cours, et qu'en 1877 la moyenne de 23 fr. 48 c. [1] par hec-

---

1. Les cours du blé sur le marché de Londres, en 1877, ont été les suivants :

6 janvier	22^f 06
24 février	21 50
24 mars.	21 92
19 mai	29 66
7 juillet.	26 43
11 août	28 22
13 octobre	22 49
3 novembre	23 09
29 décembre	22 13

tolitre de blé, sur le marché de Londres, ait coïncidé avec un relèvement de la moyenne américaine à 15 fr. 44 c.

Stocks annuels. — Le rôle de la consommation intérieure, du blé de semence et du blé exporté en nature ou à l'état de farine, par rapport à la production annuelle, ressort du tableau ci-après (III), dressé pour les années 1870 à 1875.

III. — STOCKS *annuels de froment de* 1870 à 1875.

ANNÉES.	PRODUCTION.	CONSOMMATION	SEMENCE.	EXPORTATION.	
				Blé.	Blé converti en farine.
	Hectol.	Hectol.	Hectol.	Hectol.	Hectol.
1870	84,918,600	55,735,920	10,256,040	12,349,800	6,576,840
1871	83,059,920	58,251,960	10,769,760	9,512,280	4,526,280
1872	89,998,920	60,010,200	11,263,320	14,113,440	4,611,600
1873	100,934,280	56,064,600	11,925,720	25,574,400	7,369,200
1874	110,917,080	71,225,640	13,482,360	19,096,920	7,111,800
Totaux. .	469,828,800	301,288,320	57,697,200	80,646,840	30,195,720
Moyennes.	93,965,700	60,357,500	11,539,400	16,129,400	6,039,000

Dans cette période quinquennale, la moyenne des emblavures ayant été de 8,640,000 hectares, le rendement moyen à l'hectare n'a pas excédé 10,80 hectolitres. Le surplus du stock, déduction faite de l'exportation, a été de 180 litres. Quant au montant des importations aux États-Unis, s'élevant en moyenne à 540,000 hectolitres par an, les trois dixièmes ont été exportés.

En 1875 et 1876, les premières observations sur la récolte avaient laissé prévoir, pour le printemps, des successions de gel et de dégel. En effet, les alternatives eurent lieu, et bien que l'été fût favorable, le préjudice causé pendant le printemps ne put être réparé.

Récolte de 1877. — En 1877, le printemps fut exceptionnellement favorable. Au mois d'avril, sur 868 comtés offrant des emblavures d'hiver, 650 annonçaient déjà des résultats supérieurs à la moyenne. Dans le nord, la gelée n'avait eu aucune influence, et dans les États du Missouri et du Kansas, où l'on craignit un instant les ravages des sauterelles (*Caloplerus spretus*), la destruction des pontes fut si complète que le blé de printemps n'en eut pas à souffrir. La suite de la saison, depuis l'épiage jusqu'à la moisson, fut tellement propice que depuis dix ans aucune récolte n'avait aussi bien réussi comme rendement à l'hectare et comme poids.

Le tableau ci-contre (IV) reproduit, pour l'année 1877, la surface consacrée à la culture du blé dans chacun des États et territoires de l'Union, la production de cette surface, le rendement moyen à l'hectare, le prix moyen de l'hectolitre, la valeur totale et la valeur moyenne de l'hectare en blé.

Il est complété par un autre tableau (V) indiquant les prix moyens mensuels, tels qu'ils ont été relevés au commencement de chaque mois de l'année 1877, des diverses qualités et marques de blés vendus sur les huit grands marchés de New-York, Boston, Philadelphie, Baltimore, Cincinnati, Chicago, Saint-Louis et San-Francisco.

Récolte de 1878. — La récolte de 1878 s'était annon-

IV. — **PRODUCTION** *du blé par États et pour l'ensemble du territoire en 1877.*

	SURFACE totale.	PRODUCTION totale.	RENDEMENT moyen à l'hectare.	PRIX MOYEN de l'hectolitre.	VALEUR totale.	VALEUR MOYENNE de l'hectare en blé.
	Hectares.	Hectolitres.	Hectol.	Francs.	Francs.	Francs.
1 Maine.	10,115	127,214	12,57	22,80	2,900,800	287
2 New-Hampshire	5,236	79,963	15,27	22,80	1,823,360	348
3 Vermont. . . .	11,712	199,908	17,06	20,66	4,131,050	353
4 Massachussetts.	337	6,651	19,76	21,33	142,191	422
5 Ile de Rhode. .	»	»	»	»	»	»
6 Connecticut . .	869	13,266	15,27	20,66	274,151	316
7 New-York. . .	287,715	4,652,416	16,17	17,39	80,890,880	281
8 New-Jersey . .	64,501	799,634	12,39	20,38	16,296,280	253
9 Pensylvanie . .	566,440	6,615,154	11,68	19,37	128,215,360	226
10 Delaware . . .	29,371	356,200	12,12	19,95	7,106,960	242
11 Maryland . . .	198,781	2,464,327	12,39	19,24	47,412,540	238
12 Virginie. . . .	367,641	3,431,791	9,34	16,82	57,762,180	157
13 Caroline du Nord	190,113	1,417,533	7,45	15,54	22,020,180	116
14 Caroline du Sud.	49,451	439,799	8,89	22,09	9,715,090	196
15 Géorgie	161,840	1,381,186	8,53	19,38	26,770,240	165
16 Floride	»	»	»	»	»	»
17 Alabama . . .	80,920	508,858	6,29	16,39	8,339,800	103
18 Mississipi . . .	22,759	163,561	7,18	20,24	3,310,020	145
19 Louisiane . . .	»	»	»	»	»	»
20 Texas.	161,840	1,744,656	10,77	17,24	30,085,440	186
21 Arkansas . . .	72,378	585,187	8,08	12,54	7,339,024	101
22 Tennessee. . .	549,100	4,143,558	7,54	14,82	61,414,080	112
23 Ouest-Virginie.	127,681	1,399,360	10,96	17,67	24,729,320	194 ·
24 Kentucky . . .	231,431	2,598,810	11,23	14,11	36,666,630	158
25 Ohio	701,306	9,450,220	13,47	17,67	167,003,200	238
26 Michigan . . .	506,097	7,956,358	15,72	17,39	138,336,044	273
27 Indiana. . . .	686,425	8,941,362	13,02	16,10	143,993,640	210
28 Illinois	809,200	11,994,510	14,82	14,82	177,777,600	220
29 Wisconsin. . .	593,413	7,996,340	13,47	13,25	105,982,800	179
30 Minnesota. . .	728,812	12,112,400	16,62	12,97	157,084,298	216
31 Iowa	1,055,028	13,742,800	13,02	12,40	170,394,546	161
32 Missouri. . . .	578,000	7,269,400	12,57	14,25	103,600,000	179
33 Kansas	431,573	5,233,968	12,12	11,69	61,165,440	142
34 Nebraska . . .	152,130	2,049,971	13,47	11,83	24,248,616	159
35 Californie . . .	936,968	7,996,340	8,53	18,53	148,148,000	158
36 Oregon	139,081	2,498,856	17,96	15,82	39,529,875	284
37 Nevada, Colorado et territ .	123,628	1,999,085	16,17	14,96	29,914,500	242
Totaux . . .	10,631,894	132,373,646	»	»	2,044,524,135	»
Moyennes . .	»	»	12,48	17,15	»	213,53

V. — PRIX MENSUELS *des blés sur les marchés principaux pendant les douze mois de l'année 1877.*

	JANVIER.	FÉVRIER.	MARS.	AVRIL.	MAI.	JUIN.	JUILLET.	AOÛT.	SEPTEMBRE.	OCTOBRE.	NOVEMBRE.	DÉCEMBRE.
	Fr. Fr.	Fr. Fr.	Fr. Fr.	Fr. Fr.	Fr. Fr.	Fr. Fr.	Fr. Fr.	Fr. Fr.	Fr. Fr.	Fr. Fr.	Fr. Fr.	Fr. Fr.
New-York.												
Blé n° 1, printemps	» »	20,66 »	20,81 à 21,80	21,52 à 21,80	28,50 à 29,21	25,65 à 26,86	24,23 à 24,94	23,52 »	19,24 à 19,95	20,38 à 20,66	18,53 à 19,38	18,95 à 19,24
— n° 2, —	19,95 à 20,38	19,95 à 20,38	19,66 21,38	20,66 21,38	20,38 17,79	23,51 24,94	22,52 23,51	21,80 à 22,80	18,24 18,95	19,59 19,95	18,13 18,31	18,45 18,67
— d'hiver, rouge (ouest)	» 20,66	» 21,80	18,52 21,38	19,24 21,38	24,23 28,50	23,58 24,23	21,58 25,65	20,66 21,66	17,81 19,67	20,66 21,80	19,24 19,95	19,38 20,52
— — jaune —	» »	» »	21,38 23,51	22,09 23,51	29,21 29,33	23,63 28,06	27,08 28,50	22,09 22,80	18,81 19,95	20,66 22,09	19,95 20,09	19,95 20,81
— — blanc —	» »	» »	19,95 24,23	21,38 24,23	28,50 32,08	23,94 28,50	21,36 29,93	22,80 23,51	19,24 20,95	21,38 22,52	20,66 21,66	20,38 22,23
Boston.												
Blé	19,24 22,09	19,24 23,51	19,24 23,51	20,24 23,51	22,09 32,18	17,81 29,21	15,68 30,64	18,67 25,65	17,10 20,66	18,10 22,52	18,16 21,95	18,10 22,23
Philadelphie.												
Blé blanc	21,38 22,80	22,09 22,51	22,09 22,80	22,09 24,23	31,35 34,06	25,08 26,50	20,93 31,35	19,24 22,80	20,66 21,38	20,66 22,09	20,66 21,38	20,66 22,09
— ambré	20,66 21,52	21,80 21,94	21,80 22,94	23,00 23,51	30,64 31,07	» 28,50	20,03 31,35	22,00 22,80	19,95 20,38	21,86 21,94	20,66 20,80	20,66 21,09
— rouge	19,24 20,80	19,24 21,38	19,24 22,09	19,24 23,23	27,08 29,01	21,80 27,79	29,03 31,35	21,38 22,80	18,53 19,38	20,52 21,09	19,95 20,24	19,95 20,38
Baltimore.												
Blé rouge	20,66 22,80	20,38 22,09	19,24 22,09	22,09 24,23	20,21 31,33	25,65 27,79	23,51 27,79	18,53 21,95	15,68 19,95	15,68 20,95	15,68 19,95	17,10 20,66
— ambré	» »	22,51 22,80	» »	» »	33,06 »	24,94 »	27,79 28,50	22,09 22,51	20,24 20,66	21,09 21,38	19,95 20,95	20,80 22,09
— blanc	18,95 22,80	21,38 22,09	22,09 22,80	23,80 »	» »	» »	26,36 28,50	20,66 22,09	» »	» »	» »	» »
Cincinnati.												
Blé rouge d'hiver	19,95 »	19,95 20,66	21,38 22,09	21,00 23,51	27,08 29,50	23,85 23,51	24,23 27,08	16,12 17,10	16,39 16,81	16,67 18,24	17,81 18,24	17,10 18,10
— ambré	20,95 21,38	20,66 21,38	22,00 22,80	23,51 23,94	29,93 30,64	24,94 25,65	24,94 27,79	17,81 18,53	16,67 17,81	18,24 18,95	18,24 19,24	18,10 18,81
— blanc	21,38 »	22,09 22,51	22,00 23,80	22,51 23,94	29,93 30,64	» »	24,94 27,79	18,24 19,24	16,67 17,81	18,24 18,95	18,24 19,24	18,10 19,24
Chicago.												
Blé n° 1, printemps	» »	» »	» »	» »	» »	20,23 »	» »	» »	15,68 »	16,88 »	15,32 15,82	15,32 15,39
— n° 2, —	17,81 17,92	17,88 18,02	17,34 17,57	18,36 18,81	21,95 22,38	21,45 21,95	20,09 21,09	17,10 17,81	15,01 15,82	16,74 »	15 » 15,07	15,29 15,82
— n° 3, —	15,97 16	16,39 16,53	16,10 16,24	17,34 17,60	20,80 »	20,81 »	17,13 »	13,96 13,54	14,97 15,07	15,11 »	14,53 14,60	14,29 14,32
Saint-Louis.												
Blé rouge d'hiver, n° 2	19,53 19,73	20,66 20,80	20,52 20,66	21,38 21,80	23,50 23,51	23,50 25,62	23,65 27,08	» 18,53	17,67 17,95	18,21 18,53	» 18,53	» »
— n° 3	18,81 19,02	19,24 19,38	19,81 19,95	21,24 21,38	27,65 »	23,96 27,08	24,23 24,94	17,10 17,53	17,10 17,53	17,38 »	17,88 18,02	17,28 »
— n° 4	17,81 17,95	18,81 18,95	19,24 19,38	21,09 »	26,22 »	23,51 24,23	22,80 23,51	15,68 16,25	15,68 16,25	» »	16,25 16,39	16,40 16,39
San-Francisco.												
Blé de Californie	15,26 17,17	15,26 16,79	15,26 16,41	15,26 16,79	22,90 24,94	23,36 19,08	16,41 17,17	16,41 18,02	14,50 16,79	15,26 18,12	15,26 17,17	16,41 18,70
— d'Oregon	15,26 16,79	15,26 16,79	15,26 16,41	15,36 16,79	22,90 24,94	24,32 19,08	16,41 17,17	16,41 18,32	15,26 16,41	15,26 17,94	15,26 17,55	16,41 18,32

cée, dès le printemps, comme exceptionnelle. L'hiver de 1877 ayant été favorable, les emblavures s'étaient beaucoup étendues et la pousse s'était effectuée dans les meilleures conditions; mais les vents chauds de juillet (*hot wave*) compromirent quelque peu la récolte dans les districts où domine le blé de printemps. Un *simoun* de trois jours de durée déçut toutes les espérances de ces districts.

Les États dont le rendement avait été le plus fort en 1877 eurent le plus faible rendement en 1878. Toutefois, au point de vue de l'ensemble, les États du nord, bordant l'Ohio, de même que le Kansas, la Nebraska et la Californie, ayant eu de plus lourdes récoltes qu'en 1877, la récolte totale excéda de 10 millions d'hectolitres celle de l'année précédente (soit 142 millions d'hectolitres).

Le rendement moyen total, par hectare, qui avait été de 12,11 hectolitres, a baissé au-dessous de 11,6 hectolitres.

Récolte de 1879. — Les derniers rapports officiels montrent que les emblavures de 1879 ont excédé de 2 p. 100 celles de 1878, la superficie emblavée étant de 13,288,000 hectares.

Les rendements n'ont pas encore été publiés, mais on considère que la récolte a égalé celle de 1878, soit 146 millions et demi d'hectolitres ; ce qui laisserait, en tenant compte de l'accroissement de population, près de 54 millions d'hectolitres pour l'exportation.

Le Wisconsin, le Kansas et l'Ohio n'ont peut-être pas obtenu en 1879 des résultats aussi satisfaisants pour les céréales qu'en 1878, et le Missouri a notablement souffert de la sécheresse; mais la Nebraska, le Michigan, le Minnesota, l'Iowa et l'Indiana ont eu une récolte supérieure, non-seulement à cause des plus grandes surfaces ensemencées, mais encore par suite du meilleur rendement.

Statistique du rendement dans les divers États. — En rapprochant les surfaces emblavées de chaque État du rendement de ces surfaces pendant un certain nombre d'années, on a une idée plus exacte de la production de chaque État que d'après les moyennes variables des années, envisagées isolément.

Le tableau VI donne le rendement à l'hectare des divers États de l'Union pendant la période de 1866 à 1874.

VI. — **RENDEMENT MOYEN** *des États de 1866 à 1874.*

Hectolitres à l'hectare.	États.	Hectolitres à l'hectare.	États.
18,7 à 13,5	Nevada. Orégon. Massachussetts. Connecticut. Vermont. Ile Rhode. Minnesota.	10,6 à 10,2	Illinois. Ohio.
13,3 à 12,6	New-Hampshire. Kansas. New-Jersey. New-York.	9,8 à 9,1	Indiana. Delaware. Maryland. Arkansas. Ouest-Virginie.
12,3 à 11,7	Californie. Wisconsin. Michigan. Pensylvanie. Maine. Texas.	8,3 à 7,4	Kentucky. Mississipi. Louisiane. Floride. Virginie.
11,1 à 10,9	Nebraska. Iowa. Missouri.	6,9 à 5,4	Tennessee. Caroline du Nord. Géorgie. Caroline du Sud.

Il en ressort que les États d'Ohio et d'Illinois, par

exemple, qui occupent les premiers rangs comme producteurs de blé, ont un rendement moyen de 10,2 à 10,6 hectolitres par hectare, tandis que l'État de Massachussetts, qui n'a aucune importance au point de vue du blé, a un rendement variable de 14 à 18 hectolitres. Ces rendements ne sont pas nécessairement des indices de fertilité du sol; les fumures et les façons données à la terre dans le Massachussetts assurent de plus gros produits que n'en fournirait le sol livré à lui-même.

Production du blé par régions. — Jusques vers 1854 le centre de production du blé se trouvait compris entre les parallèles de 40 degrés et de 50 degrés latitude et embrassait les États d'Ohio, de Pensylvanie, de New-Jersey et de l'Illinois presque en entier. Bien qu'en voie d'accroissement considérable, la production des États au nord de cette zone, soit le Michigan, le Wisconsin et le Canada inférieur, était relativement faible.

Depuis cette époque, le centre de production s'est constamment déplacé vers l'ouest, tandis que la production, eu égard à la population croissante, a constamment diminué dans les anciens États de l'est, sur le littoral.

Si l'on groupe les États de New-York, de New-Jersey et de Pensylvanie, sous la rubrique de *Centre-nord*, et ceux de Delaware, Maryland et Virginie, sous le titre de *Centre-sud*, et qu'on les compare aux autres groupes d'États au point de vue de la production par habitant, on constate une progression intéressante pendant les années décennales 1849, 1859 et 1869, par rapport à l'année 1877.

De 1849 à 1859, la production s'accroît dans le sud et dans l'ouest, mais elle décroît dans les États du nord atlantique.

De 1859 à 1869, elle s'abaisse dans le sud, vu la nécessité de se procurer de l'argent par de grosses récoltes de coton, mais elle augmente dans les États du centre-nord et surtout dans les États de l'ouest et de la vallée de l'Ohio. Les États de l'est, du centre-nord et du sud ne subviennent pas à leur consommation ; mais ceux du centre-sud ont un léger excédant ; ceux de l'Ohio ont un excédant de près du double, et ceux de l'ouest de trois fois au-dessus de leurs besoins.

Si l'on veut ne considérer que les trois grandes circonscriptions du territoire américain : 1° le littoral atlantique, y compris la Pensylvanie et l'Ouest-Virginie ; 2° la zone centrale que le Mississipi limite à l'ouest ; 3° la région du Trans-Mississipi, on constate que la production réelle, sans tenir compte de la consommation par individu, a constamment augmenté, tout en passant par des étapes irrégulières.

Les résultats des années 1849, 1859, 1869 et 1877 sont reproduits dans les tableaux suivants (VII et VIII), en quantités effectives et pour cent, dans les trois circonscriptions désignées.

La production du littoral atlantique, qui égalait en 1849 la moitié de la production totale, n'est pas même égale au cinquième en 1877. Celle de la région centrale, après avoir égalé la moitié de la production totale en 1869, est revenue en 1877 au-dessous de ce qu'elle était en 1849. Au contraire, la production de la région trans-mississippienne croît d'une manière continue depuis 1849 et excède en 1877 celle de la région centrale.

VII. — **RÉCOLTES** *comparées par régions; résultats effectifs des années* 1849, 1859, 1869 *et* 1877.

RÉGIONS.	1849	1859	1869	1877
	Hectol.	Hectol.	Hectol.	Hectol.
États de la côte atlantique .	18,751,498	19,845,772	20,868,923	23,357,162
Région centrale	15,798,710	34,288,475	51,138,376	53,681,070
États du Trans-Mississipi. .	1,926,179	9,202,840	32,449,363	55,488,180
Totaux. . .	36,476,387	62,837,087	104,451,662	132,529,412

VIII. — **RÉCOLTES** *comparées par régions; résultats pour cent des années* 1849, 1859, 1869 *et* 1877.

RÉGIONS	1849	1859	1869	1877
États de la côte atlantique .	51,4	30,7	20	17,6
Région centrale	43,3	54,6	49	40,5
États du Trans-Mississipi .	5,3	14,7	31	11,9
	100,0	100,0	100	100,0

Zone centrale de la production du blé aux États-Unis. — Si l'on représente la zone de production du blé aux États-Unis, correspondant, en 1849, à un total de 36,476,000 hectolitres, par une bande de territoire dont le milieu passerait suivant le degré de longitude 81° ouest de

Greenwich et formerait la frontière orientale de l'État de l'Ohio, on trouve qu'en 1859 la ligne centrale, correspondant à une zone de production de 62,837,000 hectolitres, s'est déplacée par 85°24′ de longitude. En 1869, pour une production de 104,452,000 hectolitres, la ligne médiane coïncide avec le degré 88ᵉ de longitude. Enfin, en 1877, la production s'élevant à 132,529,000 hectolitres, le centre aboutit à 89°6′ de longitude, passant par le milieu de l'État d'Illinois.

La marche du centre de production de l'est vers l'ouest est moins rapide depuis quelques années ; mais la culture du froment ayant envahi les vastes plaines, les plateaux et les vallées situés entre l'ouest de la Nebraska et l'Océan Pacifique, le déplacement ne tardera pas à s'accentuer davantage.

Pour expliquer ce mouvement du centre de production du froment, il convient de rappeler que, dans les États de la Nouvelle-Angleterre, où la population continue à augmenter, la production du blé a beaucoup diminué, non pas que le sol se prête moins bien que par le passé à sa culture, mais il exige des fumures qui atténuent les bénéfices et font préférer d'autres récoltes plus avantageuses. Avec des terres qui lui coûtent dix fois plus cher que dans le Minnesota, le fermier ne peut lutter pour les céréales, quoiqu'il n'ait pas à tenir compte des 1,600 kilomètres de transport, et il renonce à les cultiver pour l'approvisionnement du dehors. Dans les États du centre, où la population croît également, la production du froment s'est réduite par plusieurs motifs : d'abord, la concurrence avec l'ouest qui cause la baisse des prix ; puis le manque de capitaux pour une culture plus intensive. Après avoir épuisé la terre, on ne lui a rien restitué et l'on n'a pas amélioré les procédés culturaux. Les emblavures ont été remplacées, comme dans le nord-est, par d'autres récoltes. Enfin, le blé de ces États, et surtout dans le New-York et la Pensylvanie, a eu périodiquement à pâtir du *midge,* ou moucheron (*Chorodomus*), dont les ravages abaissent et vont même jusqu'à annuler le rendement. Les États de New-Jersey, de Delaware et de Maryland en ont relativement moins souffert.

C'est à la crainte du *midge,* devenu un véritable fléau dans le centre et le nord-est, que l'on doit l'extension du blé rouge, dit de Méditerranée, qui s'est beaucoup amélioré. Cette variété, de même que celles des blés blancs, *Soule* et *Boughton,* cultivées dans le Maryland et la Virginie, par le fait de l'épiage précoce est à l'abri du *midge.*

IV

COMMERCE

Ce n'est pas sans un légitime orgueil que les Américains ont pu dire de leur commerce de grains qu'il était une des merveilles de l'histoire commerciale moderne. Plus qu'ailleurs le négociant en grains, aux États-Unis, a ouvert les voies du trafic général intérieur et extérieur de son pays, et contribué au développement de ses ressources agricoles. Encouragé par les besoins toujours croissants des marchés de l'Europe, le commerce d'exportation des céréales des États de l'Atlantique, que concentrent quelques villes du littoral, s'est étendu au point de devenir, sur la plus grande zone du territoire, l'élément prédominant de la prospérité nationale et une des causes véritables de l'influence de l'Union américaine sur le reste du monde.

1. — COMMERCE D'EXPORTATION.

De 1790 à 1847, le grain qu'exportent les États-Unis vient de la côte. Vermont exportait alors de la farine et des céréales. Les États de New-York, de New-Jersey, de Pensylvanie, de Delaware, de Maryland, de Virginie, les deux Caroline et la Géorgie transportaient de la farine, du blé et du maïs en Espagne, au Portugal et dans les Antilles.

C'était l'heureux temps où la Grande-Bretagne exportait plus qu'elle n'importait de froment! En 1804, les États-Unis expédiaient en Grande-Bretagne des grains pour une valeur de 190,000 fr.; en 1874, soixante-dix ans plus tard, sur une quantité de 29 millions d'hectolitres de blé que la Grande-Bretagne exigeait pour son approvisionnement, les États-Unis y contribuaient pour 53 p. 100, soit 15 millions et demi d'hectolitres, représentant une valeur de 400 millions de francs, sans tenir compte des farines, dont ils fournissaient également 53 p. 100.

Le Mississipi, seul débouché pour les territoires du nord-ouest, devait être délaissé après l'ouverture du canal Érié en 1825. Dès l'achèvement de cet ouvrage, que complétèrent bientôt les canaux du Welland et du Canada, pour faciliter la jonction des lacs avec le Saint-Laurent, commence la colonisation et le commerce des États producteurs de grain. Les comtés de l'Ohio qui bordent le lac Érié sont les premiers à recevoir des colons, et jusqu'en 1835, ils sont les seuls à exporter du blé de cette région. L'État du Michigan, qui avait reçu des émigrants au commencement du siècle, ne voit sa population s'accroître rapidement que de 1830 à 1835, et en 1843, il exporte lui aussi 40,000 hectolitres de blé. La première expédition de blé de la rive ouest du lac Michigan sur Chicago a lieu en 1848; il s'agit de 39 sacs! De même, le premier envoi de froment du Wisconsin au port de Milwaukee, en 1841, comprend 1,440 hectolitres. En 1877, Chicago expédiait 10 millions d'hectolitres, autant que Milwaukee en 1876!

Le canal de l'Illinois au Michigan, inauguré en 1848, ouvre à son tour une nouvelle voie au trafic du grain vers l'ouest; mais c'est surtout aux chemins de fer, qui se multiplient à partir de cette époque et finissent par enlacer dans les mailles de leur réseau tout le territoire compris entre le Mississipi, les lacs et le littoral atlantique, qu'il doit son élan.

Les chemins de fer pouvaient seuls permettre aux cultivateurs du centre et de l'ouest d'obtenir de leurs blés le même prix que ceux du littoral et de réaliser leurs produits dans d'assez bonnes conditions pour pouvoir étendre leurs exploitations agricoles. Ces avantages, développés par le commerce, sont si exceptionnels que si le coût total des nouvelles voies ferrées, depuis l'ouest jusqu'aux ports d'expédition, eût incombé aux agriculteurs, ils y auraient encore énormément gagné !

Les canaux, nous l'avons montré, ont eu beau baisser progressivement leurs tarifs, ils ont forcément abandonné les deux tiers de leurs transports aux chemins de fer, sous l'influence des demandes toujours croissantes des États du littoral et des pays étrangers. Aussi peut-on dire que les territoires granifères de l'Ohio, de l'Indiana, de l'Illinois et au delà du Mississipi, ne se sont réellement étendus sous le rapport de la culture du grain qu'avec l'aide des chemins de fer dominés par le commerce.

L'économie réalisée dans les frais de transport du lieu de production au marché, il est facile de le prouver, devait profiter au producteur et non au consommateur. Ainsi, tandis que les cours du blé se maintiennent à New-York, malgré la masse des arrivages, ceux des marchés intérieurs de Saint-Louis et de Cincinnati, demeurent au-dessous. La concurrence des consommateurs appartenant aux populations urbaines et industrielles est plus forte que celle des producteurs. Les États de la Nouvelle-Angleterre, se couvrant de cités populeuses et de fabriques, demandent à l'ouest des denrées alimentaires en plus grandes quantités et tendent à maintenir des cours plus élevés au profit des producteurs.

Les cinq États du nord-ouest une fois dotés de leur réseau de voies ferrées, la production fut activée au point de passer en dix ans, de 1850 à 1860, de 92 millions d'hectolitres à 153 millions, pour les céréales seulement. Dans cette même période, les chemins de fer avaient augmenté de 2,031 kilomètres à 15,473 kilomètres.

Ces cinq États : l'Ohio, l'Indiana, l'Illinois, le Michigan et le Wisconsin, étaient donc redevables au commerce, du bénéfice provenant de l'excédant de leur production, porté sur les marchés lointains, et dont on estimait la valeur effective, en 1860, à un milliard.

Dans l'État d'Ohio, il y a cinquante ans, l'excédant des produits ne pouvant s'écouler au dehors, par suite de l'insuffisance des voies de communication, le blé s'y vendait couramment à 5 fr. l'hectolitre. Dès que le canal Érié eut été achevé, et que les canaux de l'Ohio eurent, quelques années plus tard, complété le réseau navigable, le prix du blé s'y éleva de 50 p. 100. Mais, lorsque deux ou trois des lignes principales de chemins de fer eurent été mises en exploitation, la hausse des prix s'accentuant, les quantités transportées vers l'est ne cessèrent pas de s'accroître.

De 1849 à 1860, les chemins de fer étant finis et la concurrence de la navigation aidant, le marché de Cincinnati vit doubler le prix de la farine, tandis que celui du maïs augmentait de 50 p. 100 et celui des porcs de 100 p. 100. Au contraire, les prix des mêmes articles, dirigés de l'est vers l'ouest continuaient à baisser.

Les hauts cours du froment dans les villes de l'Atlantique, déterminés par ceux que paye l'étranger, ont été, en somme, entre les mains du commerçant, le mobile le plus actif des producteurs de blé dans le centre et dans l'ouest de l'Union. Le transport eût coûté plus que la culture, que l'exportation n'aurait pas pu avoir lieu.

La progression rapide du mouvement d'exportation des États-Unis d'Amérique est suffisamment démontrée par l'inspection du tableau IX, où figurent, en regard du prix de l'hectolitre de blé, le montant d'hectolitres exportés et leur valeur; en regard du prix du quintal métrique de farine, le nombre de quintaux exportés et leur valeur; enfin, le montant total de l'exportation du blé et de la farine convertie en hectolitres, avec leur valeur totale, pendant dix périodes quinquennales, de 1825 à 1875, et pendant l'année 1876.

Dans la première moitié, de 1825 à 1850, un sixième à peine du montant total a été exporté, tandis que les deux

IX. — **EXPORTATIONS** *de blé et de farines des États-Unis* (1825 à 1877 : 51 ans).

PÉRIODES QUIN- QUENNALES.	BLÉ.			FARINE.			BLÉ ET FARINE. TOTAL.		FARINE p. 100 dans la valeur totale.
	Hectolitres.	Valeur en francs.	Prix moyen par hectol.	100 kilogrammes.	Valeur en francs.	Prix moyen par 100 kil.	Hectolitres.	Valeur. (1,000 fr.)	
1825 à 1830	45,190	58',600	12 99	4,119,876	128,481,600	31 20	8,118,600	129,069	99 5
1830 à 1835	221,040	3,832,400	17 53	4,651,896	152,609,600	32 78	9,656,640	156,442	97 5
1835 à 1840	663,480	9,448,400	14 24	3,634,584	141,606,400	38 95	8,030,520	151,054	93 7
1840 à 1845	1,060,920	15,085,200	14 21	5,572,200	161,491,200	28 93	12,355,200	176,576	91 5
1845 à 1850	3,066,600	66,565,200	18 15	10,909,080	360,455,200	33 06	25,779,240	427,020	84 4
1850 à 1855	5,920,920	113,698,000	19 19	11,670,312	394,080,000	33 74	29,589,840	507,728	77 6
1855 à 1860	13,970,880	277,886,800	19 84	14,010,864	542,713,600	38 73	42,372,000	820,102	66 2
1860 à 1865	49,790,520	928,044,000	18 63	17,545,104	693,456,400	39 51	85,354,200	1,621,500	42 8
1865 à 1870	29,450,880	611,140,400	20 75	10,172,040	478,774,400	47 07	50,069,520	1,089,915	43 9
1870 à 1875	80,646,840	1,542,006,000	19 09	14,916,624	594,885,200	40 00	110,882,880	2,136,893	27 8
Total de 50 années.	185,437,270	3,567,798,000	19 14	97,211,580	3,648,508,600	37 53	382,508,640	7,216,607	50 6
1876	19,826,280	355,591,600	17 92	3,494,280	127,051,600	36 35	26,910,360	482,648	26 32

tiers environ sont exportés dans les quinze dernières
années.

La grande augmentation dans les cinq années 1860 à
1865 est remarquable, en ce qu'elle est plus du double
de l'exportation des cinq années qui précèdent. Elle correspond à la guerre de sécession pendant laquelle les
États du nord et de l'ouest ne pouvant approvisionner les
États du sud, jetèrent leur énorme excédant de blé et de
farine sur les marchés extérieurs. Dans la période suivante (1865 à 1870), une diminution a lieu de 35 millions
d'hectolitres, qui est largement compensée par une exportation double de 1870 à 1875.

On remarquera encore que la valeur moyenne des exportations de froment pendant la guerre civile est moins
élevée que dans les périodes quinquennales qui précèdent
ou qui suivent; tandis que, pour la farine, la valeur
moyenne est beaucoup au-dessous de celle des périodes
qui suivent.

Enfin, il y a lieu de faire observer que la proportion
pour cent de farine dans les exportations totales diminue
constamment depuis 1825. Après avoir constitué, il y a
plus de cinquante ans, la presque totalité de l'exportation
du blé, la farine n'est plus en 1876 que du quart environ.

En Angleterre, comme en France, la meunerie trouve
assez de bénéfices, grâce à ses procédés perfectionnés
de mouture, pour préférer s'assurer le grain américain.
D'autre part, la meunerie américaine, dont le marché intérieur est si vaste, a su se réserver des débouchés exté-

rieurs qu'elle alimente presque exclusivement de farines
superfines, tels que l'Amérique du Sud, les Antilles, la
Chine, le Japon, etc.

La différence pour cent dans l'exportation totale du blé
et de la farine des États-Unis, de 1823 à 1863, ressort
encore des chiffres suivants :

	Valeur totale des exportations.	Différence p. 100.
De 1823 à 1833.	352,779,000ᶠ	»
De 1833 à 1843.	381,178,000	+ 8,0
De 1843 à 1853.	1,032,693,000	+ 170,9
De 1853 à 1863.	2,664,379,000	+ 158,0
De 1863 à 1873.	2,643,000,000	»

Avant de présenter les résultats du trafic d'exportation
du blé et des farines pendant les dernières années, nous
consacrerons une courte notice aux six ports maritimes
principaux qui se sont plus spécialement adonnés à cette
branche de commerce. Ce sont les ports de New-York, de
Boston, de Philadelphie, de Baltimore, de la Nouvelle-Orléans et de Portland. Le port de Montréal, qui prend également part à l'expédition des blés des États-Unis, en
vertu du traité de réciprocité qui le lie au Canada, est
situé en dehors du territoire de l'Union et pour cette
raison ne devra pas nous occuper.

New-York. — On ne s'attend pas à ce que nous fas-
sions de New-York la description, quelque succincte
qu'elle soit, essayée plus loin pour les autres ports qui se
partagent le commerce du grain. New-York! qui est à la
fois Londres, Liverpool et Glasgow, sans aucun des traits

caractéristiques de ces grandes villes, mais avec un climat plus riant et le vaste Océan devant elle. New-York! sans histoire, qui n'est ni Paris, ni Vienne, ni Naples. New-York! la cité-empire d'où la lumière rayonne sur le continent américain; mais aussi la cité-vampire qui attire vers elle toute la substance de cette précoce civilisation, déjà affligée par le paupérisme, le socialisme et la corruption des institutions publiques. New-York, avec ses rues au cordeau et ses places interminables, ses voies ferrées aériennes, ses tramways et ses cars, ses monuments et ses docks gigantesques, sa population d'un million et demi d'âmes s'agitant, au coup de midi, sous le mouvement fiévreux des affaires! New-York enfin, la reine du littoral, assise majestueusement sur deux bras de mer, dont un fleuve que la marée permet de remonter jusqu'au loin dans le nord, avec un port accessible par tous les temps, et des milliers de navires de tous tonnages, venus de tous les points du globe!

Il nous faudrait un livre.

C'est à New-York, en effet, que se concentre, sous sa forme la plus vraie, l'esprit de cette nation que dévorent l'action, le travail et la spéculation. Pour être la cité commerciale la mieux installée, c'est également la plus typique au point de vue de la race, mélange inoui des solides qualités de la race saxonne, de la sagacité entreprenante des puritains et de l'astuce des indigènes supplantés ou exterminés. C'est chez elle qu'éclate l'esprit national, où se réunissent la recherche du détail des gens du nord et la largeur des vues du sud ; c'est dans New-York que se personnifie, pour cette masse d'États qu'unit le lien très-peu resserré de la fédération, l'unité, le génie de la centralisation.

L'État-Empire de New-York ! Cette qualification peint bien le caractère de la décision et de la force. Le premier à canaliser et à sillonner son territoire de chemins de fer, à créer à son profit les banques et les écoles, cet État est aussi le premier à sanctionner l'avénement politique du commerce, et à édicter les lois du travail matériel qui s'impose à la nation tout entière.

La guerre de 1812, qui avait anéanti son commerce et tari la source de ses capitaux, retrouve New-York plus solide, plus florissante que jamais en 1820, lorsque sa population atteint déjà plus d'un demi-million d'habitants. La guerre de la sécession, malgré les crises économiques et financières, le désarroi et la banqueroute, relève au chiffre de 942,377 habitants la population, évaluée aujourd'hui à 1 million 800,000 âmes.

Commerce et industrie marchent de pair avec ce flot constant de l'émigration qu'alimentent les travailleurs et les déclassés de l'ancien monde !

En 1870, 14,587 navires de cabotage, et 4,688 navires des ports étrangers entraient à New-York.

En 1876, le commerce d'importation était représenté par une valeur de 995 millions de francs et celui de l'exportation par 1,400 millions. Plus de la moitié du trafic des États-Unis avec l'étranger passe par les douanes de

New-York; car, sur 803 millions de francs, montant total
des droits de douanes en 1874, New-York seule en avait
perçu 545.

Pour l'industrie, l'importance de la production, sur-
passée par celle de Philadelphie, est inférieure à celle
du mouvement mercantile; mais elle n'en constitue pas
moins une des véritables forces de New-York.

Le fleuve Hudson, qui s'est creusé un lit d'une profondeur uniforme, sans écueils, sans rapides, d'une pente
douce, à travers les montagnes primitives de l'Alleghany
qui ont si longtemps arrêté Boston, Philadelphie et Baltimore, n'est pas étranger aux incomparables avantages du
port de New-York. La marée, dont les effets se font sentir
jusqu'à Albany, facilite la navigation sur l'Hudson et les
communications avec les canaux qui mènent aux lacs du
nord. Le port lui-même, vaste, profond, à l'abri des gelées,
sauf dans les hivers exceptionnels, abordable par tous les
vents, sauf ceux du nord-ouest, est protégé, à 30 kilomètres de son entrée, par la barre de Sandy-Hook que deux
grands chenaux traversent pour livrer passage aux navires
du plus fort tonnage. C'est après avoir défilé entre les îles
Statten et Long-Island qu'on entrevoit la majestueuse cité,
flanquée de Brooklyn, sur la droite, et de Jersey-City, sur
la gauche.

On peut dire que si, depuis 1870, la cité de New-York
n'est plus seule à avoir la haute main sur le commerce
intérieur des céréales, elle continue à faire l'expédition à
l'étranger de plus de la moitié des produits qu'exporte

le territoire de l'Union. Ainsi, de 1868 à 1878, New-York a expédié sur le montant total des exportations :

En 1868.	59 p. 100.
En 1869.	50 —
En 1870.	55 —
En 1871.	59 —
En 1872.	53 —
En 1873.	50,9 —

Pendant ces mêmes années, les réceptions de farine ont dépassé du double les expéditions, et celles du blé ont excédé les expéditions de 21 à 117 p. 100. Le tableau ci-joint (a) indique le mouvement du port de New-York pendant 13 années jusqu'en 1873, pour les farines et les blés, en même temps que les prix moyens annuels des qualités extra.

(a) **NEW-YORK.** — *Mouvement des blés et farines dans le port de New-York de 1861 à 1874.*

ANNÉES.	FARINE.			BLÉ.		
	Réceptions.	Exportation.	Prix moyen p. 100 kil.	Réceptions.	Exportation	Prix moyen p. hectol. [1].
	Kilos.	Kilos.	Fr.	Hectol.	Hectol.	Fr.
1861	445,544,040	277,340,946	31 31	10,347,084	10,400,864	17 20
1862	467,137,020	272,809,086	32 13	9,744,948	9,490,572	17 48
1863	401,416,164	222,745,362	35 99	6,444,432	5,624,496	22 25
1864	351,539,046	179,443,884	50 50	4,781,196	4,337,532	28 47
1865	316,920,390	124,475,088	47 17	3,122,928	968,472	24 42
1866	241,850,262	80,907,030	52 32	2,076,012	225,612	30 06
1867	231,551,388	84,354,798	62 91	3,494,448	1,679,508	34 97
1868	253,784,160	98,261,388	53 43	4,662,036	2,149,164	31 07
1869	314,342,250	140,816,442	38 74	8,622,828	6,309,684	21 96
1870	372,757,314	178,501,968	32 71	8,605,128	6,685,416	28 64
1871	318,109,914	143,846,568	37 92	9,646,164	7,929,936	22 »
1872	270,392,094	106,880,808	41 14	5,815,824	4,787,748	23 55
1873	315,150,876	147,089,058	»	12,801,564	10,008,648	»

1. Le prix moyen se rapporte au blé de printemps n° 1 Milwaukee.

(*b*) **NEW-YORK** — *Stocks de farine, de blé et des autres céréales,
de 1869 à 1874.*

		1869	1870	1871	1872	1873
Farine	(kil).	39,407,630	50,212,120	31,684,810	32,311,273	23,969,995
Blé	(hectol).	1,579 068	1,332,000	1,521,792	767,772	453,096
Maïs	(d°).	241,956	109,080	518,328	2,127,852	450,540
Avoine	(d°).	686,556	806,077	1,034,856	583,344	169,776
Orge	(d°).	308,880	526,032	203,688	463,104	69,984
Seigle	(d°).	14,364	69,156	206,460	34,632	5,256

Les stocks de farine, de blé et des autres céréales, à la
fin de chacune des années 1869 à 1873, figurent dans le
tableau (*b*).

Boston. — Boston est l'une des trois cités du littoral
atlantique qui disputent à New-York la suprématie commerciale. Moins bien partagée que les autres, à cause de
sa situation trop au nord, de l'absence d'un fleuve qui lui
permette de s'étendre au loin vers l'ouest, de son entou-
rage par un sol montagneux qui rend toutes communications difficiles au point de vue de la rapidité, et coûteuses
comme exploitation, Boston a lutté avec une rare intelli-
gence, mais sans obtenir un succès aussi complet que les
autres métropoles ambitionnant le privilége du trafic des
États de l'ouest.

Un grand esprit d'entreprise de la part des marchands
a toutefois assigné à la capitale du Massachussetts un des
premiers rangs dans le commerce général de l'Union.

Le port de Boston est au fond d'une crique spacieuse
formée par la baie de Massachussetts, qui couvre près de

200 kilomètres carrés. De nombreux bras laissant entre eux des îlots viennent, sous le nom de Charles et de Mystic-River, découper la ville en plusieurs quartiers : Cambridge, Charlestown, East et Sud-Boston, autour du promontoire formé par l'ancienne cité, que bordent sur plusieurs kilomètres de longueur les quais, les jetées et estacades, les docks et magasins de cette agglomération commerçante. C'est dans le quartier qui occupe le côté occidental de l'île Noddle ou Maverick, East-Boston, que le bassin fermé offre la plus grande profondeur d'eau pour les steamers de l'Atlantique.

Les chemins de fer, Lowell-Est, Fitchburg, Boston-Albany, Central, Maine, Providence, Old-Colony et de New-York à New-England, ont leurs stations de tête à Boston.

En 1822, avec ses 45,000 habitants, Boston était incorporée comme ville de l'Union. Depuis cette date, sa population a successivement augmenté.

En 1850 jusqu'à.	136,881 âmes.
En 1860 —	177,840 —
En 1870 —	250,526 —

Les annexions ont porté ce dernier chiffre à 357,000 habitants. Malgré un des plus violents incendies qui ait éclaté aux États-Unis[1], et détruit pour plus de 350 millions de francs de propriétés au cœur du quartier du commerce, l'accroissement de la population de Boston s'est maintenu depuis 1860 à un taux plus élevé qu'à New-York et à Philadelphie.

____

1. Le 9 novembre 1872.

Le mouvement des farines et des blés dans le port de Boston, de 1861 à 1874, figure dans le tableau (c); les prix par 100 kilogr. de farine et par hectolitre de blé sont compris également dans ce tableau.

(c) **BOSTON.** — *Mouvement des blés et farines dans le port de Boston de 1861 à 1874.*

ANNÉES.	FARINE.			BLÉ.		
	Réceptions.	Expéditions à l'étranger et sur les côtes	Prix p. 100 kilogr.	Réceptions.	Exportation.	Prix p. hectol.
	Kilogr.	Kilogr.	Fr.	Hectol.	Hectol.	Fr.
1861	127,425,240	34,628,742	26 33 à 52 67	10,584	7,452	»
1862	121,364,988	49,370,616	27 21 à 57 06	22,680	16,380	»
1863	128,322,726	38,565,240	29 26 à 65 84	16,128	540	»
1864	117,153,024	30,381,234	40 96 à 87 78	19,836	2	»
1865	126,749,904	21,655,182	36 58 à 99 48	180	324	»
1866	133,672,098	20,686,608	48 28 à 111 10	5,940	180	»
1867	124,652,802	22,508,238	52 67 à 122 89	57,384	8,676	»
1868	130,419,822	22,197,228	46 82 à 99 48	59,472	»	»
1869	131,512,800	19,469,226	27 80 à 83 39	132,876	»	»
1870	138,852,630	19,504,770	26 33 à 58 52	76,860	4	»
1871	136,826,628	21,735,156	30 72 à 64 37	177,264	68,940	15 90 à 26 73
1872	140,931,960	19,335,936	30 72 à 76 08	144,864	54,684	23 12 à 36 12
1873	159,530,358	20,562,204	26 33 à 76 08	317,052	174,996	20 95 à 28 90

En 1861, comme pour les autres villes de l'Atlantique, la guerre civile détourna au profit de Boston une partie des grosses récoltes de grains de l'ouest et du sud-ouest, mais presque exclusivement pour la meunerie. En 1862, le taux élevé du change donna un stimulant à l'exportation, et l'encombrement des chemins de fer amena une hausse de prix qui augmentait encore en 1863, année de faible récolte, et coïncidait avec celle des salaires et des denrées de première nécessité. En 1865 et 1866, l'exportation baissa considérablement. L'état financier du pays et les tarifs de prohibition causèrent une stagnation du commerce qui se prolongea depuis 1867, année de bonne récolte dans l'ouest, jusqu'en 1873.

En résumé, Boston est surtout une place importante pour les farines ; mais si les réceptions augmentent depuis 1861, les expéditons à l'étranger et sur les côtes y déclinent sensiblement.

Philadelphie. — Quoi qu'on en ait dit, la ville fondée par Penn, il y aura bientôt deux siècles, bien qu'elle n'eût pas un vaste bassin hydrographique à sa disposition, est devenue, comme son fondateur l'avait conçu, la première cité de l'Union sous le rapport de la surface, et la seconde comme population. Toute mal située qu'on l'ait supposée, entre la rivière Schuylkill qu'il fallut canaliser et la Delaware qui n'est pas un grand fleuve, Philadelphie, par son rayonnement de chemins de fer et par ses travaux de canalisation dirigés vers l'Ohio, devait se faire la première place comme ville manufacturière et vivement concurrencer New-York pour le premier rang commercial. Comme nombre d'usines, comme ouvriers employés et comme capital engagé dans l'industrie, Philadelphie laisse derrière elle les autres cités de l'Union. En dix années, de 1860 à 1870, le capital industriel devient une fois et demie plus grand, et la valeur des produits manufacturés deux fois et demie plus considérable.

L'accroissement de la production est de 350 millions de francs supérieur au montant total de l'importation à New-

York en 1870, et de 600 millions de francs plus élevé que le montant du commerce d'exportation de l'Union.

Il ne faut pas oublier que la métallurgie du fer et de l'acier, alimentée par le vaste bassin d'anthracite du Schuylkill, a pris son plus grand développement en Pensylvanie. Déjà en 1865, plus de 5,000 kilomètres de voies ferrées servaient à l'exploitation des gisements de combustible de Schuylkill, Lehigh et Wyoming qui approvisionnent les États de l'est et leurs capitales industrielles.

La population, de 41,220 habitants en 1800, lorsque Philadelphie perdait le siége du gouvernement, transféré à Washington, passe au chiffre de 121,876 en 1850, de 565,529 en 1860 et de 817,448 en 1876.

La Delaware et la baie assurent à la ville fraternelle de Penn tous les avantages d'un excellent port de mer ; et de 752 navires, représentant un tonnage de 44,654 tonnes, qui entraient dans ce port en 1771, le nombre atteignait en 1874, pour neuf mois seulement, 7,562. Le tonnage de 810,622 de produits et de marchandises, se décomposait en 297,735 tonnes par navires étrangers et 512,887 tonnes par cabotage.

Nous rappellerons seulement dans quelles mains puissantes se trouvent les chemins de fer qui convergent vers Philadelphie. Semblable à un éventail étendu sur toute la contrée, le réseau de la Compagnie de Pensylvanie, appuyé sur l'Océan à New-York, à Philadelphie et à Baltimore, concentre les produits de douze grands États. Ses ramifications rejoignent Oswego, Buffalo, Érié, Cleveland, Toledo et Chicago sur les lacs du nord ; Saint-Louis, Quincy, Cairo, Rock-Island, sur le Mississipi ; Columbus, Indianapolis et les centres du Missouri en pleines terres de prairie ; enfin, Pittsburg, Wheeling, Stauberville, Cincinnati, Louisville, sur l'Ohio. Aucune compagnie, dans aucun pays du monde, ne dispose pour une ville d'un réseau de 16,000 kilomètres de chemins de fer.

Comme exportation totale au 30 juin 1876, Philadelphie avait réalisé une valeur de 200 millions de dollars, soit une augmentation de 58 millions par rapport à 1875, et de 70 millions par rapport à 1872. La Grande-Bretagne figurait pour plus de moitié dans le montant exporté en 1876.

(d) **PHILADELPHIE.** — *Mouvement des blés et farines de 1864 à 1873.*

ANNÉES.	FARINE.		BLÉ.	
	Réceptions.	Expéditions.	Réceptions.	Expéditions
	Kilogr.	Kilogr.	Hectol.	Hectol.
1864	80,276,124	26,195,928	887,688	189,504
1865	63,570,444	11,987,214	648,720	3,564
1866	51,050,070	6,993,282	439,092	9,360
1867	44,163,420	»	434,844	»
1868	61,748,814	»	789,912	»
1869	77,890,233	»	1,074,456	»
1870	86,140,884	10,832,034	1,221,984	134,749
1871	84,425,886	12,093,846	1,404,612	385,152
1872	87,744,807	1,004,118	1,497,888	148,608

Au point de vue du commerce spécial des blés et des farines, dont le mouvement est donné dans le tableau (d) pendant neuf années (1864 à 1873), il importe de rappeler qu'en 1861, en raison de la guerre et de la diversion du trafic, Philadelphie était arrivée à exporter 727,000 hectolitres de blé et 29,800 tonnes de farines. A partir de 1864, deux récoltes médiocres aux États-Unis, coïncidant avec deux bonnes récoltes en Europe, amenèrent dans le commerce des grains et farines, une baisse notable qui s'est arrêtée seulement en 1868. En 1865, le déficit de la récolte, par rapport à celle de l'année précédente, avait atteint près de 10 millions d'hectolitres.

Baltimore — Baltimore, par sa plus grande proximité de l'Ohio, sa latitude plus centrale, sa baie longue de près de cent lieues, dans laquelle se jettent de nombreux affluents, la Susquehannah, le Potomac, le Patuxent, le Rappahanock, etc., semblait appelée, plutôt que Philadelphie, à faire sentir le poids de sa concurrence à New-York.

Capitale du Maryland, comme Philadelphie l'est de la Pensylvanie, Baltimore, tout en rivalisant pour le commerce du nord et du nord-ouest, a développé son trafic vers la région plus au sud. Le tabac et le coton, qui jouent un grand rôle dans son mouvement commercial, n'empêchent pas celui de l'exportation du grain et des farines vers l'Europe, aussi bien que des autres produits agricoles : beurre, fromage, cuirs, jambon et lard. L'industrie s'y est développée pour le traitement des minerais du lac Supérieur, les fers, les filatures de coton, etc. On y comptait, en 1870, 2,260 usines et établissements manufacturiers.

Incorporée dès 1797 avec 26,000 habitants, Baltimore possédait, en 1876, une population de 325,000 âmes.

Le bras droit de la rivière Patapsco, qui forme le port de Baltimore, est à 22 kilomètres de son embouchure dans la baie Chesapeake, et à 300 kilomètres de la haute mer. C'est un port vaste et sûr, malheureusement sujet, comme celui de Philadelphie, à être bloqué à peu près tous les hivers par la glace.

Baltimore est, en outre, la tête des lignes du Nord-Central, de l'Ouest-Maryland, du Baltimore-Ohio et du Baltimore-Potomac. Elle est reliée à Philadelphie par le chemin direct qui passe à Wilmington.

Sa situation, si éminemment favorable au commerce du sud, lui assure des transports considérables de blés et de farines. De 1858 à 1866, les réceptions de froment à Baltimore avaient été les suivantes :

1858.	988,000 hectolitres.
1859.	1,103,000 —
1860.	1,032,000 —
1861.	959,000 —
1862.	844,000 —
1863.	698,000 —
1864.	683,000 —
1865.	494,000 —

De même que Boston, c'est surtout pour la meunerie que Baltimore exporte.

Les récoltes dans le Maryland et les États voisins ayant été partielles en 1865, 1866 et 1867, les moulins locaux durent recourir aux blés de printemps de l'ouest.

Autrement, on peut dire que depuis la fin de la guerre, pour les céréales comme pour le commerce en général, il y a eu une reprise très-importante. Outre que les communications de Baltimore avec les pays de l'ouest et du sud n'avaient pas été interrompues, les sympathies politiques de la population du Maryland vis-à-vis de celles du sud avaient pu librement s'accuser. Le service des lignes à vapeur avec la Nouvelle-Orléans est des plus actifs.

Le tableau (e) reproduit le mouvement des farines (réceptions et fabrication locale) et les receptions de blé, de 1868 à 1874.

(e) **BALTIMORE** (Maryland). — *Mouvement des farines et des blés de 1868 à 1874.*

ANNÉES.	FARINE.		BLÉ.
	Réceptions et production locale.	Exportations.	Réceptions.
	Kilogr.	Kilogr.	Hectol.
1868	78,943,224	»	825,768
1869	99,789,780	»	1,170,000
1870	104,614,878	30,114,654	1,094,184
1871	99,789,780	44,705,466	1,467,360
1872	104,499,360	25,111,836	884,196
1873	116,637,636	31,954,056	771,928

Nouvelle-Orléans. — C'est vers la Nouvelle-Orléans que se dirige, par le Mississipi, le trafic de la région méridionale qui produit le riz, le coton et la canne à sucre.

Déjà en 1860, la culture du coton donnait à l'expédition vers l'Europe près d'un million de tonnes, rapportant aux

États-Unis un milliard de francs. Réduite à 200,000 balles de 200 kilogr. après la guerre de sécession, qui ruina les planteurs en supprimant leurs esclaves et dévastant leurs cultures, la production du coton remontait à 3 millions et demi en 1878 et, grâce à la hausse des prix, ramenait sur le marché de la Nouvelle-Orléans le milliard qui s'obtenait lorsque la culture était à son apogée avant la guerre.

Cédée aux États-Unis par la France en 1803, incorporée comme ville fédérale en 1804, avec une population d'une quinzaine de mille âmes, la Nouvelle-Orléans, malgré les sévices que la guerre lui a fait subir, comptait, en 1870, 191,418 âmes. Les autorités locales évaluent sa population actuelle à 210,000 individus.

La valeur de ses exportations et de son commerce extérieur la classe immédiatement après New-York, mais beaucoup d'autres ports lui sont supérieurs pour le chiffre des importations. De plus, l'industrie y est peu développée.

Malgré cela, sauf dans les mois de l'été brûlant du golfe du Mexique, le quai de la Levée, que peuplent plus d'un millier de navires et de barques à fond plat, venant du Mississipi, offre le spectacle d'une activité sans pareille.

Outre le coton, le port expédiait, en 1874, pour 468 millions de sucre, de riz, de tabac, de salaisons, de farines, etc., et recevait pour 72 millions de café, de sucre, de sel, de fer, de vins, etc.

Les travaux récemment exécutés sur le fleuve devront notablement améliorer les conditions de la navigation pour les céréales, sur les 160 kilomètres qui séparent la Nouvelle-Orléans de l'embouchure du Mississipi.

Portland. — Portland, malgré sa position géographique, a déployé une grande énergie dans sa rivalité avec Boston et a réussi à s'attirer un trafic important, comme étant l'entrepôt naturel du Canada pendant six mois de l'année. Sept lignes de chemins de fer, dont cinq dues uniquement à l'initiative du commerce local, aboutissent à ce beau port.

Malheureusement, les réceptions des blés et farines ont diminué depuis 1865, et les exportations sont relativement insignifiantes, car en 1872 elles atteignaient seulement 6,864 hectolitres pour le blé et 400,000 kilogr. pour la farine.

(*f*) **PORTLAND** (Maine). — *Réceptions en farine et en blé de 1865 à 1873.*

ANNÉES.	FARINE.	BLÉ.
	Kilogr.	Hectol.
1865.	8,869,440	15,310
1866.	35,352,295	35,518
1867.	53,517,710	47,585
1868.	59,451,780	81,405
1869.	39,067,300	96,570
1871.	42,876,730	95,004
1872.	43,430,215	101,045

La hausse des salaires, les dépenses qu'entraînent les communications avec les ports plus au sud, le taux élevé des assurances et les prix des constructions navales ont, depuis la guerre, arrêté l'essor pour le commerce des grains de cette ville entreprenante.

Les réceptions, pendant sept années (1865 à 1873), sont relatées dans le tableau (*f*) qui précède.

Résumé du commerce d'exportation des blés et farines. — Après avoir décrit la situation des ports principaux qui font l'exportation du grain, nous pouvons résumer plus utilement celle que font aujourd'hui, à New-York, les nombreuses et puissantes concurrences des centres de commerce et des nouvelles voies de transport.

Tandis que, de 1856 à 1859, les expéditions de grain par le fleuve Saint-Laurent atteignaient un total de 6,909,638 hectolitres, elles dépassent, de 1868 à 1871, 18,317,000 hectolitres; c'est une augmentation de 165 p. 100.

Les États de la Nouvelle-Angleterre détournent également à leur profit une partie du trafic des lacs par Ogdensburgh.

Enfin, en dehors des chemins qui alimentent de blés de l'ouest et du centre les ports de Boston, de Philadelphie, de Baltimore et de la Nouvelle-Orléans, on voit chaque jour s'affirmer la diversion du trafic des régions granifères vers Cincinnati, Saint-Louis et Louisville pour la meunerie locale, et des transports rayonnant à l'intérieur, dont New-York avait longtemps conservé la direction.

Les résultats sont apparents. De 1858 à 1871, en treize années, les réceptions de céréales à New-York s'élèvent de 62,404,000 à 78,947,000 hectolitres, ou de 26 p. 100, tandis que celles de Philadelphie croissent en six années (de 1866 à 1872), de 2,614,000 à 8,682,000 hectolitres, soit de 232 p. 100. De même, les réceptions de Baltimore, de 1866 à 1872, montent de 2,951,000 à 7,406,000, hectolitres, elles gagnent 123 p. 100; et celles de Montréal, pendant la même période, progressent de 3,742,000 à 6,317,000 hectolitres, ou de 70 p. 100.

L'esprit d'entreprise commerciale tend ainsi à la décentralisation de New-York.

Les quantités de farines et de blés reçues dans les sept ports principaux d'exportation, pendant sept années, de 1871 à 1878, sont rapportées dans le tableau X. On y remarquera que, après avoir atteint leur maximum en 1874, pour l'ensemble des ports, les quantités exportées décroissent successivement dans les années suivantes.

X. — RÉCEPTIONS *de farines et de blé dans les sept ports d'exportation, pendant sept années :* 1871 *à* 1878.

(New-York, Boston, Portland, Montréal, Philadelphie, Baltimore et la Nouvelle-Orléans).

PRODUITS.	1871	1872	1873	1874	1875	1876	1877
Farine (ton.).	862,101	821,120	915,436	1,019,888	967,754	967,733	759,514
Blé (hectol.).	15,809,987	19,245,539	19,241,466	23,010,642	19,968,557	15,656,118	16,719,805
Farine et blé (hect.) . .	33,439,544	27,037,045	37,861,713	43,866,885	39,758,670	35,445,799	32,251,512

On trouvera, dans le tableau XI, le résumé des exportations des États-Unis, en blé, en farine, et dans les deux articles assimilés, quantités, valeur et prix moyens unitaires, avec le rapport pour cent de la farine, pendant quatorze années (de 1863 à 1878).

XI.—EXPORTATIONS *des États-Unis en farine, en blé, et dans les deux articles assimilés, pendant 14 années* (1863-1878).

	FARINE.			BLÉ.			BLÉ ET FARINE calculée comme blé.			FARINE pour 100.	
	Tonnes.	Valeur en francs.	Prix par 100 kil.	Hectolitres.	Valeur en francs.	Prix de l'hectol.	Hectolitres.	Valeur en francs.	Prix de l'hectol.	Quantité.	Valeur.
1863-64	316,141	132,547,129	41 92	8,607,592	162,818,449	18 91	15,072,546	295,365,579	19 60	42 89	44 87
1864-65	231,466	141,010,121	60 93	3,415,583	100,477,480	29 41	8,345,221	241,487,601	28 94	56 72	58 39
1865-66	194,008	95,294,833	49 11	2,027,837	40,625,440	20 03	5,995,202	135,920,273	22 67	66 17	70 11
1866-67	115,540	66,328,554	57 40	2,234,036	40,520,835	18 13	4,596,784	106,844,889	23 24	51 40	62 07
1867-68	184,532	108,198,794	58 58	5,794,039	156,682,734	27 04	9,567,026	264,881,527	27 69	39 44	40 85
1868-69	216,121	97,455,821	45 09	6,381,747	126,305,282	19 79	10,801,311	224,279,102	20 76	40 92	43 45
1869-70	307,786	109,858,492	35 62	13,297,228	244,346,966	18 37	10,591,317	354,005,458	18 07	32 13	30 98
1870-71	324,717	124,802,693	38 36	12,168,804	238,842,936	18 75	19,109,112	358,645,620	18 77	34 75	34 79
1871-72	223,467	93,010,443	41 62	9,603,997	201,580,011	20 98	14,173,787	294,590,454	20 78	32 24	31 57
1872-73	227,693	100,397,020	44 08	14,249,581	266,522,676	18 70	18,905,788	366,919,695	19 48	24 62	27 36
1873-74	363,842	151,556,927	41 65	25,820,888	535,363,158	20 84	33,261,281	676,920,085	20 35	22 37	22 39
1874-75	353,092	122,830,439	34 78	19,281,257	308,768,734	16 01	26,501,622	431,599,325	16 29	27 24	28 45
1875-76	340,749	126,565,375	36 18	20,017,428	354,223,417	17 69	27,169,630	480,788,791	17 63	26 82	26 32
1876-77	997,159	112,219,245	37 77	14,695,082	214,788,240	16 65	20,772,292	357,007,486	17 19	29 35	31 43

D'après une loi du Congrès, le poids désigné à la perception des agents des douanes est de 74ᵏ,85 par hectolitre de froment (*Revised statutes*, sec. 2,919).

Le tableau suivant (XII) indique enfin la répartition des exportations de 1877, quantités et valeur, entre les divers pays étrangers. La Grande-Bretagne et ses colonies absorbent la plus grande partie de l'excédant de la production américaine en blé et en farine : 11,341,098 hectolitres de blé, sur 14,695,682 d'exportation totale, et 81,608 tonnes de farine sur 297,152 tonnes d'exportation totale.

Prime de l'or. — On a vu comment la production du froment, suivant dans son extension l'accroissement de population des États de l'ouest, avait été extraordinairement facilitée par les voies de transport. Tout le temps qu'avait duré la guerre de sécession, le Mississipi étant fermé aux expéditions des lourdes récoltes de l'ouest vers le littoral, les producteurs de grains ne purent vendre qu'à des prix ruineux. Le sud vaincu, les prix ne tardèrent pas à se relever, mais, dès 1864, la lutte de concurrence, favorisée par la forte prime de l'or, s'engageait entre les producteurs de l'ouest et du centre.

La hausse de l'or dans cette période devait profiter plus aux cultivateurs de l'ouest qu'à ceux des autres régions, et concourir au développement de l'exportation.

Le blé, en effet, se payant en or à l'exportation, si le dollar était au pair et que le boisseau se vendît 1 dollar 25 cents sur le marché de Londres, le cultivateur de l'Iowa

XII. — **TABLEAU** *de l'exportation du blé et de la farine des États-Unis (quantité et valeur) en 1877.*

PRODUITS.	ROYAUME-UNI.	FRANCE.	ALLE-MAGNE.	BELGIQUE et Hollande.	AMÉRIQUE du Nord.	INDES occiden-tales.	MEXIQUE, Centre et Amérique du Sud.	CHINE, Japon et Indes orien-tales.	TOTAL.	EXPOR-TATION totale.
Blé (hectolitres)...	11,341,099	317,906	359,860	665,383	1,544,178	13,556	13,908	3,164	14,259,054	14,695,682
Blé (valeur en francs)	189,483,540	4,755,758	5,235,333	11,258,067	25,198,286	320,833	189,712	41,440	236,482,970	244,788,240
Farine (tonnes).....	81,608	12	966	1,213	56,948	66,119	67,705	15,171	289,743	297,152
Farine (valeur en francs)	26,768,344	4,051	351,722	360,233	21,118,303	26,481,445	23,606,239	4,871,826	108,562,663	112,219,215

ayant à payer, par exemple, 1 dollar pour le transport jusqu'à Londres, ne recevait que 25 cents.

Si, au contraire, le dollar en or se cotait, comme en 1864, à 2 dollars et demi papier, monnaie légale, le cultivateur de l'Iowa, pour le même cours à Londres, recevait 2 dollars 12 cents; c'est-à-dire que la prime de l'or multipliait par 8 le prix du blé pour le producteur de l'ouest.

De même, le cultivateur de l'État de New-York n'ayant à payer que 25 cents pour le fret jusqu'à Londres, du boisseau de blé, recevait 1 dollar, l'or étant au pair, et 2 dollars 87 cents, le dollar or valant 2 dollars et demi papier.

Le cultivateur de l'ouest obtenait ainsi, par le seul fait de la prime sur l'or, un prix relativement plus élevé, pour le blé vendu à l'étranger, que le cultivateur de l'est.

Les variations de l'or dépendant de la situation financière du marché pendant la période tourmentée qui a suivi la guerre de sécession, expliquent en partie la possibilité d'une exportation de blé à des prix rémunérateurs.

En mars 1863, le Congrès avait autorisé une émission de papier jusqu'à concurrence de 150 millions de dollars, qui portait le total à 450 millions de dollars (2 milliards 300 millions de francs), plus une émission de coupures jusqu'à concurrence de 50 millions de dollars (260 millions de francs), et rendait légale la circulation des billets de trois ans pour un montant de 400 millions de dollars (2 milliards de francs). Le cours de l'or dont la moyenne était, en 1862, de 113,24, s'élevait aussitôt, en mars 1863, à 171,75.

Au mois de juin 1864, la loi de l'or ayant été votée par le Congrès, l'or ne se vendit plus à la Bourse de New-York, mais par un bureau spécial (*Gold room*), et le cours, qui était graduellement descendu de 171,75 à 122, remontait à 250 en juin, et à 285 en juillet 1864.

La guerre cessant de fait, en avril 1865, par la reddition du général Lee, le cours de l'or subit des oscillations diverses jusqu'à la panique de septembre 1869 qui le fit coter de 130, cours le plus bas atteint, à 165,5.

En 1873, pendant la crise financière, l'or baissa jusqu'à se coter à $106\,^1/_8$ au mois de novembre ; c'était le résultat des troubles monétaires et de l'absence de demandes d'or de la part de la spéculation et des importateurs. La Grande-Bretagne importa en effet beaucoup de numéraire pendant cette crise : 9,800,000 dollars en octobre et 3,608,000 dollars en novembre.

En 1874, le marché de l'or offre une grande fermeté ; le mouvement d'exportation des États-Unis est considérable; le cours moyen de l'année est de $111\,^1/_8$; mais, en 1875, par suite de sa rareté sur le marché et des exigences de l'exportation dans l'année précédente, l'or remonte à $117\,^3/_8$.

L'excédant considérable de l'exportation des États-Unis, par rapport à l'importation en 1876, ramène les cours de l'or, à la fin de cette année, à 107. C'est également en 1876 que le Congrès, sous l'influence de la forte dépréciation de l'argent sur le marché anglais, vote la loi qui autorise l'émission de la monnaie d'appoint en argent, au lieu des coupures de papier.

Avec le remboursement des *greenbacks* et le retour des paiements en espèces, le change sur l'or continue à baisser jusqu'à atteindre le pair à la fin de 1878.

Le tableau XIII reproduit les moyennes des cours extrêmes mensuels et le cours moyen des années 1862 à 1878.

XIII. — **COURS** *de l'or, d'après les opérations de la Bourse de New-York et du Bureau de l'or.*

ANNÉES.	MOYENNES des cours extrêmes mensuels.	COURS moyen annuel.
	Fr.	Fr.
1862.	110 81 à 115 67	113 24
1863.	138 20 à 143 98	146 09
1864.	187 58 à 220 67	204 12
1865.	150 38 à 165 11	157 75
1866.	136 40 à 146 70	141 55
1867.	136 21 à 141 02	138 61
1868.	137 89 à 142 02	139 95
1869.	130 23 à 137 37	133 80
1870.	112 62 à 117 26	114 94
1871.	110 88 à 112 72	111 80
1872.	111 33 à 113 59	112 46
1873.	112 51 à 115 55	114 03
1874.	110 40 à 112 10	111 25
1875.	113 67 à 116 11	114 89
1876.	110 79 à 112 48	111 63
1877.	104 11 à 105 23	104 67
1878.	100 53 à 101 39	100 96

2. — COMMERCE INTÉRIEUR.

L'exportation, quelle que soit son importance pour les États-Unis, ne forme qu'une partie restreinte du mouvement général des froments et des farines.

Le progrès des industries nationales dans l'est et le développement, pour ainsi dire exclusif, dans les États du sud, de certaines cultures autres que le blé, telles que le coton, le tabac, le riz, la canne à sucre, etc., de même que la nécessité d'approvisionner sur demande les ports d'expédition à l'étranger, ont donné naissance à des marchés de céréales très-fréquentés et très-importants dans les États du centre et du nord.

Pour le blé, plus que pour toute autre denrée agricole, l'exportation qui profite davantage à l'agriculteur, est, au fond, plus aléatoire que l'approvisionnement intérieur. Il suffit de rapprocher la production de l'exportation pour comprendre que cette dernière est loin de représenter le commerce général dans la branche la plus active et la plus constante de l'alimentation du pays lui-même. C'est ce que montrent à l'évidence les chiffres suivants :

	Production.	Exportation.	Stock pour l'intérieur et semence.
	Hectolitres.	Hectolitres.	Hectolitres.
1850.	36,175,000	2,708,000	33,472,000
1860.	62,318,000	6,198,000	56,121,000
1870.	85,626,000	19,591,000	66,035,000
1877.	132,373,000	20,772,000	111,601,000

Comme pour les exportations de grain, les mouvements

dans le trafic du blé de ces dernières années témoignent de l'influence de courants commerciaux dont la ville de New-York n'est plus seule à connaître.

Depuis 1856, les concurrences, au point de vue du trafic de l'ouest, par le Saint-Laurent, en faveur de Montréal; par les lacs et Ogdensburgh pour Portland et Boston; par les chemins de fer pour Philadelphie et Baltimore, se sont prononcées en faveur des marchés de l'intérieur : Cincinnati, Saint-Louis et Louisville, au détriment de New-York.

Aussi, pour les marchés, qui sont en même temps des centres d'expédition de l'intérieur, le mouvement n'a pas été moins progressif que pour les ports maritimes.

De 1863 à 1873, les réceptions à Buffalo augmentent de 23,257,000 à 26,498,000 hectolitres; à Cincinnati, de 2,880,000 à 3,600,000; à Toledo, de 4,320,000 à 7,920,000; à Chicago, de 20,520,000 à 35,640,000; à Milwaukee, de 6,120,000 à 13,680,000; à Saint-Louis, de 6,120,000 à 9,720,000; à San-Francisco, de 1,440,000 à 6,840,000 hectolitres.

Nous consacrerons à la description et à la situation de chacune de ces places une courte notice afin de montrer, à l'instar de ce qui a été tenté pour les ports maritimes, le vaste parti que le commerce américain a su tirer de leurs éléments de prospérité.

Chicago. — Parmi les centres qui se disputent le premier rang pour le commerce des produits agricoles, Chicago est sans contredit la métropole du blé.

Le tableau (*g*) donne l'histoire des progrès de ce trafic mieux que ne pourrait le faire une relation détaillée.

(*g*) **CHICAGO.** — *Mouvement des blés et farines, avec prix moyens, pour 22 années (1852 à 1874).*

ANNÉES.	FARINE.				BLÉ.		
	Réceptions.	Fabrication locale.	Expéditions.	Prix de la marque moyenne.	Réceptions.	Expéditions.	Prix moyen du blé n° 1.
	Kilos.	Kilos.	Kilos.	Fr.	Hectol.	Hectol.	Fr.
1852	4,736,238	6,309,020	5,438,232	» »	337,500	228,960	» »
1853	4,291,938	7,857,608	6,309,060	» »	607,500	434,232	» »
1854	14,093,196	5,864,760	9,916,776	» »	1,094,040	830,484	» »
1855	21,388,602	7,082,142	14,519,724	» »	2,712,636	2,267,352	» »
1856	30,470,094	7,650,846	19,229,304	» »	3,156,408	3,011,184	» »
1857	35,001,954	8,530,560	23,068,056	» »	3,799,728	3,544,596	» »
1858	46,393,806	12,475,944	41,799,744	» »	3,470,256	3,186,108	» »
1859	64,539,018	14,350,890	59,217,504	» »	2,901,888	2,580,012	» »
1860	63,383,838	20,615,520	62,033,166	» »	5,373,756	4,464,792	» »
1861	131,450,598	26,938,234	142,522,544	» »	6,258,600	5,700,960	» »
1862	148,076,304	18,749,460	151,598,628	» »	5,032,116	4,971,204	» »
1863	126,554,412	20,997,618	135,253,806	» »	4,106,916	3,885,588	» »
1864	107,138,502	22,668,186	114,211,758	» »	4,386,600	3,690,000	» »
1865	100,776,126	25,662,768	114,931,524	» »	3,335,904	2,741,364	» »
1866	164,133,306	40,475,730	179,076,090	36 58 à 68 76	4,312,368	3,642,804	17 23 à 32 30
1867	152,839,200	51,014,726	179,097,330	46 82 à 83 39	4,930,272	3,800,556	23 37 à 39 02
1868	194,816,664	65,107,722	213,228,356	32 19 à 64 37	5,317,956	3,734,892	15 80 à 30 42
1869	197,162,568	48,277,638	207,852,426	21 95 à 40 96	6,075,648	4,767,912	12 25 à 20 95
1870	156,026,760	39,453,840	151,595,160	22 24 à 38 04	6,261,984	5,915,736	11 02 à 18 78
1871	125,488,092	29,119,422	114,416,136	26 92 à 40 96	5,198,292	4,645,944	14 74 à 19 »
1872	136,133,520	16,616,820	120,965,118	30 72 à 49 74	4,580,676	4,377,600	14 88 à 21 96
1873	221,030,364	23,494,584	204,689,010	27 42 à 43 89	9,455,976	8,804,052	14 31 à 19 07

En 1852 et 1853, Chicago recevait de 4,000 à 5,000 tonnes de farine ; ses moulins en fabriquaient de 6,000 à 7,000, et ses expéditions se bornaient à 5,000 ou 6,000 tonnes. Comme froment, elle recevait de 300,000 à 600,000 hectolitres pour en réexpédier de 200,000 à 400,000.

En 1872 et 1873, vingt ans plus tard, par conséquent, les réceptions de farines s'élèvent à 136,000 et 221,000 tonnes ; les farines fabriquées, à 16,000 et 23,000 tonnes, et les expéditions à 120,000 et 204,000 tonnes. Quant au blé, il entre à Chicago, dans ces mêmes années, de 4 millions et demi à 9 millions et demi d'hectolitres, et il en sort de 4 à 9 millions.

Nous ferons remarquer que dans ce tableau les prix de la marque moyenne s'appliquent aux farines de blé de printemps, sur échantillons moyens, et que les prix moyens du blé sont ceux de la qualité printemps n° 1.

Indépendamment des 10 millions d'hectolitres de blé que Chicago reçoit et réexpédie aujourd'hui, les autres céréales y arrivent pour un chiffre de 25 millions d'hectolitres. Il semble qu'il n'y ait pas de limites à la production du grain que déverse sur un même point cette immense région du nord-ouest, où il reste encore plus d'un million et demi de kilomètres carrés de terres vierges, appropriées à sa culture.

Les manipulations qu'entraîne le mouvement de réception, d'emmagasinage, d'embarquement, etc., de 35 millions d'hectolitres de céréales transitant par une même ville, dépassent les limites de ce que les ports les plus actifs de l'Europe, sans en excepter Liverpool, Anvers et Hambourg, peuvent montrer pour une seule branche du commerce général.

Si l'on ajoute qu'outre un trafic des plus étendus en bois d'œuvre et de débit, Chicago, dans l'année qui se terminait au 1er mars 1879, avait débité en salaisons près de 5 millions de porcs, et reçu 65,000 têtes de bétail, on n'aura fait qu'esquisser les principaux traits d'un commerce sans exemple, pour les produits de l'agriculture.

Les élévateurs de grains, au nombre de dix-neuf, situés sur les quais de la rivière, et reliés par des voies ferrées avec les treize chemins de fer aboutissant à Chicago [1] sont au nombre des curiosités qui attirent l'étranger dans cette ville unique. Ces élévateurs à vapeur approvisionnent des magasins pouvant contenir 5 millions et demi d'hectolitres de grain.

Les tueries de porcs forment un spectacle d'une autre nature, mais que la visite des *Union Stock Yards* rendra plus facile à saisir. Là, en effet, s'étendent les vastes enclos du marché central qui approvisionne les abattoirs. Sur 140 hectares enclos, dont 58 installés en parcs, on compte 51 kilomètres de drains, 13 kilomètres de chaussées et d'avenues, et 2,300 grilles de parc. Ce marché, qui a coûté 8,700,000 fr., peut accommoder 25,000 têtes de bétail, 100,000 porcs, 22,000 moutons et 500 chevaux. Toute une ville de 5,000 habitants, avec sa poste, ses télégraphes, ses églises et ses écoles, s'est élevée autour de cet immense marché dont l'animation laisse loin derrière elle celle de nos plus grandes foires de l'Europe.

1. Ces treize chemins sont les suivants : Chicago à Milwaukee; Chicago, Milwaukee et Saint-Paul; Chicago et Nord-Ouest; Chicago et Pacifique; Galena et Chicago; Chicago, Burlington et Quincy; Saint-Louis, Alton et Chicago; Chicago, Rock-Island et Pacifique; Central-Illinois; Chicago et Danville; Pittsburg et Saint-Louis; Pittsburg, Fort-Wayne et Chicago; Michigan-Central et Sud-Michigan.

Chicago, la principale ville de l'Illinois, est située à l'embouchure, dans le lac Michigan, de la rivière portant son nom, sur un plateau incliné qui s'élève vers l'ouest et partage les bassins du Mississipi et du Saint-Laurent. Au sud et à l'ouest s'étendent les terres de prairie interminables. Le développement de la ville sur la rive du lac, au nord et au sud, est de 12 kilomètres. La rivière de Chicago la partage en trois quartiers que réunissent entre eux une trentaine de ponts et deux tunnels. C'est le long de cette rivière que s'étendent plus de 20 kilomètres de quais pour la navigation et le commerce.

En 1840, la ville de Chicago comptait 4,000 habitants; aujourd'hui elle en possède au delà de 560,000. La population, qui avait doublé tous les cinq ans de 1840 à 1870, s'est arrêtée momentanément par suite de l'incendie terrible de 1871 et de la panique financière de 1873; autrement la rapidité de ce développement sans parallèle dans l'histoire eût porté la population à un chiffre bien plus considérable.

Quoi qu'il en soit, sa situation unique lui assure pour l'avenir un accroissement non moins extraordinaire que dans le passé. N'a-t-on pas d'ailleurs sous les yeux l'exemple des cités de Philadelphie, de New-York et de la côte Atlantique, pour lesquelles l'augmentation à chaque recensement décennal a été d'autant plus marquée que le chiffre de 300,000 habitants avait été dépassé. Dans le cas particulier de Chicago, la progression continue résulte forcément de sa position à la tête des grands lacs vers lesquels tendent les États de l'est, de l'ouest, du midi, et les possessions britanniques au nord, aussi bien que de sa coïncidence, comme centre commercial, avec le centre du territoire et de la production des denrées de consommation que les chemins de fer rapprochent et font converger vers elle. Le courant des produits du nord-ouest qui débouche à Chicago, est alimenté par la plus vaste, la plus fertile et la plus productive de toutes les contrées. Du confluent de l'ouest et de l'est, où Chicago est placée, non loin du Mississipi, elle dirige ces produits par la route des eaux froides, la seule qui puisse conserver les blés dans un si long voyage. Le réseau des chemins de fer qui y aboutissent se poursuit par une ligne de navigation sur des lacs en communication directe avec l'Atlantique. Plus de 500,000 tonnes de fret occupent cette navigation intérieure. Les grands lacs Supérieur et Michigan opposant une barrière au transit pendant six mois de l'année, à cause de leur latitude trop au nord, et des difficultés de passage pendant les six autres mois, les produits de l'agriculture, recueillis au nord-ouest de Chicago, doivent contourner forcément l'extrémité méridionale du lac Michigan. Or, la barrière des grands lacs s'étend sur une longueur de 800 kilomètres du nord au sud, et le climat aussi rude qu'inhospitalier du lac Supérieur augmente encore les obstacles d'un transit quelconque dans cette région. Aussi, Chicago offre-t-il cet avantage incomparable que, contrairement à ce qui se passe pour d'autres grandes villes de l'intérieur, telles que Saint-Louis, Cincinnati, etc., que la coalition ou la concurrence des lignes de chemins de fer peut faire éviter, aucun trafic, sans encourir une perte de temps et d'argent, ne peut éviter Chicago dans le sens du nord-ouest vers les villes de l'est. Milwaukee est le seul point important, mais plus au nord, qui puisse disputer à Chicago le trafic de l'Iowa et de la Nebraska, pour le diriger par les chemins de fer à travers le Michigan. Les canaux du Canada élargis, rien n'empêchera les vapeurs à faible tirant d'eau de charger à Chicago pour décharger à Liverpool, et réciproquement, en évitant les frais et les délais subis à New-York.

Milwaukee. — Milwaukee, capitale commerciale du Wisconsin, est, après Chicago, la ville la plus considérable du nord-ouest et la plus importante pour le commerce du blé. Située sur les bords du lac Michigan, au confluent de deux cours d'eau, la Milwaukee et la Menomonee, elle est divisée en trois parties : est, ouest et sud, qui recouvrent une superficie de 40 kilomètres carrés. Privilégiée par le climat, par un excellent port, et par les conditions navigables de sa rivière, Milwaukee est pour ainsi dire une colonie allemande. Incorporée en 1846, avec une population de 3,000 âmes environ, elle en comptait 45,246 en 1860, 71,440 en 1870, et en 1878 au delà de 150,000, dont les Allemands forment plus de la moitié.

Le commerce en blé et en farines y est des plus étendus. Les magasins outillés de six élevateurs à vapeur, peuvent servir à entreposer plus d'un million et demi d'hectolitres de grain. L'élévateur de la compagnie du chemin de fer de Milwaukee à Saint-Paul fait le service d'entrepôts d'une capacité de 540,000 hectolitres de grain. Les moulins à vapeur y sont largement développés, et après ceux de Saint-Louis passent pour les plus importants de l'Union. Les moulins Sanderson, entre autres, peuvent livrer journellement 80,000 kilogrammes de farine.

(*h*) **MILWAUKEE.** — *Mouvement du blé et des grains pendant 15 années (1859 à 1874).*

ANNÉES.	BLÉ ET FARINE calculée comme blé.		GRAINS DE TOUTES SORTES et farines.	
	Réceptions.	Expéditions.	Réceptions.	Expéditions.
	Hectolitres.	Hectolitres.	Hectolitres.	Hectolitres.
1859.	2,440,224	2,213,172	2,682,864	2,359,044
1860.	3,828,420	3,547,548	4,007,520	3,597,840
1861.	6,667,992	6,002,244	6,814,404	6,015,816
1862.	6,436,296	6,650,172	6,740,820	6,743,556
1863.	5,670,936	5,407,908	6,268,284	6,085,188
1864.	3,824,424	3,983,976	4,473,612	4,340,304
1865.	5,037,300	4,614,372	5,477,256	4,786,668
1866.	5,492,556	5,485,176	6,623,676	6,346,080
1867.	5,413,572	5,114,448	6,232,680	5,512,716
1868.	5,611,464	5,387,796	6,357,132	5,771,448
1869.	7,842,276	7,334,316	8,440,884	7,566,264
1870.	8,282,808	8,012,700	8,948,808	8,316,972
1871.	7,081,740	7,007,976	8,278,992	7,681,284
1872.	6,404,400	6,388,416	8,445,780	7,860,060
1873.	12,503,520	12,247,308	13,983,012	13,015,116

Milwaukee fait la plus rude concurrence à Chicago pour le trafic spécial du grain et de la farine.

En 1873, ce trafic dépassait de 65 p. 100 celui de l'année précédente. La chambre de commerce a maintenu que pour cette année, les expéditions directes de Milwaukee avaient été de 1,395,000 hectolitres plus élevées qu'à Chicago, où l'on confond volontiers les envois directs avec ceux en simple transit.

On trouve dans le tableau (*h*) le mouvement du blé et de la farine, et celui des grains et farines de toute nature, réception et expédition, pendant 15 années, de 1859 à 1874.

Buffalo. — Buffalo, à l'extrémité orientale du lac Érié, en tête du fleuve Niagara, possède le port le plus vaste du lac. La troisième ville, comme étendue, dans l'État de New-York, elle offre un développement de 8 kilomètres de quais sur le lác et sur le fleuve.

Le canal et le chemin de fer d'Érié, la ligne du Central-New-York, celles du Lake-Shore et du lac Huron y aboutissent. Buffalo se trouve ainsi relié avec le grand réseau des chemins de fer menant à New-York, et par la dernière ligne avec le réseau canadien. Aussi, son commerce avec le nord-ouest est-il des plus actifs. C'est un des grands entrepôts du commerce des grains pour l'importation du Canada, en vertu du traité intervenu avec les États-Unis (*Reciprocity treaty*), et pour le transit des blés de la région de l'ouest.

D'immenses élévateurs à vapeur servent à la manipulation du grain : à l'aide de vingt appareils, 35,000 hectolitres de blé sont déchargés en une heure. Les bâtiments attenants ont une capacité d'emmagasinage de 2 millions d'hectolitres. L'élévateur Watson, installé à 80 mètres au-dessus du lac, charge et décharge simultanément quatre navires amarrés à son quai, et permet leur sortie du port trente-six heures à peine après leur arrivée.

La navigation sur le lac ouvrant au commencement d'avril, et celle du canal vers le 1er mai, le mouvement du service par eau dure jusqu'en décembre.

Les réceptions de blé à Buffalo, qui correspondent à peu près à celles transportées par le canal Érié sur New-York, ont été de 1857 à 1863 les suivantes :

Hectolitres.

	Hectolitres
1857.	3,023,000
1858.	3,879,000
1859.	3,430,000
1860.	6,717,000
1861.	9,886,000
1862.	11,050,000

La fermeture du Mississipi et des marchés du sud en 1861 et 1862 explique les chiffres élevés des réceptions à Buffalo. En 1862 notamment, le trafic des blés fournis par les États de l'ouest, ayant été dévié de sa route ordinaire vers le littoral, par les canaux et les chemins de fer de l'ouest, excédait pour les ports du lac Érié celui des dix précédentes années.

Le mouvement des réceptions et des expéditions de blés et de farines, par le canal Érié, de 1863 à 1873, est figuré dans le tableau (*i*) : il ne comprend pas les envois par chemins de fer qui transitent de l'ouest à l'est par cette ville. Les faibles récoltes de blé de 1865, 1866 et 1872. coïncidant avec d'abondantes récoltes en Europe, s'accusent par une diminution notable dans le chiffre des réceptions et surtout des expéditions.

(*i*) **BUFFALO** (lac Érié). — *Réception et expédition par canal du blé et des farines assimilées au blé, de 1863 à 1874.*

ANNÉES.	BLÉ ET FARINE ASSIMILÉE AU BLÉ.	
	Réceptions.	Expéditions.
	Hectolitres.	Hectolitres.
1863	13,007,088	7,831,224
1864	10,015,236	6,041,700
1865	8,056,764	3,882,844
1866	6,137,064	2,892,168
1867	6,868,800	3,667,356
1868	7,224,804	7,235,172
1869	9,799,488	9,892,980
1870	10,047,168	10,181,196
1871	10,438,776	6,936,120
1872	6,522,282	3,969,684
1873	13,289,184	8,967,564

Fondée en 1801, convertie en station militaire en 1812, brûlée pendant la guerre, en 1814, par un corps d'Anglais et d'Indiens, la ville de Buffalo doit son développement important à l'ouverture du canal Érié. En cinquante ans, de 1825 à 1875, sa population est arrivée au chiffre de 134,573 habitants.

Detroit. — La rivière de Detroit, qui réunit sur une trentaine de kilomètres les lacs Saint-Clair et Érié, fut longtemps le théâtre de la lutte entre les Anglais et les Américains. La ville, ou plutôt le village de ce nom, défendue par Fort-Pontchartrain, tombait finalement aux mains des troupes fédérales en 1813 et était incorporée en 1824, avec une population inférieure à 2,000 habitants. Aujourd'hui (1876), la capitale du Michigan compte 103,000 âmes : sur une longueur de 10 kilomètres, la rive méridionale du fleuve est bordée de docks, de chantiers de construction, de moulins, d'élévateurs de grains, de fonderies, de magasins et de dépôts pour la navigation et les chemins de fer.

Le mouvement des farines s'est ralenti à Detroit de 1867 à 1874, mais celui du blé s'est notablement accru, comme l'indique le tableau (*j*) des réceptions pendant cette période.

(*j*) **DETROIT** (lac Saint-Clair, Michigan). — *Réceptions en farine et en blé, de* 1867 à 1874.

	1867.	1868.	1869.	1870.	1871.	1872.	1873.
Farine (kil.)	91,570,230	114,656,058	85,376,688	115,997,844	143,713,278	59,349,594	44,056,788
Blé (hectol.)	525,960	772,272	803,880	936,756	1,563,012	1,217,268	989,172

Toledo. — Toledo, bâtie sur la rivière Maumee, à 6 kilomètres d'une baie magnifique et à 20 kilomètres du lac Érié, passe pour un des meilleurs ports de ce lac. D'un village insignifiant qui possédait 3,820 âmes en 1850, Toledo est devenue une grande ville avec 31,693 habitants en 1870; elle en compte aujourd'hui plus de 60,000. Outre ses manufactures, ses moulins, ses brasseries, ses usines à fer importantes, Toledo a un commerce des plus actifs,

notamment en grains et en farines. Elle est en communication avec Cincinnati par le canal Miami et Érié, et avec
treize lignes de chemins de fer, dont six se réunissent dans
un même embarcadère l'*Union Depot.* C'est à Toledo que
la ligne principale de Chicago à New-York bifurque, d'une
part, à travers l'État d'Indiana en formant l'*Air line,* qui
dessert les contrées agricoles les plus riches ; d'autre part,
à travers le Michigan sud.

Le tableau (*k*) donne l'état des réceptions de farine et
de blé à Toledo pendant sept années, de 1866 à 1873.

(*k*) **TOLEDO** (lac Érié, Ohio). — *Réceptions en farine et en blé,*
de 1866 à 1873.

ANNÉES.	FARINE.	BLÉ.
	Kilos.	Hectolitres.
1866	71,141,316	786,924
1867	63,748,164	828,684
1868	77,174,910	1,114,524
1869	80,569,362	2,451,708
1870	88,549,218	2,477,340
1871	68,128,962	2,519,388
1872	32,549,418	1,138,536

Cleveland. — Cleveland, la seconde ville de l'État
d'Ohio, élevée à l'embouchure de la rivière Cuyahoga dans
le lac Érié, est divisée par elle en deux parties que bordent
également des quais, des docks et des installations sur
chacune des rives.

Le pont en pierre, du nom de *Viaduct,* qui traverse la
vallée, à la hauteur du plateau sur lequel sont bâties les

deux parties de Cleveland, a une longueur de 963 mètres ; il est regardé à juste titre comme un des plus beaux ouvrages des ingénieurs américains.

Un canal spécial pour raccourcir la navigation de l'embouchure jusque dans le lac, et deux grandes jetées s'avançant dans les eaux du lac, avec un écartement de 60 mètres, donnent un accès commode aux navires qui viennent s'ancrer en rivière.

Développée au début par l'achèvement du canal Ohio qui joint le lac Érié, à Cleveland même, avec le fleuve de l'Ohio à Portsmouth, la ville a acquis une population et une prospérité croissantes, à partir surtout de la construction des chemins de fer. L'extension rapide de ses manufactures et de son commerce avec le Canada et les régions minières du lac Supérieur, a porté sa population de 92,829 habitants en 1870 à plus de 180,000 aujourd'hui.

(1) **CLEVELAND** (lac Érié, Ohio). — *Réceptions en farine et en blé, de 1866 à 1873.*

ANNÉES.	FARINE.	BLÉ.
	Kilos.	Hectolitres.
1866	48,259,866	1,222,020
1867	58,851,978	669,168
1868	65,507,592	801,252
1869	71,088,000	1,152,000
1870 [1]	1,057,434	54,756
1871 [1]	1,866,060	68,508
1872 [1]	1,581,708	196,956

1. Ces chiffres ne s'appliquent qu'aux réceptions par le lac Érié.

Bien que le commerce de Cleveland porte principalement sur les fers et les fontes, le pétrole raffiné, les produits chimiques, les instruments agricoles, etc., le mouvement des blés et des farines y a quelque importance. Le tableau précédent (*l*) relate les réceptions effectuées pendant sept années, de 1866 à 1873, les trois dernières années ne comprenant que la navigation du lac.

Érié. — La ville d'Érié représente sur la partie du territoire que l'État de Pensylvanie semble s'être réservée avec préméditation, le port spacieux qu'il a en eau douce [1]. Jadis sur un promontoire, aujourd'hui sur une île, à la suite des dragages importants opérés pour l'enlèvement de la barre, elle forme depuis 1813 une station navale intérieure du Gouvernement, à laquelle aboutit le chemin de fer de Philadelphie. Une population de 30,000 habitants, de nombreuses usines et industries, et un commerce florissant, dans lequel celui des grains a une part notable, font de la ville d'Érié un entrepôt actif.

Les réceptions de farines et de blé, pendant les cinq années de 1868 à 1873, sont indiquées dans le tableau (*m*) ci-après.

Oswego et Ogdensburgh. — Oswego et Ogdensburgh sont, pour la même direction de trafic, mais à un degré beaucoup moins grand que Buffalo, des places de commerce de grain

---

1. Le port a une longueur de 7 kilomètres sur 1 kilomètre et demi de largeur, avec une profondeur d'eau de 4^m,75 à 7^m,60; il est fermé par Presque-Isle, le quartier bâti au pied et en avant de la ville. C'est le meilleur port du lac Érié.

(*m*) ÉRIÉ (lac Érié, Pensylvanie). — *Réceptions en farine et en blé,*
de 1868 à 1873.

ANNÉES.	FARINE.	BLÉ.
	Kilos.	Hectolitres.
1868	10,467,708	152,748
1869	13,888,818	242,136
1870	20,357,826	277,308
1871	14,892,936	263,484
1872	15,888,168	337,464

Oswego, qui compte une quinzaine de mille habitants,
est bâtie à l'embouchure de la Susquehannah, dans une
crique du lac Ontario, où aboutit également une branche
du canal Érié. Elle est également reliée par diverses lignes
avec le réseau qui conduit à New-York.

Le premier tableau (*n*) donne pour Oswego les récep-

(*n*) OSWEGO (lac Ontario). — *Réceptions en farine et en blé,*
de 1866 à 1874.

ANNÉES.	FARINE.	BLÉ.
	Kilos.	Hectolitres.
1866	738,338	1,986,228
1867	291,194	1,900,548
1868	103,966	2,509,308
1869	313,320	2,804,292
1870	511,123	2,466,144
1871	137,911	2,436,804
1872	9,775	1,495,260
1873	»	1,542,420

tions de farine et de blé pendant les années 1866 à 1874,

ct le second (*o*) les expéditions par canal des mêmes articles pendant les trois années 1871 à 1874.

(*o*) **OSWEGO.** — *Expéditions de farine et de blé par canal,*
de 1871 à 1874.

ANNÉES.	FARINE.	BLÉ.
	Kilos.	Hectolitres.
1871	8,263,980	1,478,088
1872	3,927,612	694,404
1873	8,309,146	639,144

Ogdensburgh, cité florissante sur la rive droite du
fleuve Saint-Laurent, concentre surtout le commerce des
farines du Canada qu'elle expédie par les chemins de fer
vers le lac Champlain, dans l'État du Maine. Les réceptions
de ce port fluvial sont indiquées dans le tableau spécial (*p*)
pour une période de sept années, de 1866 à 1874.

(*p*) **OGDENSBURGH** (Saint-Laurent). — *Réceptions en farine et en blé,*
de 1866 à 1874.

ANNÉES.	FARINE.	BLÉ.
	Kilos.	Hectolitres.
1866	98,945,620	»
1867	127,967,286	»
1868	133,529,922	»
1869	142,042,710	»
1870	248,026,036	345,276
1871	241,317,102	346,788
1872	180,350,256	337,464

Cincinnati. — La capitale de l'Ohio a été longtemps la ville stigmatisée pour les abattoirs et les salaisons, qui ont tant contribué à sa prospérité; Cincinnati est l'entrepôt principal des États de l'ouest.

Admirablement située dans l'un des plis de la *Belle Rivière*, comme l'appelaient jadis les Français, elle offre une longueur de 16 kilomètres de quais sur la rive nord de l'Ohio, bordés de bateaux à vapeur, de fonderies, de chantiers, d'ateliers de toutes sortes et d'immenses magasins à marchandises. La ville occupe deux plateaux commandant la vue au loin sur le fleuve qui serpente à travers un amphithéâtre de montagnes couvertes d'une riche végétation, et sur de riants coteaux garnis de maisons de campagne et de jardins. Rien dans ce magnifique panorama qui rappelle le demi-million de porcs sacrifiés annuellement à l'alimentation des Américains et du monde entier !

Outre le Whitewater et le canal Miami qui débouchent à Cincinnati, une douzaine de chemins de fer rayonnent autour de la ville dans toutes les directions; ce sont, à l'ouest, les lignes d'Ohio-Mississipi, d'Indiana-Lafayette, et de Whitewater-Vallée; au nord, la ligne de Cincinnati-Hamilton avec embranchements sur Eaton et Richmond; à l'est, les lignes de Marietta et de la Petite-Miami; au sud, celles du Central-Kentucky et de Louisville.

Après l'ouverture du canal Miami vers 1830, la population augmentait de 85 p. 100; dix ans après l'inauguration de la ligne Petite-Miami, en 1851, elle atteignait 115,436 habitants. En 1870, Cincinnati comptait 216,239 âmes. Plus d'un tiers de cette population est allemande et groupée dans le quartier, au nord du canal Miami, qui porte le nom de Rhin.

(*q*) **CINCINNATI.** — *Mouvement du blé (farine et blé) pendant 17 années* (1856 à 1874).

ANNÉES.	FARINE ET BLÉ.	
	Réceptions.	Expéditions.
	Hectolitres.	Hectolitres.
1856-1857	1,066,752	892,404
1857-1858	1,576,116	1,323,972
1858-1859	1,463,616	1,231,380
1859-1860	1,311,588	976,680
1860-1861	1,289,556	656,952
1861-1862	1,841,796	1,294,776
1862-1863	1,742,400	1,151,712
1863-1864	1,578,862	687,636
1864-1865	1,813,644	1,032,408
1865-1866	1,742,796	1,240,560
1866-1867	1,570,140	1,091,880
1867-1868	1,221,264	781,488
1868-1869	1,415,412	949,680
1869-1870	1,824,156	1,328,472
1870-1871	1,581,984	1,116,864
1871-1872	1,323,648	855,324
1872-1873	1,687,968	1,158,084

La position centrale de Cincinnati par rapport aux régions fertiles de l'ouest et du sud, et aux artères de communication avec le nord et l'est, lui assigne les fonctions de métropole commerciale de l'ouest. Son industrie s'est par la même raison développée au point d'embrasser, en 1875, 4,500 usines, dont les produits représentaient une valeur totale de 700 millions de francs.

Le montant annuel des réceptions et des expéditions de farine calculée comme blé, et de blé, pendant dix-sept années, de 1856 à 1874, est rapporté dans le tableau (*q*). Dans ce mouvement général, le blé figure pour un cinquième environ des réceptions, et pour un sixième à un dixième seulement des expéditions.

Saint-Louis. — Saint-Louis s'élève au centre du bassin du Mississipi, à 30 kilomètres en amont du confluent du Missouri. Bâtie sur trois terrasses en gradins, qui surmontent la rive droite du fleuve, elle comprend dans sa circonscription près de 50 kilomètres carrés, et 15 kilomètres de développement sur le fleuve. Sa population, qui avait été recensée en 1811 à 1,400 habitants, était de 74,439 âmes en 1850, et de 310,864 en 1870. On l'évalue aujourd'hui à 560,000 habitants, en assignant à Saint-Louis le troisième rang parmi les villes de l'Union.

Le commerce qu'attirent vers cette ville les fleuves du Mississipi et du Missouri, et une dizaine de lignes, parmi lesquelles celles du Sud-Pacifique, du Nord-Missouri, de Chicago, d'Indianopolis, d'Ohio et de Cairo, en fait l'entrepôt naturel de tous les produits des mines, des usines et de l'agriculture de l'immense territoire du nord-ouest, de l'ouest et du sud-ouest. Elle est en première ligne pour la meunerie ; plus de 140,000 tonnes de farine ont été fournies par les vingt-quatre moulins de Saint-Louis en

1874. Ses abattoirs y débitaient 463,000 porcs. Ses usines livraient pour plus de 1,200 millions de francs de produits ; elles constituent sa principale force vis-à-vis de New-York et de Philadelphie.

(*r*) **SAINT-LOUIS (Missouri)**. — *Mouvement du blé et de la farine assimilée au blé pendant 9 années (1865 à 1874).*

ANNÉES.	BLÉ ET FARINE.	
	Réceptions.	Expéditions.
	Hectolitres.	Hectolitres.
1865	3,332,844	2,761,272
1866	3,763,404	3,290,220
1867	3,057,120	2,726,748
1868	3,017,808	2,893,968
1869	4,604,184	4,528,368
1870	5,110,704	5,251,788
1871	5,203,440	5,195,232
1872	4,430,772	4,375,232
1873	4,560,228	4,946,904

Dans le tableau (*r*) se trouve reproduit le montant des réceptions et des expéditions de blé et de farine comptée pour son équivalent en blé, pendant neuf années, de 1865 à 1874. Très-peu de blé est expédié en nature ; la plus grande partie du blé reçu est convertie en farine, qui a le rang de première marque sur les marchés de l'est. Le montant des expéditions de farines de Saint-Louis est à peu près égal à celui de l'exportation totale des États-Unis. En 1873, les expéditions au sud, par le fleuve et par les chemins de fer, atteignirent 140,000 tonnes, tandis que celles à l'est ne dépassèrent pas 78,000 tonnes et celles vers d'autres destinations se réduisirent à 200 tonnes.

San-Francisco. — Le chemin du Central-Pacifique d'Omaha à San-Francisco débouche par la vallée du Sacramento et du San-Joaquin à Oakland sur la rive orientale de la baie, d'où un bac à vapeur traverse voyageurs et marchandises sur la rive opposée qu'occupe la capitale de la Californie, la métropole commerciale de la côte du Pacifique. Les collines basses et les monticules de sable qui entravaient le nivellement ont été arasés, et les criques dans lesquelles les navires jetaient encore l'ancre en 1849 ont été comblées, pour faire place aux constructions des quais et des jetées de cette cité qui compte aujourd'hui 300,000 habitants.

En 1848, l'année célèbre par la découverte des gisements d'or, la population était de 1,000 habitants; le flot de l'immigration la porta en 1850 à 25,000, en 1860 à 56,802 et en 1870 à 149,473. L'augmentation par rapport à 1860 est aujourd'hui de 377 p. 100. Plus de 20,000 Chinois y sont établis dans un quartier à eux, où ils ont transporté les habitudes et les rites de leur pays.

Bien que le terrain même de San-Francisco soit montueux, nu et stérile, la contrée qui s'étend dans les vallées d'accès est d'une fertilité exceptionnelle; et comme nous l'avons vu, non-seulement le froment y prospère, à la condition de l'irrigation, mais aussi la canne à sucre, la vigne, les fruits, les pâturages pour le bétail.

Loin d'imiter les colons de l'Amérique espagnole que

la fièvre des métaux précieux aveuglait, les Californiens, grâce au capital acquis dans leurs recherches, ont su développer largement les richesses inépuisables de leur sol et créer pour leur réalisation un commerce exceptionnel, non-seulement pour l'argent et l'or, mais encore pour le blé, la farine, les vins, les laines, etc. En même temps, ils établissaient de toutes pièces des filatures de soie et de laine et des fabriques d'objets mobiliers et de vêtements qui alimentent leur trafic sur la côte du Pacifique.

Les réceptions et les expéditions annuelles par mer du blé et de la farine estimée en blé, pendant dix-sept années, de 1857 à 1874, sont présentées dans le tableau (s).

La minoterie de San-Francisco s'est mieux outillée dans ces dernières années, et la farine produite sur place a atteint les chiffres suivants :

En 1870. . . . . 2,250 tonnes.
En 1871 . . . . 2,160 —
En 1872. . . . . 2,790 —
En 1873 . . . . 2,250 —

En 1873, la plus grande partie de la farine et du blé en nature exportés, fut dirigée sur le Royaume-Uni, à cause des mauvaises récoltes de l'Europe.

Situation résumée des principaux marchés. — Pour établir une utile comparaison entre les neuf centres les plus actifs du trafic des blés et des farines, dont nous avons indiqué le mouvement commercial jusqu'en 1873, nous donnons, dans le tableau XIV, les résultats des réceptions et des expéditions pendant les cinq années suivantes, de 1873 à 1878. Ces neuf centres sont : New-York, Boston, Philadelphie, Baltimore, Chicago, Cincinnati, Milwaukee, Saint-Louis et San-Francisco.

(s) **SAN-FRANCISCO** (Californie). — *Mouvement du blé et de la farine assimilée au blé pendant 17 années (de 1857 à 1874).*

ANNÉES.	BLÉ ET FARINE.	
	Réceptions.	Expéditions.
	Hectolitres.	Hectolitres.
1857	272,664	78,804
1858	209,664	11,988
1859	382,752	37,116
1860	769,932	335,340
1861	1,519,632	1,272,888
1862	1,071,180	694,080
1863	1,404,144	886,248
1864	1,285,056	557,532
1865	416,520	180,252
1866	1,585,764	1,126,908
1867	3,671,676	3,019,320
1868	4,175,964	3,065,616
1869	4,179,204	3,441,780
1870	4,247,016	3,553,668
1871	3,085,812	2,496,312
1872	1,671,156	1,328,760
1873	7,101,288	6,295,824

Les quantités de blé et de farine, reçues et expédiées par les sept principaux marchés de l'ouest : Chicago, Milwaukee, Toledo, Detroit, Cleveland, Peoria, Saint-Louis et Duluth, pendant les cinq années 1873 à 1878, forment un second tableau (XV) à l'aide duquel on pourra se rendre

XIV. — MOUVEMENT *du blé et de la farine en blé équivalent. — Montant des réceptions et des expéditions des neuf marchés principaux pendant 5 années : 1873 à 1878.*

MARCHÉS.	1873.		1874.		1875.		1876.		1877.	
	RÉCEPTION.	EXPÉDITION.	RÉCEPTION.	EXPÉDITION.	RÉCEPTION.	EXPÉDITION.	RÉCEPTION.	EXPÉDITION.	RÉCEPTION.	EXPÉDITION.
	Hectolitres.	Hectolitres.	Hectolitres.	Hectolitres.	Hectolitres.	Hectolitres.	Hectolitres.	Hectolitres.	Hectolitres.	Hectolitres.
New-York	19,370,301	13,113,416	22,499,974	16,637,045	19,593,819	13,071,118	17,192,308	12,332,249	15,532,054	10,423,032
Boston	3,582,762	597,156	3,930,728	909,022	3,353,199	778,113	3,521,912	528,260	4,129,998	1,006,689
Philadelphie	3,324,369	963,282	3,652,829	1,588,124	3,693,401	1,492,832	3,394,411	1,436,385	2,838,355	»
Baltimore	3,407,159	1,074,390	5,183,743	2,155,603	4,132,248	1,567,075	3,959,755	1,377,671	5,008,620	2,318,870
Cincinnati	1,603,884	1,169,234	1,852,154	1,287,723	1,680,422	1,078,750	1,539,467	922,972	1,503,853	888,182
Chicago	14,067,540	13,075,245	15,664,836	14,236,199	13,570,137	12,579,665	11,394,800	8,798,460	10,212,255	10,155,253
Milwaukee	12,624,055	12,965,346	12,252,613	12,110,230	12,756,972	12,175,427	10,891,973	10,931,190	»	»
Saint-Louis	4,604,191	4,994,572	6,060,757	6,123,612	5,127,169	5,076,526	4,809,793	4,936,044	»	»
San-Francisco	6,934,845	6,429,556	5,596,180	5,576,944	6,780,721	5,282,281	4,827,719	4,526,851	7,479,145	7,323,774

un compte exact de l'importance du mouvement commercial de l'ouest vers l'est. Quoique les réexpéditions soient inférieures de 300,000 à 400,000 hectolitres aux réceptions, elles correspondent aux quantités embarquées dans les ports de mer dont le mouvement a été indiqué précédemment. L'excédant provient des consignations des localités situées au sud et à l'est.

Ainsi, les marchés de l'ouest avaient, sur leurs réceptions totales de froment et de farine, réexpédié, tant par eau que par chemins de fer :

> En 1873 . . . . 83 p. 100.
> En 1874 . . . . 77 —
> En 1875 . . . . 85 —
> En 1876 . . . . 87 —
> En 1877 . . . . 85 —

Les expéditions de farine qui sont, dans certaines années, supérieures aux consignations, attestent le développement de la meunerie locale.

3. — INSTALLATIONS DU COMMERCE.

Ce que Chicago a accompli, ce que New-York, Philadelphie, Baltimore, Milwaukee et les autres grands centres de commerce américain ont également réalisé pour le mouvement des grains, résulte avant tout des facilités toujours croissantes fournies au trafic. Sans des manipulations spéciales, on ne concevrait pas comment, le tonnage des grains augmentant sans cesse et les frais de transport diminuant,

XV. — **MOUVEMENT** *du blé et de la farine de l'ouest vers l'est, pendant 5 années (1873-1878), par les sept marchés de l'ouest : Chicago, Milwaukee, Toledo, Detroit, Cleveland, Peoria, Saint-Louis et Duluth.*

PRODUITS.	1873.		1874.		1875.		1876.		1877.	
	Ré-ception.	Réexpédition vers l'est.	Ré-ception.	Réexpédition vers l'est.	Ré-ception.	Réexpédition vers l'est.	Ré-ception.	Réexpédition vers l'est.	Ré-ception.	Réexpédition vers l'est.
Farine . . . (Tonnes).	502,748	572,302	547,401	517,850	446,350	492,337	495,801	444,158	453,906	474,608
Blé . . . . . (Hectol.).	24,755,488	21,079,510	28,662,312	21,917,965	25,686,300	21,044,876	20,294,035	17,737,195	19,546,203	16,222,952
Farine et blé (Hectol.).	36,263,368	32,429,213	30,957,414	30,727,765	34,813,839	31,111,332	30,482,940	26,823,664	28,828,465	25,928,360

les produits de l'ouest et du nord-ouest, qui constituent les quatre cinquièmes de l'exportation totale, pussent trouver un écoulement aussi abondant que profitable.

Les tarifs de transport seraient-ils plus bas encore, les lignes de raccordement plus nombreuses, que, sans des installations particulières dans les ports ou sur les quais d'arrivée et de départ, sans un outillage économique pour le transbordement, etc., la masse énorme de produits apportés au transit, restant stagnante, arrêterait à la fois la production et le commerce.

. Sur les grands lacs, les ports, qui ne servent que de refuges pour ainsi dire, sont formés par des jetées normales à la rive, dont les coffrages en charpente sont consolidés par des enrochements. C'est à ces ports qu'accostent les chalands chargés de grains.

De Chicago, par exemple, 12 ou 14 de ces chalands, chargés de 3,000 hectolitres environ, sont remorqués par Buffalo ou Oswego jusqu'à New-York ou les autres ports maritimes du nord de l'Océan.

Le grain expédié de l'ouest est reçu à Chicago pour être examiné, nettoyé et pesé, puis emmagasiné dans les docks-greniers, ou bien chargé directement dans les navires à destination de la côte ou de l'Europe. Des élévateurs fixes ou flottants, dont nous avons déjà fait mention, sont employés à l'enlèvement du grain, que des bascules du système Fairbanks permettent de peser, et au déversement, à raison de 800 à 1,000 hectolitres par heure, dans les coffres ou dans les navires.

L'un des bâtiments de Chicago, de 54 mètres de longueur et 23 mètres de largeur, s'avance au bord de la rivière, la voie ferrée étant du côté opposé. Les coffres de ce magasin au nombre de 108 mesurent environ 3 mètres de côté et 15 mètres de hauteur. Ils sont élevés à $4^m,60$ au-dessus du sol et terminés par des trémies. Une machine à vapeur met en mouvement des chapelets verticaux qui amènent le grain aux trémies de réception, situées à 30 mètres au-dessus du sol.

D'une capacité totale de 530,000 hectolitres un pareil magasin permet facilement, à l'aide d'une machine à vapeur de 200 chevaux, d'opérer le chargement d'un navire de 300 tonneaux en une heure. Cette célérité extraordinaire répond aux nécessités qu'impose le commerce spécial du blé.

De même, les compagnies de chemins de fer ont dû adopter, pour le service des ports auxquels ils aboutissent, un outillage sans lequel il n'y a point d'exploitation maritime économique, ni pratique. Indépendamment des appareils hydrauliques ou autres, devenus usuels, elles ont, pour la plupart, établi des élévateurs de grains à leurs stations de tête dans les ports d'embarquement.

Élévateurs de grains. — Les compagnies du Central-New-York, à New-York même; du chemin Érié et des chemins de Pensylvanie, à New-Jersey-City et à Canton, près de Baltimore; du chemin de Philadelphie à Reading, dans les dépôts de Willow-Street et de Port-Richmond, sur la Delaware; du chemin de Chicago à Saint-Paul, dans la gare de Milwaukee, ont construit, dans ces dernières années, des magasins énormes, avec élévateurs à vapeur, pour la manutention spéciale des grains.

L'établissement de la Compagnie New-York, dans son débarcadère de la 59ᵉ avenue, est fondé sur pilotis dans la rivière Hudson, de manière à pouvoir être abordé par des navires calant jusqu'à 7 mètres. Deux vastes magasins, capables de renfermer jusqu'à 400,000 hectolitres, mesurent 90 mètres de longueur, 30 mètres de largeur et 46 mètres de hauteur, et renferment chacun plus de 100 coffres. Chaque coffre, de 15 à 17 mètres de hauteur sur 1ᵐ,25 carrés, contient de 1,800 à 2,400 hectolitres. Vingt élévateurs puisent simultanément, s'il y a lieu, dans les wagons ou les chalands, pour alimenter les coffres. Une machine à vapeur de 700 chevaux, par un arbre unique, fait mouvoir le mécanisme installé à la partie supérieure des bâtiments.

Le blé et le maïs que New-York reçoit pour en réexpédier plus de la moitié en Europe, viennent d'une distance comprise entre 1,600 et 2,400 kilomètres à l'ouest. Les wagons, d'une contenance de 145 à 180 hectolitres, pèsent de 10 à 12 tonnes chacun.

Les grains classés par des inspecteurs spéciaux donnent lieu à près de quarante numéros différents. Ainsi, pour le blé de printemps, il y a quatre numéros de classement, et le reste est rejeté. A moins de désignation spéciale dans la lettre de voiture ou le connaissement, les lots de chaque expéditeur ne sont pas tenus à part, mais les grains de chaque numéro sont emmagasinés isolément; de telle

sorte que, d'un même coffre, on peut extraire 1,000 hectolitres du même numéro, provenant de plusieurs consi-
gnataires. On conçoit que chaque livraison ne pourrait en
effet s'approvisionner séparément, sans entraîner à des
peines et frais trop considérables.

Un chargement de plus de 4,000 hectolitres, apporté
par 300 wagons peut être déchargé dans la même journée. Amenés par séries de 8 à 10 sous les élévateurs, ils
sont vidés en 10 ou 15 minutes. Deux hommes, munis de
respirateurs qui empêchent l'introduction des poussières
dans les voies respiratoires, emploient chacun dans le
même wagon, une pelle sans manche, consistant en un plateau en tôle de 80 décimètres carrés. Un câble, s'enroulant
ou se déroulant par la vapeur sur un arbre supérieur, permet aux ouvriers de charger la pelle dans le wagon et de
la décharger par la trappe latérale dans un récepteur inférieur. Les câbles sont disposés de façon que, si un ouvrier
guide son plateau chargé pour en déverser le contenu,
l'autre se dispose à charger le second plateau. Du récepteur, le grain est enlevé par une chaîne à godets sans fin ;
l'élévateur étant installé de façon à desservir une série de
26 coffres.

S'il y a lieu, le grain, avant d'être ensilé, est passé,
moyennant une faible dépense, à travers l'un des 6 tarares
à trieurs dont chaque bâtiment est pourvu. Les pierres,
les pailles, les détritus, aussi bien que les graines légères
et les poussières sont entraînés directement. Chaque lot
porté par les élévateurs est pesé, en outre, automatique-

ment sur des bascules du système Fairbanks qui donnent la mesure exacte, aussi bien pour un hectolitre que pour 10 tonnes de grain.

Les frais de manutention à payer à la compagnie pour le transbordement, l'emmagasinage et le chargement, avec un délai de dix jours, s'élèvent à 3 centimes par hectolitre. Dans ce délai généralement, le grain est déversé dans les alléges qui rejoignent les steamers, ou directement dans les navires à quai devant les magasins. Des tubes de prolonge de $0^m,30$ de diamètre pénètrent dans la cale où le grain est fortement tassé pour éviter les balancements. Une pelle à vapeur, semblable à celle du déchargement, servirait de même au chargement. En 8 heures, un grand navire peut recevoir ainsi sa cargaison de 22,000 à 25,000 hectolitres. On cite un steamer ayant pris sa charge de fret, 33,000 hectolitres, en une journée.

La compagnie de transports connue sous le nom de *Empire Transportation Company* a été établie en 1865 pour assurer les expéditions de marchandises entre les localités situées à l'ouest de Philadelphie et du chemin de fer Érié, et les villes placées sur le littoral ainsi que de l'autre côté de l'Atlantique. Elle s'étendait alors à dix compagnies indépendantes, dont les intérêts divergents empêchaient l'unité d'action. Cette société, qui possède son propre matériel, ses bacs à vapeur, ses conduites de pétrole, ses gares, ses remorqueurs, ses quais d'embarquement, etc., a fait également construire des élévateurs de grains sur le lac Érié.

Un de ces élévateurs, de 30 mètres de longueur sur 22 mètres de largeur, est clos en briques réfractaires et protégé par une toiture d'ardoises. Le bâtiment principal a 33 mètres et comprend une tour de 38 mètres de hauteur. Quarante-sept coffres permettent d'y emmagasiner 900,000 hectolitres de grain. L'élévateur, que fait mouvoir une machine à vapeur, peut transférer, des chalands amarrés à son quai, sur wagons, 36,000 hectolitres en 24 heures.

L'élévateur consiste en une courroie quintuple, sans fin, de 47 mètres de longueur sur $0^m,43$ de largeur, portant 154 godets métalliques de 10 litres chacun, qui s'abaisse dans la cale du navire chargé de grain. Mise en mouvement, la chaîne élève le grain dans une trémie d'une capacité de 36 hectolitres, formant balance et logée à la partie supérieure de la tour. La pesée faite, le grain descend, par son propre poids, dans un compartiment situé sous le plancher du bâtiment. Une autre chaîne à godets l'élève dans une trémie de distribution qui domine les coffres dans lesquels le grain vient se caser par numéros. Au-dessous de ces coffres, deux voies de chemin de fer permettent de disposer six wagons dont la tare est enregistrée à l'arrivée. Une fois ces wagons chargés directement, ils sont pesés de nouveau ; de telle sorte que la différence des deux tares donne le poids net du grain.

Chaque livraison de blé étant tenue séparée dans les coffres, on en conserve un échantillon pour référence.

L'installation entière est complétement à l'abri du feu.

Le chemin du Nord-Central, compris parmi les lignes

qu'afferme la Compagnie des chemins de fer de Pensylvanie, a fait aussi construire à Canton, dans le voisinage de
la ville de Baltimore (Maryland), un élévateur de grains
conçu pour le même ordre de service. Une jetée de 30
mètres de largeur, qui s'étend dans la baie, à 150 mètres
de la ligne des basses eaux, porte cet élévateur. La profondeur d'eau, pour accoster à marée basse, est de 7^m,90.

En face de la baie, à Locust-Point, la Compagnie du
chemin de fer de Baltimore-Ohio a établi, de son côté,
deux élévateurs du même système que celui de Canton.

Le dock de Canton mesure, entre les pilotis extérieurs, une longueur de 43^m,27 de longueur sur 24^m,68
de largeur et une hauteur de 42^m,35 au-dessus des fonda-
tions. Il comprend cent quarante-quatre coffres rectangu-
laires, dont la moitié mesure 2^m,24 × 2^m,28 × 18^m,28, et
l'autre 2^m,24 × 3^m,50 × 18^m,28 de hauteur. Chaque coffre,
à fond incliné, porte un clapet pour l'extraction du grain
et une échelle pour y accéder. Six séries de quatre coffres
sont pourvues de tuyaux spéciaux pour le chargement
des navires.

Au-dessus des coffres règnent des passages pour le
service, et du côté de terre, sont situées les chaudières et
les machines pour le mouvement du mécanisme.

A l'étage du pesage se trouvent seize trémies à blé, deux
tarares, les arbres de couche, etc.

Huit portes de côté donnent accès au service de chargement et de déchargement ; en outre, vingt tuyaux extérieurs sont adaptés pour les navires qui abordent à quai.

Des dispositions spéciales permettent enfin d'ensacher le grain à l'intérieur du bâtiment, quelque temps qu'il fasse, pour les transports en sacs.

La capacité totale du dock, comme emmagasinage, est de 180,000 hectolitres. La capacité élévatoire, par heure, est de 11,600 hectolitres; mais, pratiquement, les wagons ne peuvent pas accoster assez vite pour que cette quantité soit atteinte [1].

4. — LES DERNIÈRES RÉCOLTES OFFICIELLES DES ÉTATS-UNIS.

Les quatre dernières récoltes dont les éléments statistiques aient été officiellement publiés sont celles de 1874 à 1878. Leur relevé ne peut manquer d'offrir un intérêt spécial pour compléter la physionomie que nous avons voulu retracer de chacun des grands centres du commerce des blés et farines des États-Unis.

Récolte de 1874.

Production. — La récolte de 1873-1874 était la plus considérable que l'on eût obtenue jusqu'alors. Elle correspondait à un hiver exceptionnellement favorable pour les céréales d'automne, à une extension des emblavures, mais

---

1. *The Canton grain elevator Maryland U. S. A. (Engineering*, t. XXII, 1876, p. 485.)

aussi à un rendement moins élevé du blé de printemps.
Les résultats de cette belle récolte sont rappelés ci-après :

Nombre d'hectares en blé.	10,086,000
Production en hectolitres de blé.	111,277,000
Valeurs de la récolte en francs . . . millions.	1,514
Rendement moyen à l'hectare . . hectolitres.	11,04
Prix moyen de l'hectolitre. . . . . . francs.	13,60
Valeur moyenne de l'hectare. . . . . . id.	150

Exportation. — L'exportation, faisant suite à deux mauvaises récoltes de l'Europe, prend en 1874 un grand développement, par rapport aux années antérieures, comme le montrent les chiffres suivants qui établissent les rapports pour 100 entre l'exportation et les diverses récoltes :

	Exportation p. 100.
1870	20,7
1871	22,3
1872	16,9
1873	20,8
1874	32,5

L'excédant disponible de la récolte de 1874, qui fournit 32 $\frac{1}{2}$ p. 100 à l'étranger, se répartit comme il suit :

		Quantité.	Valeur.
Blé.	hectolitres.	25,574,000	527,389,000 fr.
Farine	tonnes.	360,272	152,142,000
Blé et farine . .	hectolitres.	32,943,600	679,531,000

New-York. — A New-York, les réceptions totales de farine augmentent, en 1874, de 13 p. 100, et les expéditions, de 50 p. 100; elles représentent 60 p. 100 du montant total des farines exportées par les États-Unis.

Les réceptions de blé augmentent de 17 p. 100, et les expéditions de 20 p. 100, correspondant à 47 p. 100 environ de l'exportation totale.

La valeur des expéditions de New-York est alors en 1874 :

Pour le blé, de.	248,939,000 fr.
Pour la farine, de	73,382,000
Valeur totale	322,321,000

Boston. — L'augmentation, par rapport à 1873, des réceptions de farines dans le port de Boston est de 5,33 p. 100, et des expéditions de 25 p. 100. Celle du blé est de 54 p. 100 pour les réceptions, et de 119 p. 100 pour les expéditions.

Le blé de l'ancienne récolte se cote à des prix élevés à cause des demandes d'Europe, mais celui de la nouvelle et abondante récolte fait tomber les prix et entraîne la baisse des farines.

Philadelphie. — Le mouvement commercial des blés et des farines surpasse celui des années précédentes. Les réceptions de farine augmentent de 40 p. 100, par rapport à celles de 1873, les réceptions de blé de 25 p. 100.

Baltimore. — A Baltimore, même remarque générale que pour Philadelphie. Les réceptions de farine sont supérieures de 17 p. 100, et les expéditions de 32 p. 100. Les réceptions de blé s'élèvent de 127 p. 100, et les expéditions de 208 p. 100.

Les moulins de Baltimore livrent une farine première très-recherchée, pour l'Amérique du sud et l'Europe ; les prix restent très-bas, mais la minoterie locale fournit 262,000 tonnes de farine, au lieu de 227,000 tonnes en 1873.

Chicago. — *Farines.* — Pour les farines, Chicago n'a eu en 1874 qu'une augmentation de 4 p. 100; mais les expéditions ont diminué de 2 p. 100, et la fabrication locale de 5 p. 100.

A la nouvelle que la récolte en Europe était favorable, comme aux États-Unis, une forte réaction eut lieu dans les cours, et les meuniers dirigèrent leurs envois principalement vers les villes de l'est.

Depuis le grand incendie de 1871 qui dévasta la ville, la meunerie de Chicago a changé son outillage pour pouvoir fabriquer davantage; mais elle n'a pas développé sa production. Le blé emmagasiné se prêtant moins bien aux opérations de mouture, elle obtient livraison directement des localités, sur les échantillons de grain qu'elle reçoit. Les marques supérieures sont destinées aux États-Unis; les marques moyennes au Canada et à l'Europe. Les farines de blé printanier ont été l'objet d'améliorations importantes qui permettent de faire une concurrence sérieuse aux farines de blé d'hiver.

Blé. — Pour le blé, l'augmentation des réceptions a été de 14,8 p. 100, et celle des expéditions de 11,8 p. 100.

Grâce à l'abaissement des tarifs des chemins de fer, au commencement de l'année 1874, le trafic s'anima en entraînant la baisse des prix. Après l'ouverture de la navigation, et surtout après la réception de la nouvelle récolte, la baisse des prix s'accentua davantage. Le prix moyen de l'année fut de 15 fr. 70 c., au lieu de 16 fr. 70 c., par hectolitre, en 1873.

Chicago est avant tout le marché de la spéculation; mais, en 1874, la spéculation sur la vente à l'étranger fut ruinée, car elle dut vendre son ancien stock avec de grosses pertes. L'été sec, très-favorable à la maturation précoce de la nouvelle récolte, la fit offrir sur le marché plus tôt que d'habitude, en concurrence avec le stock de l'ancienne. En outre, par suite de la réduction dans le travail des usines à fer, les transports à bas prix sur les lacs amenèrent à Chicago un excédant de plus de 2 millions d'hectolitres de blé nouveau qui eussent été dirigés, sans cela, par d'autres voies, sur les marchés de l'est.

Cincinnati. — Contrairement à ce qui se passe à Chicago pour la répartition des farines et du blé, Cincinnati offre un marché de consommation qui a de la stabilité pour les demandes, qui reste étranger à la spéculation et maintient une grande régularité dans les prix.

En 1874, le commerce des farines se maintient un peu supérieur à celui de 1873 pour les réceptions, mais inférieur quant aux expéditions. Les prix ne laissent pas assez de marge pour les envois vers l'est, ni en aval de l'Ohio, ils augmentent au contraire pour la Virginie et le sud-est.

Le marché du blé s'améliore; le grain de 1873, récolté dans la région, avait été de qualité inférieure, celui de 1874 est excellent. Le prix du blé rouge d'hiver n° 2, qui avait été de 22 fr. 58 c. en 1873, baisse à 19 fr. 90 c. l'hectolitre en 1874.

Saint-Louis. — La capitale du Missouri offre, comme il a déjà été dit, le marché le plus important des États-Unis pour la farine. Chaque année, la minoterie y étend sa production et ses opérations commerciales.

En 1874, les réceptions de farine augmentent de 14 p. 100, la fabrication locale de 11 p. 100, et les expéditions de 18 p. 100, correspondant aux trois quarts du montant de l'exportation à l'étranger.

Les bénéfices de la meunerie sont cependant faibles; une forte demande des issues à de bons prix aide seule à soutenir la fabrication.

Les blés appartenant, pour la plus grande partie, aux variétés d'hiver, sont en augmentation de 28 p. 100 pour les réceptions, et de 60 p. 100 pour les expéditions.

San-Francisco. — Dans les deux années précédentes, San-Francisco avait eu un commerce d'exportation de farines très-actif sur la Grande-Bretagne; c'est le cas pour les années où le prix du grain est élevé en Europe, mais, pour les années d'abondance, les acheteurs anglais préfèrent faire venir le blé californien. Aussi, en 1874, bien que les réceptions eussent plus que doublé à San-Francisco, l'exportation par mer des farines a diminué. La Chine, le Japon et les îles du Pacifique ont reçu ce que l'Europe n'avait pas demandé.

De même, les réceptions de blé ayant été réduites de

25 p. 100, par rapport à 1873, les exportations ont baissé, les prix étant très-bas.

Récolte de 1875.

Production. — Les emblavures pour la récolte de 1875 avaient été augmentées de 572,000 hectares ; malgré cela, le rendement à l'hectare ayant diminué de 1,16 hectolitre, la production totale baissait de 6 millions d'hectolitres, tout en relevant la valeur totale de 18 millions de francs.

Nombre d'hectares en blé	10,658,000
Production en hectolitres.	105,169,000
Valeur de la récolte en francs . . . millions.	1532
Rendement moyen à l'hectare . . hectolitres.	9,88
Prix moyen de l'hectolitre. . . . . . francs.	14,40
Valeur moyenne de l'hectare . . . . id.	143

Exportation. — Le mouvement d'exportation se ressent de la bonne récolte des Iles britanniques et de l'ancien continent ; il s'affaiblit de 20 p. 100, pour le blé et la farine, et comme valeur totale de 36 p. 100. C'est la grande année du maïs aux États-Unis.

Exportation totale du blé.	19,097,000 hectol.
Id.	de la farine.	347,688 tonnes.
Id.	du blé et de la farine. .	26,209,000 hectol.

Commerce intérieur. — Le commerce à l'intérieur subit l'effet d'une moindre exportation, d'une récolte plus faible et de la dépression générale des affaires, depuis la crise monétaire de 1873.

New-York. — New-York perd du terrain comme centre de distribution. Dans les dernières vingt années, l'accroissement énorme des réceptions de grains a eu surtout pour objet l'exportation. Les réceptions de farine y diminuent, parce que la fabrication dans les autres États a pu s'étendre moyennant les plus grandes facilités des voies de transport. Quoique les moulins de New-York se soient agrandis et se prêtent mieux aux exigences du marché étranger, les réceptions de farine et de blé en 1875 sont en diminution de 13 p. 100, et l'exportation de 22 p. 100.

Le stock de blé disponible, qui était à la fin de 1874 de 1,656,000 hectolitres, remonte à la fin de 1875 à 2,293,000 hectolitres.

Boston. — Le déficit de la récolte de 1875 affecte la qualité des farines reçues à Boston; la farine de choix, très-recherchée, y est à un prix très-élevé. Les réceptions baissent de 13,3 p. 100, et l'exportation de 5,7 p. 100, par rapport à 1874.

Quant au blé, il y a réduction de 20 p. 100 dans les réceptions, et de 25 p. 100 dans l'exportation.

Philadelphie. — Le marché de Philadelphie se relève légèrement : de 7 p. 100 pour les réceptions de farine, et de 9 p. 100 pour le blé. Les exportations sont surtout en grande hausse par rapport à 1873.

Baltimore. — Le commerce de Baltimore rétrograde en 1875. Bien que la récolte ait été bonne dans la région immédiate, le grain est de qualité médiocre, à cause des pluies de l'ouest. La fabrication locale de farine augmente;

les réceptions de l'ouest diminuent, et celles de blé reculent de 30 p. 100.

Chicago. — Affaires peu animées et peu brillantes sur les farines. L'étranger demande surtout du blé, et la faible récolte de l'ouest, surtout la qualité inférieure du grain d'hiver et de printemps, ne laissent pas beaucoup de marge à la meunerie.

Les réceptions de farine restant les mêmes qu'en 1874, les expéditions baissent de 2,000 tonnes, sur 203,000 tonnes.

Pour le froment, la comparaison avec 1874 ressort des chiffres suivants :

		1874.	1875.
Réceptions. . . . . . hectolitres.		10,725,000	8,714,000
Expéditions . . . . id.		9,948,000	8,346,000

La spéculation est entravée en 1875 par des règlements plus rigoureux du *Board of Trade* et par la concurrence de Milwaukee.

Milwaukee. — Les affaires de Milwaukee sont en augmentation notable, eu égard à celles de 1874. La minoterie trouve peu de bénéfices à cause du défaut des meilleures qualités de blé d'hiver ; mais elle traite directement pour ses achats et ses ventes avec les producteurs, sans agents intermédiaires. Le ralentissement des réceptions, par rapport aux expéditions qui ont lieu en 1875, laisse le marché à découvert.

FARINE.

		1874.	1875.
Réceptions . . . . tonnes.		110,440	125,072
Mouture locale . . . . . . id.		64,680	65,648
Total. . . . . . id.		175,120	192,720
Expéditions. . . . . id.		158,840	190,350

BLÉ.

Réceptions . . . . . hectolitres.		9,226,000	10,036,000
Expéditions. . . . . id.		8,012,000	8,165,000

La quantité de froment convertie en farine par les moulins de Milwaukee reste à peu près la même qu'en 1874, soit environ 1,238,000 hectolitres.

Cincinnati. — La consommation locale augmente les affaires, mais les réceptions de farine sont en baisse de 10 p. 100, et celles du blé de 14 p. 100, par rapport à 1874. Les expéditions faiblissent vers le sud et l'est; elles sont compensées en partie par l'ouverture d'un trafic direct avec l'Europe. Les qualités des farines provenant du grain excellent récolté en 1870 dans les contrées où puise Cincinnati, font soutenir les prix.

Peu de variations dans les cours du blé. A partir de février, le prix moyen du blé rouge d'hiver reste stationnaire entre 15 fr. 30 c. et 16 fr. 80 c. l'hectolitre.

Les réceptions de blé, en diminution de 7 p. 100, et les expéditions de 35 p. 100, laissent un stock disponible de 36,000 hectolitres, supérieur à celui de 1874.

Saint-Louis. — Le commerce subit une dépression générale à Saint-Louis en 1875.

Farine. — Pour la farine, les réceptions diminuent de 23 p. 100, la fabrication locale de 9 p. 100, et l'ensemble, de même que les expéditions, de 17 p. 100. La consommation locale se réduisant, le stock fin 1875 est de 14,000 tonnes.

La mauvaise qualité du grain de la région de Saint-Louis fait refuser la moitié des arrivages et crée de grandes difficultés pour le maintien des marques de choix. L'Illinois baisse ses envois, et Saint-Louis restreint les siens par le fleuve vers le sud. Le blé de printemps, abondant et à bon marché, exerce une réaction défavorable sur la minoterie locale, au profit des centres de la Nouvelle-Angleterre et de l'est.

Des vingt-sept moulins à vapeur qui fonctionnent en 1875, vingt diminuent ensemble leur fabrication de 25,000 kilogr., et les sept autres l'augmentent ensemble de 13,000 kilogr. Le capital engagé dans la meunerie est de 15 millions de francs ; la production annuelle, y compris la farine de maïs, de 71 millions de francs, et la main-d'œuvre employée de 600 ouvriers.

Les expéditions de farine en 1875, par rapport à 1874, sont les suivantes :

			1874.	1875.
Au sud, par bateaux.	tonnes.		104,456	70,136
Id., par rails	id.		46,904	56,672
A l'est, par rails	id.		107,712	86,680
Id., par bateaux.	id.		792	1,848
A l'ouest.	id.		1,980	2,464
Sur les localités immédiates. .	id.		616	528
Total	id.		262,460	218,328

En fin d'année, les prix baissaient pour la farine de blé d'hiver à 37 fr., et pour la farine extra de blé de printemps à 26 fr. 50 c. les 100 kilogrammes.

Blé. — Le total des réceptions de blé faiblit de 8 p. 100, par rapport à 1874; celui des expéditions de 20 p. 100, et celui des quantités moulues de 4 p. 100.

De fortes quantités de blés tirés de l'Arkansas et du Texas, qui n'avaient pas souffert des orages, comme dans le nord-ouest, ont maintenu la bonne qualité des expéditions.

San-Francisco. — Les réceptions de farine et de blé sont réduites, et les expéditions également, la récolte de Californie ayant été moyenne.

Récolte de 1876.

Production. — Bien que la récolte de 1876 ait été au-dessous de la moyenne dans le nord-ouest, elle a surpassé de 2,880,000 hectolitres celle réalisée en 1875 dans les États de New-York et de Pensylvanie; elle a de beaucoup excédé dans le sud, surtout dans le Texas, les quantités de l'année précédente. Le total de la récolte, tout en restant inférieur à celui de 1875, pour des emblavures encore plus étendues, représente seulement un rendement à l'hectare de 9,34 hectolitres. Le prix moyen de l'hectolitre s'est relevé en conséquence légèrement.

Nombre d'hectares en blé 11,161,308
Production en hectolitres. 104,168,340

<pre>
Valeur de la récolte . . . millions de francs.   1561
Rendement moyen à l'hectare . . hectolitres.   9,34
Prix moyen de l'hectolitre. . . . . . francs.   14,98
Valeur moyenne de l'hectare. . . . . id.   140
</pre>

Exportation. — Sous l'influence d'une récolte au-dessous de la moyenne, l'exportation totale de blé et de farine s'accroît peu : 2,5 p. 100 environ. La valeur moyenne de l'hectolitre de blé exporté s'élève de 16 fr. 50 c. en 1875 à 17 fr. 92 c. en 1876.

Les réceptions des sept principaux ports maritimes : New-York, Boston, Portland, Montreal, Philadelphie, Baltimore et la Nouvelle-Orléans, qui forment les grands courants d'exportation, sont en diminution.

Commerce intérieur. — Au contraire, les réceptions et les expéditions des ports des lacs et des marchés intérieurs : Chicago, Milwaukee, Toledo, Detroit, Cleveland, Saint-Louis, Peoria et Duluth, sont plus fortes, notamment pour la direction vers l'est, que pendant les trois précédentes années. Les expéditions constituent près de 80 p. 100 des réceptions des ports maritimes.

Le mouvement des ports et des marchés de l'ouest vers les ports du littoral représente pour cent du montant total des grains et des farines :

<pre>
En 1873. . . . . 83 p. 100
En 1874. 77   »
En 1875. 85   »
En 1876. 87   »
</pre>

L'apport croissant des États de l'ouest au littoral s'explique par les exigences croissantes de la consommation, en dehors de l'exportation. New-York réclame, outre le blé récolté dans sa région, un envoi annuel de 16 millions d'hectolitres. Dans les États de la Nouvelle-Angleterre, le déficit est bien plus important, et même dans les États de Pensylvanie et de Maryland, les récoltes locales sont insuffisantes. Le blé du sud ne peut combler les vides.

New-York. — En 1876, les réceptions de blé et de farine ont baissé de 12,28 p. 100, et les exportations de 5 p. 100, à New-York.

Boston. — A Boston, les réceptions de farine ont augmenté de 12 p. 100 ; mais les expéditions ont faibli de 3,07 p. 100.

Pour le blé, les réceptions ont diminué de moitié, et les expéditions ont été sept fois moindres qu'en 1875. Le commerce du blé à Boston est plus vacillant qu'ailleurs ; le marché toujours restreint.

Philadelphie. — Le trafic, très-florissant en 1876, sans doute à cause de l'Exposition universelle du centenaire de l'Indépendance, éprouve une augmentation notable, surtout pour les farines.

Farine. — Le mouvement des farines en 1875 et en 1876 est reproduit ci-dessous :

		1875.	1876.
Réceptions	tonnes.	81,153	85,429
Fabrication locale	id.	51,694	48,816
Total. . .	id.	132,844	134,245
Exportations.	id.	14,168	16,896

Les expéditions par mer sont principalement dirigées vers l'Angleterre et ses colonies, et aussi vers l'Amérique du Sud et les Antilles.

La minoterie a fait de grands progrès à Philadelphie dans ces dernières années, comme nombre et comme puissance des moulins. On évalue leur capacité de production à 220,000 kilogr. par vingt-quatre heures. En admettant soixante journées de perdues pour les réparations, il reste deux cent cinquante journées de travail effectif, correspondant à une production totale annuelle de 55,000 tonnes. En 1876, la production est restée de 15 p. 100 au-dessous. Les principales marques de farines de Philadelphie sont fournies par les blés rouge et ambré.

Blé. — Les faibles commandes de l'Europe ont fait baisser les réceptions en blé de plus de 25 p. 100, et réduire l'exportation, de 1,189,000 hectolitres en 1875 à 1,076,000 hectolitres en 1876. Les blés de printemps sont peu négociés sur ce marché.

Baltimore. — Les réceptions de farine, de même que l'exportation, diminuent en 1876. Sur le chiffre total des expéditions, 58 p. 100 sont dirigés sur l'Amérique du Sud, 24 p. 100 sur les Antilles, et le reste sur l'Angleterre. La bonne qualité des blés qui approvisionnent les moulins sert à maintenir la fermeté des prix.

Le blé supporte une diminution dans les réceptions de plus de 10 p. 100, et dans l'exportation de 19 p. 100.

La meilleure récolte de 1876 est venue en fin d'année augmenter le stock.

Chicago. — *Farine.* — Le marché de Chicago se soutient ; les réceptions augmentent de 12,5 p. 100 ; les expéditions de 15 p. 100 pour la farine. Les moulins en plein travail augmentent leur fabrication de 2,000 tonnes. Mais, il y a loin du trafic de 1876 à celui des années précédentes, pour l'animation des ventes à commission.

La meunerie s'étant développée dans le nord-ouest, n'envoie plus ses farines à Chicago pour les expéditions en Europe ou dans l'est ; elle recourt à des remises directes. En outre, l'Angleterre, qui a perfectionné la mouture des blés tendres américains, donne la préférence à des commandes de grain.

Chicago a comblé ce déficit par la consommation locale et par l'approvisionnement des nouveaux États ; de plus, elle a ouvert la concurrence aux farines de blé d'hiver par ses bonnes marques de blé de printemps, jusque dans les États du centre sud.

La qualité inférieure des blés de 1875 ne permet pas de faire de stocks.

Blé. — Les réceptions et les expéditions de blé diminuent de 35 p. 100, par suite surtout de la mauvaise qualité de la récolte.

Des combinaisons pour faire passer des blés inférieurs comme étant de qualité Chicago n° 2, sont déjouées, en causant la ruine des intermédiaires et en portant atteinte à la réputation du commerce local. L'Europe refusant ces blés, les magasins de New-York durent les garder en stock.

Milwaukee. — Le déficit de la récolte de 1876, dans la région qui approvisionne Milwaukee, ne porte aucun préjudice à la minoterie ni au commerce des farines, dont les réceptions augmentent de 44 p. 100, et la fabrication locale de 13 p. 100.

Au contraire, pour le blé, les réceptions faiblissent de 35 p. 100, et les expéditions de 26 p. 100. La récolte de 1876, bien que rentrée dans de bonnes conditions, est très-faible ; toutefois les prix du blé de Milwaukee, plus soigneusement trié et classé qu'à Chicago, restent supérieurs.

Cincinnati. — La récolte de 1875, dans les districts qui dépendent de Cincinnati, avait sérieusement souffert des inondations dans l'Ohio et dans l'Indiana. La quantité et le rendement en farine avaient baissé en conséquence. Les blés d'hiver du Michigan et du nord de l'Ohio, que les meuniers ont importés, ont paré en partie au déficit, qui n'en a pas moins été de 9 p. 100 pour les réceptions, et de 16 p. 100 pour les expéditions.

Grâce aux facilités des chemins de fer, à l'extension des voies de transport, à l'ouverture notamment du chemin de fer Sud-Cincinnati, aux élévateurs de grain, etc., le commerce du blé se soutient avec une réduction de 7 p. 100 dans les réceptions et les expéditions.

Saint-Louis. — Bien que le centre de quinze compagnies de chemins de fer, Saint-Louis, traité jusqu'alors comme une gare de transit pour ses transports vers l'est, élève d'énergiques réclamations et obtient gain de cause en 1876. En outre, les frets sur le Mississipi s'abaissent considérablement. Il en résulte un nouvel essor dans le commerce spécial du blé.

Farine. — Les résultats de 1875 et de 1876, pour la farine, sont reproduits ci-après :

		1875.	1876.
Réceptions	tonnes.	114,400	94,248
Fabrication locale	id.	130,680	126,896
Ventes directes des moulins. .	id.	26,840	22,440
Total.	id.	271,920	243,584
Expéditions	id.	218,328	195,096
Stock en fin d'année	id.	14,256	12,144

Les réceptions ont baissé en 1876, surtout celles venant de l'Ohio, de l'Indiana et de l'Illinois. La diminution dans la production locale s'explique en premier lieu par l'incendie qui détruisit les *Anchor Mills*. Sur les vingt-cinq moulins de Saint-Louis, ayant une capacité de production de 220,000 tonnes par an, la moitié du travail seulement a été fournie.

La bonne récolte de 1876, faisant suite à celle de 1875, que les pluies incessantes avaient endommagée, a fait rechercher les farines nouvelles et relevé les prix.

Saint-Louis garde le premier rang comme marché des farines, par le soin particulier apporté à la conservation de ses bonnes marques dont l'écoulement est assuré.

Blé. — Le trafic du blé se développe en 1876. Les réceptions de l'ouest et de l'est sont en augmentation; les expéditions ont également excédé de 60 p. 100 celles de 1875. La moitié de ces expéditions a été dirigée par la ligne de Toledo, Wabash et ouest; le nord et le sud ont reçu moins de 72,000 hectolitres par le fleuve. Le mouvement de Saint-Louis pour le blé, dans les années 1875 et 1876, est le suivant :

		1875.	1876.
Réceptions. . . . . hectolitres.	2,737,000	2,893,000
Expéditions . . . . id.	562,000	947,000

San-Francisco. — *Farine.* — Le commerce et la fabrication de la farine à San-Francisco s'accroissent rapidement. Les chiffres sont donnés ci-après pour 1875 et 1876 :

	1875.	1876.
Réceptions . . . . tonnes.	46,478	50,826
Expéditions par mer . . . . id.	45,028	46,025

New-York, l'Angleterre et l'Australie ne donnent lieu qu'à une exportation éventuelle de farine; mais la Chine, le Japon et les îles du Pacifique recourent régulièrement aux envois de San-Francisco.

Blé. — La récolte du blé en 1876 est la plus considérable obtenue jusqu'alors en Californie; elle est estimée à 12,960,000 hectolitres; il en résulte un mouvement important dans les réceptions et l'exportation par rapport à 1875 :

	1875.	1876.
Réceptions. . . . . hectolitres.	4,796,000	6,381,000
Exportations. . . . id.	4,503,000	5,981,000

Récolte de 1877.

L'année 1877 coïncide avec la plus grande récolte, pour des emblavures encore moins étendues qu'en 1875, mais le rendement à l'hectare atteint près de 12 hectolitres et demi. C'est aussi l'année où la production par tête est la plus considérable, et où le mouvement d'exportation, par suite du déficit de l'Europe, se développe le plus activement.

Nous en rappelons les données principales en renvoyant aux chapitres précédents pour les autres informations que nous avons déjà fournies sur la production et le commerce de 1877.

Nombre d'hectares de blé.	10,582,000
Production totale en hectolitres	131,434,200
Valeur de la récolte . . . millions de francs.	2,055
Rendement moyen à l'hectare . . hectolitres.	12,48
Prix moyen de l'hectolitre. . . . . . . francs.	15,63
Valeur moyenne de l'hectare. . . . . id.	194

V

CONCLUSIONS

1. — LES ÉTATS-UNIS D'AMÉRIQUE.

Tout en traitant du blé aux États-Unis, nous avons montré ce que cette nation devait à son immense territoire ; à ses climats propices ; aux terres fertiles dont l'abondance est presque illimitée ; à l'accroissement inouï de sa population ; à la législation qui favorise à un si haut degré le crédit, la colonisation et la propriété ; à l'exemption des lourds impôts pour les campagnes ; au système de la culture extensive ; à l'admirable outillage des fermes ; à l'esprit de *self-government,* qui exclut la tutelle administrative et le fisc ; à la facilité extraordinaire des communications et des transports par terre et par eau ; à l'association des cultivateurs ; à l'étroite solidarité du commerce et de l'agriculture ; à la liberté pour les céréales des relations commerciales ; à la sécurité politique.

Au-dessus de tout cela, la société américaine, livrée, du haut de l'échelle en bas, à une activité qui ne connaît pas de relâche, et ayant pour devise : le travail ! Tel est le résumé de la situation que nous avons voulu exposer.

Quoi qu'on en pense, une aussi merveilleuse évolution, qui a pour résultat d'augmenter la production, sans augmenter proportionnellement le nombre des hommes, fournirait le dernier mot de la science économique, en même temps que la solution des plus grandes difficultés sociales. C'est du moins par ce jugement qu'un de nos écrivains les plus autorisés conclut le chapitre *Famine et Exode,* au sujet d'une année non moins cruelle pour l'Europe que celle de 1879, l'année 1846, si fatale à l'Irlande[1].

On ne saurait dire assurément que ce progrès se soit réalisé par le capital et le travail, sans épreuves, sans crises, sans ruines et surtout sans une terrible commotion qui a menacé d'engloutir, dans une lutte fratricide, l'édifice américain tout entier. La paix est revenue; l'équilibre s'est rétabli; le caractère national s'est retrempé, et aujourd'hui, après deux années de grosses récoltes, d'active fabrication industrielle et de commerce prospère, la situation des États-Unis resplendit plus florissante que jamais.

Bilan de 1879. — Le bilan de l'année 1879 n'est pas long à faire, sans chiffres officiels.

A la fin de 1878, on comptait environ 131,000 kilomètres de chemins de fer exploités, dont 46,400 construits dans les cinq dernières années; aujourd'hui, il y en a 24,000 autres, en voie d'exécution et concédés. Le Texas-Pacifique a entrepris l'achèvement de Fort-Worth au littoral Pacifique, sur 1,950 kilomètres; la compagnie du Kansas, 1,065 kilomètres de lignes nouvelles; le Nord-Pacifique, 640 kilomètres; les compagnies du Central, de

---

1. Léonce de Lavergne, *Essai sur l'économie rurale de l'Angleterre, de l'Écosse et de l'Irlande.* 4ᵉ édition. Paris, 1868, p. 434.

l'Est et du Sud-Pacifique ont des travaux en cours pour plus de 500 millions de francs.

La production de la fonte et du fer atteindra, pour 1879, 2 millions et demi de tonnes; l'extraction de la houille, 50 millions de tonnes; la fabrication des rails en fer et en acier, 800,000 tonnes.

Comme métaux précieux, il aura été importé, pendant les neuf premiers mois de cette même année, pour une valeur de 260 millions de francs d'argent monnayé venant d'Europe; et les mines américaines en auront produit pour 300 millions de francs. Le stock d'argent métallique se sera accru ainsi de 560 millions de francs.

Sur la récolte de coton de 1878, il a été exporté, 70 p. 100, représentant une valeur de 936 millions de francs; sur les récoltes de blé de 1878 et de 1879, 26 p. 100, dont la valeur pour 1878 atteint 945 millions de francs; sur le bétail, une valeur pour 1878 de 20,264,000 fr. et pour 1879 de 43 millions et demi, dont 79 p. 100, ou 34 millions de francs dans le Royaume-Uni de Grande-Bretagne; sur le pétrole, une valeur de 244 millions, etc.

L'ensemble des produits exportés des États-Unis, pendant la dernière année fiscale, représente une valeur totale payée par l'étranger de 2 milliards 200 millions de francs [1].

Dans les dix années, 1869 à 1879, les États-Unis auront augmenté de 76 p. 100 l'écoulement de leurs produits

---

1. Mémoire lu au *National Board* de la navigation à vapeur, à Cincinnati, par le général J. Negley. 1879.

manufacturés, et de 94 p. 100 leur commerce avec l'étranger, sans que pour cela les transports par navires américains se soient sensiblement accrus.

Dans les sept dernières années, la population augmentant de 20 p. 100, les emblavures de céréales augmentent de 30 p. 100. L'agriculture fournit, par les États situés au nord de l'Ohio, 80 p. 100 des exportations des denrées alimentaires du pays.

Ces chiffres parlent assez haut pour expliquer la reprise des affaires, les commandes des usines et des entreprises industrielles, le relèvement du fret, l'activité incessante des voies de transport.

En 1879, la navigation a transporté le blé de Chicago à New-York, à raison de 0^f,005 par tonne et par kilomètre, c'est-à-dire, à un tarif moyen moitié moindre que celui des chemins de fer. Et pourtant, les chemins de fer ont eu à convoyer au littoral en moyenne 25,000 tonnes par jour, au tarif de 0^f,013 à 0^f,017; sauf dans le mois de juillet, où il s'est abaissé à 0^f,011.

Prix du blé américain de l'ouest rendu en Europe. — Ces derniers prix du tarif nous amènent à résumer les conditions de production et de trafic du blé qui nous ont occupé jusqu'ici.

En admettant que dans le *Far-West*, au voisinage des chemins de fer, le compte de culture d'un hectare de froment, comprenant la rente de la terre, les façons, l'ensemencement, la récolte, le battage, l'ensachage et le transport à la gare, soit de 100 francs, pour un rendement de

14 hectolitres, le prix de revient de l'hectolitre de blé est de 7 fr. 15 c.

En admettant encore un tarif par chemin de fer, de 80 cent. par sac de blé contenant 110 litres, entre Chicago et New-York, sur un parcours moyen de 2,000 kilomètres, tarif ruineux pour les compagnies qui ne couvrent pas ainsi, par wagons ni par trains complets, la moitié de leurs frais d'exploitation, l'hectolitre de blé coûterait de transport entre la gare du *Far-West* et New-York, 2 fr. 60 c.

Les compagnies de navigation à vapeur, liées par traité avec celles des chemins de fer de New-York, prennent tout chargement de blé, s'engageant à le livrer à quai à Liverpool, moyennant un fret de 5 fr. 60 c. par hectolitre.

Il résulterait de l'addition de ces chiffres que l'hectolitre de blé produit dans le Minnesota, le Dakota, l'Iowa, etc., reviendrait à quai à Liverpool, à 15 fr. 33 c., et en tenant compte des frais imprévus, à 16 fr. Ce qui rentre en argent à l'agriculteur du *Far-West*, du prix de 22 à 25 fr. auquel cet hectolitre se vend, est difficile à établir. Les pertes en route, les avaries, le déchet, les frais d'intermédiaires ne peuvent guère être exactement calculés; mais la marge n'est pas si énorme que l'on doive concevoir, aux environs de 20 à 25 fr. l'hectolitre, des craintes d'invasion permanente.

M. Th. C. Scott, le correspondant bien connu du *Times*, s'est basé, pour son appréciation du prix de revient de l'hectolitre de blé de l'ouest rendu en Angleterre, sur le compte de culture qu'a fourni M. Osborne, de Kingstòn (Canada), pour un rendement moyen de 12 hectolitres à l'hectare [1]. D'après ce compte, les frais de production par hectare s'élèveraient à 106 fr. 60 c., à savoir :

Labour.	19ᶠ30ᶜ
Hersage et ensemencement.	12 85
Semence (180 litres à 10 fr. 72 c. l'hectolitre) . .	19 30
Moisson.	32 15
Battage (12 hectolitres à 1 fr. 40 c.).	16 80
Rente et intérêts du capital (5 p. 100 sur 124 r. par hectare).	6 20
Coût total par hectare.	106 60

En ajoutant à ce prix, 26 fr. pour le transport de 10 hectolitres (2 hectolitres étant déduits pour semence), depuis l'intérieur des terres jusqu'au littoral Atlantique, et 26 fr. pour fret jusqu'à un port anglais ou français, compris les frais de débarquement, d'assurance, de commission, soit en tout, 52 fr., on a comme prix de revient du produit en blé d'un hectare, livré en Angleterre ou en France, 158 fr. 60 c.

Il faudrait, dans ce cas, que le blé fût coté dans les ports français ou anglais au-dessus de 16 fr. l'hectolitre pour que le cultivateur américain n'eût pas de déficit effectif, mais M. Scott ne dit rien non plus de son gain probable.

Le duc de Beaufort, reprenant ce même compte du prix de revient de l'hectolitre de blé américain rendu en Angle-

---

1. The Times. *Cost of growing Wheat in America,* 3 march 1879.

terre, pour une production nette de 10 héctolitres à l'hectare, diminue encore le total ci-dessus [1] :

		Par hectare.
Labour		19f 30c
Hersage et ensemencement		12 90
Semence		19 30
Moisson		32 20
Battage		6 70
Rente et intérêts		6 20
		96 60
Transport jusqu'à l'Océan		14 20
Fret sur l'Océan, assurance et commission, etc.		25 50
Total		136 35

En portant à 140 fr. l'ensemble des dépenses pour la réalisation du produit d'un hectare en blé, il obtient 14 fr. comme prix de revient de l'hectolitre rendu dans un port anglais.

Suivant l'honorable duc, dans de telles circonstances, aucune compétition du fermier anglais n'est admissible; cela se comprend de trop !

Passé et avenir de la culture du blé aux États-Unis. — Dès avant la guerre civile, les cultivateurs de l'ouest se plaignaient des pertes auxquelles les entraînait la culture du blé; les frais de transport leur laissaient à peine de quoi couvrir le coût de production, et ils se dis-

---

1. **The Times.** *Reply to a paper read before the Farmers Club by M. Owen of Cambridge (Glamorgan), by the duke of Beaufort, from Badminton,* 23 september 1879.

posaient à restreindre leurs emblavures pour donner plus d'importance à l'élève du bétail, des moutons, etc.

La demande de blé pendant la guerre, les hauts salaires causés par l'emploi des bras dans l'armée, dans les mines et dans les manufactures, les grosses insuffisances des récoltes de l'étranger, enfin, les énormes sacrifices que se sont imposés les compagnies de transport, joints aux avantages, pour l'exportation, de la prime sur l'or, ont concouru à développer la production du froment dans l'ouest, en assurant des bénéfices aux cultivateurs.

Ce sont là toutefois des causes concomitantes dont la permanence est loin d'être établie. Les demandes de l'Europe, qui ont maintenu les cours du blé à un taux avantageux, ne se produiront pas, il faut l'espérer, grâce à de meilleures récoltes, avec une intensité comparable à celle des dernières années. La reprise des paiements en numéraire a fait disparaître la prime sur l'or. Les compagnies de transports ne peuvent indéfiniment continuer à se ruiner ; il y aura lieu tout au moins pour les producteurs, comme nous l'avons montré, de recourir à des transports plus économiques. Les manufactures se développant sous le régime de la protection, aussi bien dans l'ouest que dans l'est, créent chaque jour une demande plus considérable à l'intérieur du pays. La population s'accroît surtout dans l'ouest, ce qui déterminera la consommation locale des denrées agricoles, autres que le froment, par les marchés intérieurs offrant des prix réguliers.

L'ouest est non-seulement la source directe de tout le

blé qui s'exporte des États-Unis, mais encore du blé que consomment les États de la Nouvelle-Angleterre et en partie les États du littoral.

Que l'ouest produise plus de blé que la consommation intérieure n'en exige, c'est hors de question ; que sa capacité de production soit loin d'être atteinte, c'est également incontestable, mais il n'en est pas moins prouvé que les États de la Nouvelle-Angleterre et du centre, dont la population augmente sans cesse, voient leur production en céréales décliner rapidement. Les villes et les centres industriels attirent, non moins que les mines, les bras disponibles pour l'agriculture, sans que les progrès de l'application des machines aux récoltes puissent longtemps tenir tête à ce mouvement de désertion des champs en culture.

Pour que les États de l'ouest fussent en mesure de pourvoir régulièrement au déficit plus grand de la région du nord-est et du centre, en même temps qu'ils auraient toujours un excédant disponible pour l'exportation, il faudrait qu'encouragés par les hauts prix, s'ils devaient se maintenir, les agriculteurs du centre reprissent, comme jadis, la culture du froment. Or, le maintien des hauts prix (nous disons *hauts,* eu égard à l'Amérique) n'est possible qu'après une succession d'années défavorables comme celles que l'Europe vient de traverser, ou d'années d'insuffisance comme les États-Unis en ont déjà eu, et la reprise de la culture du froment dans les États du centre n'est possible qu'en modifiant le système même de leur agriculture, c'est-à-dire en recourant aux assolements et aux fumures pour obtenir un rendement convenable.

En attendant, le prix du blé en Europe règle celui du blé aux États-Unis ; les cultivateurs du centre ne changent pas leur mode de culture en vue de produire du blé ; les autres récoltes et l'élève du bétail leur offrent des compensations non moins profitables, et les cultivateurs de l'ouest continuent à défricher et à ensemencer des terres vierges, contre lesquelles les terres relativement épuisées de l'est et du centre ne sauraient lutter à coup de fumures.

On a pu voir que, dans les années où l'Europe jouit d'une récolte favorable et ne demande plus une trop grande exportation aux États-Unis, la situation du marché se modifie à l'intérieur des États, comme prix et comme stock, pour la consommation intérieure, et que le trafic se détourne vers les autres parties du globe.

Les objections ne manquent pas aux considérations qui précèdent.

D'abord, ce n'est pas que la récolte aux États-Unis ait été plus exceptionnelle en 1879 qu'en 1878 ou en 1877. Les emblavures augmentent sans cesse et augmenteront pendant longtemps encore. Même dans des années variables ou mauvaises, la récolte s'opère toujours aux États-Unis dans d'excellentes conditions. Comme il ne manque point de chemins de fer, et que leur développement suit pas à pas celui des nouvelles régions en culture, l'excédant de la production sur les besoins de la consommation du

Canada et de l'Union elle-même trouvera toujours à s'exporter là où l'insuffisance des récoltes maintiendra des prix élevés. L'argent qui rentrera en Amérique servira tôt ou tard à acheter quelques engrais, et le rendement moyen du blé pourra aisément s'améliorer. D'ailleurs, la zone de culture du blé est immense, et l'émigration, dont le flot continue à se jeter vers l'ouest, est loin d'avoir atteint toutes les terres susceptibles d'être mises en valeur.

Contre des terres vierges et le soleil, qui ne fait jamais défaut aux Américains pour mûrir les moissons, la science et le capital des fermiers de l'Europe sont impuissants.

A ces objections il est permis de répondre qu'en effet, dans des années comme celles qui viennent de se présenter depuis 1876 en Europe, avec des récoltes inférieures à la moyenne de 30 p. 100 en Angleterre, de 20 p. 100 en France, etc., l'hectolitre de blé américain pouvant être consigné dans nos ports au prix de 16 fr., la concurrence de nos producteurs n'est pas possible.

Dans les années moyennes, au contraire, et à plus forte raison dans les années d'abondance, notre production locale subvenant pour la plus grande partie aux besoins de la consommation, les blés américains n'arriveront jamais sur nos marchés que pour combler des insuffisances et modérer les prix que dans l'intérêt public les gouvernements ne sauraient voir hausser sans une légitime appréhension.

Pour que le cultivateur américain de l'ouest continue, dans les années d'abondance de l'Europe, à exporter du blé à un prix qui lui permette de faire un bénéfice argent, tout en rémunérant les compagnies de transport, et de prendre pied sur les marchés de l'Europe, en désintéressant convenablement les intermédiaires, il faudrait qu'il disposât de voies de transport plus économiques que celles des chemins de fer, ou bien qu'il se rejetât lui aussi sur l'élève du bétail pour créer de la viande à bon marché. A défaut de l'une ou de l'autre de ces ressources, il a en face de lui le développement prochain de l'industrie manufacturière que les bassins houillers à peu près intacts de l'ouest, grâce aux capitaux qui commencent à refluer, pourront rendre aussi puissante que sur le littoral de l'Atlantique.

Exportation du blé américain en Europe. — Avant 1860, les États-Unis, nous l'avons fait voir, exportaient des quantités importantes de blé, mais seulement dans les bonnes années. Une légère différence de rendement, sur d'aussi grandes surfaces emblavées, donnait ou de gros excédants, ou des insuffisances qui ne permettaient plus d'exporter. Ainsi, quoiqu'ils eussent importé en Angleterre 14 millions d'hectolitres en 1862, les États-Unis n'y avaient introduit que 290,000 hectolitres en 1859. La moyenne annuelle des importations de blé et de farines des États-Unis en Grande-Bretagne, de 1857 à 1867, pendant onze ans, est de 5 millions d'hectolitres, et si l'on prend les onze années précédentes (de 1846 à 1857), de 3 millions seulement. Deux mauvaises récoltes consécutives, en 1864 et en 1865, aux États-Unis, arrêtent leur exportation complétement.

En 1872, l'exportation des États-Unis en Angleterre

n'atteint pas le tiers du montant de l'année 1876, et la moyenne des dix années, de 1866 à 1876, est de 30 p. 100 inférieure à celle des trois années 1874, 1875 et 1876.

Plusieurs faits doivent contribuer à ralentir les exportations.

La population américaine, nous le répétons, augmente par elle-même et par l'émigration, dans de telles proportions, que le jour viendra où les besoins du Nouveau-Monde devront être satisfaits, par les nouvelles terres défrichées, avant ceux de l'Ancien-Monde.

On a calculé très-justement que, sans l'émigration, la population blanche s'accroissant de l'excédant des naissances sur les décès, eût été, après un demi-siècle, la moitié seulement de ce qu'elle a été recensée[1].

Le rendement moyen de la culture du blé est faible, parce que le sol, tout riche qu'il est, n'est pas bien cultivé. Les terres vierges, avant qu'elles soient épuisées par des emprunts continus, sans restitution d'engrais, ne suffisent pas pour relever la moyenne générale.

La culture extensive, qui se justifie tant qu'il y a des terres à défricher, devient impuissante quand la population s'est développée au voisinage des terres mises en culture,

---

1. En 1820, la population totale des États-Unis était de 9,600,783 habitants ; dont 1,761,561 nègres et 7,839,552 blancs ; c'est-à-dire qu'elle était de 718,880 individus au-dessous de ce que l'immigration devait fournir de 1820 à 1878.

Si l'on évalue, d'après le recensement décennal de 1870, à 1,38 p. 100 l'accroissement annuel du chiffre des 7,839,552 habitants de la race blanche, on trouve qu'en 1870 la population totale aurait été de 16,048,151, au lieu de 33,880,535 habitants effectivement recensés.

et réclame un approvisionnement régulier et constant. Elle devra, en conséquence, se transformer pour obtenir un excédant disponible pour l'exportation.

Chacune des grandes améliorations apportées aux moyens de communication entre les centres granifères de l'Amérique et l'Angleterre, a été suivie d'un mouvement d'exportation plus considérable.

L'ouverture du lac Érié, des canaux du nord, de la navigation entre le lac Supérieur et le Saint-Laurent, des grandes voies ferrées reliant Chicago à New-York, à Philadelphie, à Baltimore, etc., a coïncidé avec un abaissement du prix des transports à l'intérieur qui a favorisé les expéditions à l'étranger. Mais, dans les conditions générales du commerce actuel, quelque favorables que les aient rendues les transports par terre et par eau, aucune exportation des États-Unis ne serait profitable si le blé en Europe, par suite de ses bonnes récoltes, se maintenait au cours de 18 à 20 fr.

Il convient de rappeler qu'en effet les exportations des États-Unis ont été stimulées, surtout à partir de 1874, par la fermeté des hauts cours du blé en Angleterre pendant quatre années consécutives. C'est alors que les Américains engagèrent plus de capital dans la culture du blé, surtout en Orégon et en Californie, et qu'ils augmentèrent les emblavures.

Mais il n'est pas certain, bien que les récoltes aient réussi partiellement ou complétement depuis 1874, que les prix du blé aient toujours rémunéré le cultivateur de l'ouest des États-Unis. On peut, au contraire, affirmer qu'il faut des cours élevés pour que l'exportation, se maintenant aussi abondante qu'elle a été dans ces dernières années, laisse un bénéfice convenable au producteur.

On doit ajouter, enfin, que la hausse des prix du blé a été généralement suivie d'une augmentation du prix des salaires et, par cela même, des frais de culture qui découragent la production.

2. — L'EUROPE DEVANT LES ÉTATS-UNIS.

Les progrès du commerce d'exportation des États-Unis indiquent surtout une modification profonde dans la production du blé en Europe, qui appelle la sérieuse attention de l'agriculture de nos contrées.

On comprend que, grâce à l'extension des voies de communication et des relations commerciales entre les divers États de l'Europe, quelques-uns aient modifié leurs assolements de blé, comptant trouver auprès de ceux qui ont un excédant, l'appoint qui leur manquait. Mais le fait regrettable qui motive de plus en plus l'apport du froment des contrées lointaines : les États-Unis, l'Australie, l'Inde, etc., est la réduction progressive des emblavures qui s'est généralisée depuis un certain nombre d'années.

a. **Grande-Bretagne.** — La Grande-Bretagne a été des premières à diminuer sa surface ensemencée en blé pour accroître ses prairies. Les nécessités de l'alimentation générale en viande de boucherie ont été plus impérieuses que celles de l'alimentation en pain. Aussi constate-t-on, de 1871 à 1876, une réduction de 25 p. 100 dans les emblavures, coïncidant avec une baisse, dans le rendement à l'hectare, de 5 hectolitres pendant les dix dernières années.

Conformément aux conclusions que MM. Lawes et Gilbert tiraient, dès 1868, de leur remarquable étude sur la production, l'importation et la consommation du blé en Grande-Bretagne, à moins que la production intérieure ne dépassât 35 millions et demi d'hectolitres (résultat moyen des huit années 1860-1868), il fallait que la Grande-Bretagne, pour assurer sa consommation au taux réduit de 200 litres par individu et par an, importât 30 millions d'hectolitres de l'étranger [1].

Aujourd'hui, en effet (nous ne parlons pas encore de l'année 1879-1880), l'approvisionnement de blé étranger constitue la moitié de la consommation de la Grande-Bretagne, et par cela même le marché anglais est devenu le régulateur principal des prix du blé.

D'après Algernon Clarke, qui a relevé le cours moyen du blé en Angleterre sur 150 marchés, pendant onze années, de 1866 à 1876, chaque récolte étant caractérisée par rapport à la moyenne, les résultats seraient les suivants :

	PRIX de l'hectolitre.	CARACTÈRES DE LA RÉCOLTE.
1866-1867. .	25ᶠ »	Récolte au-dessus de la moyenne.
1867-1868. .	29 85	— très-inférieure.

1. Rothamsted. *Trente Années d'expériences agricoles de MM. Lawes et Gilbert,* par A. Ronna. Paris, 1877, page 187.

1868-1869. .	22ᶠ 25	Récolte bien supérieure.
1869-1870. .	19 77	— inférieure.
1870-1871. .	23 »	— supérieure.
1871-1872. .	23 80	— inférieure.
1872-1873. .	24 58	— très-inférieure.
1873-1874. .	26 40	— très-inférieure.
1874-1875. .	20 »	— supérieure.
1875-1876. .	19 93	— très-inférieure.
1876-1877. .	23 80	— inférieure.
Prix moyen. .	23 49	

A l'abondante récolte de 1868-1869 correspond une faible importation ; à celle de 1870-1871 également. En 1874-1875, une importation considérable, supérieure aux exigences de la consommation, s'explique par les récoltes abondantes des principales contrées d'exportation, par les plus grandes emblavures et par les prix en hausse depuis quatre années. La conséquence est d'amener une baisse considérable dans les cours, d'augmenter la consommation du pain à meilleur marché, et de faire servir le blé à l'alimentation des animaux.

Le faible rendement et la mauvaise qualité de la récolte de 1875-1876 causèrent une importation considérable qui maintint les prix, mais la récolte de 1876-1877 étant encore inférieure à la moyenne, l'importation continua sur une plus grande échelle encore, en relevant notablement les prix.

La moyenne des emblavures de la Grande-Bretagne, de 1866 à 1876, pendant la même période, ayant été de un million et demi d'hectares, et le rendement par hectare, de 26,49 hectolitres, la production totale moyenne, défalcation faite de 1,90 hectolitre pour semence, s'est élevée à 36,700,000 hectolitres. Or, les relevés du commerce et de la navigation indiquent une importation moyenne annuelle (déduction faite des quantités exportées) de 29,300,000 hectolitres. La consommation annuelle de la Grande-Bretagne aurait ainsi absorbé 66 millions d'hectolitres.

L'accroissement de la population et de la quantité de pain que consomme chaque individu, permet donc de fixer la consommation anglaise, suivant les cours du blé, entre 60 et 68 millions d'hectolitres par an.

Marché anglais. — Le marché anglais, s'il est le régulateur des prix, est aussi celui de l'exportation américaine; il reproduit très-nettement les oscillations de la production générale du froment.

C'est après 1849, lorsque les lois des céréales eurent été abrogées en Angleterre, à la suite de discussions restées célèbres, que les exportations de blé des États-Unis prennent de l'importance pour la Grande-Bretagne.

Jusqu'en 1860, la Russie, l'Allemagne et la France pourvoient au déficit du marché anglais. Les États-Unis importent accidentellement, et en 1859, notamment, ils livrent 23,000 tonnes de farine et de blé.

De 1860 à 1872, sur l'approvisionnement total qu'exige la Grande-Bretagne, la Russie fournit 24,7 p. 100, la France 9 p. 100, l'Allemagne 17,2 p. 100, le Canada 5 p. 100 et les États-Unis 28,10 p. 100 de farine et de froment, soit 84 p. 100; ce qui laisse 16 p. 100 aux autres provenances.

A dater de l'année 1872 les États-Unis développent leur quote-part dans l'importation en Angleterre.

	Blé p. 100.	Farine p. 100.
1873	45	25
1874	53	53
1875	45	37,5
1876	43	39

Comparée pour cette période à celle des autres pays, l'importation p. 100 des États-Unis sur le marché anglais fournit les données suivantes :

FROMENT.

	États-Unis.	France.	Russie.	Allemagne.
1873. . .	45	3	22	5
1874. . .	53	1	14	7,3
1875. . .	45	2,5	19,3	10,8
1876. . .	43	0,8	19,8	5

FARINE.

	États-Unis.	France.	Russie.	Allemagne.
1873. . .	25	27	»	11
1874. . .	53	10,5	»	12,3
1875. . .	37,5	29	»	13
1876. . .	39	18	»	15,7

La France, la Russie et l'Allemagne, qui perdent du terrain chaque année, sont remplacées par des pays dont le blé était alors livré à meilleur prix que celui des États-Unis.

Ainsi, en 1876, la Turquie accroît son chiffre d'importation en Angleterre de 67 p. 100, et l'Égypte de 42 p. 100.

Là guerre avec la Russie a paralysé pour quelque temps ce mouvement. Dans cette même année, le Chili double son importation, et l'Inde la triple.

Pour l'Inde principalement, la dépréciation de l'argent en Europe permettait aux expéditeurs anglais de se procurer 10,000 roupies pour 20,825 fr., tandis qu'elles valaient alors dans l'Inde 25,000 fr. Grâce à cet agio, non-seulement le prix du transport du blé était payé, mais encore il restait un gros bénéfice. L'équilibre ne tardant pas à s'établir entre l'offre et la demande, cette situation ne s'est pas maintenue, mais il n'en est pas moins vrai que les améliorations apportées aux communications intérieures de l'Inde, le canal de Suez, la réduction de la culture du coton qui a laissé disponibles des capitaux, de la main-d'œuvre et des terres à bas prix, pourront un jour amener les céréales de l'Inde dans de bonnes conditions sur les marchés européens.

L'Australie qui avait, pour 1878-1879, plus d'un million d'hectares en blé (1,010,000 h.), c'est-à-dire plus du double de la surface emblavée il y a huit ans, n'a produit que 9 millions d'hectolitres, soit à raison de 9 hectolitres environ par hectare. Le district le plus considérable, qui est l'Australie sud, a fourni seulement 7 hectolitres à l'hectare; tandis que la Nouvelle-Zélande a eu un rendement de 20,65 hectolitres et la Nouvelle-Galles sud de 13 hectolitres.

Quoi qu'il en soit, vis-à-vis de la Grande-Bretagne, qui est le seul acheteur régulier et constant de blés étrangers, il n'y a en dehors des États-Unis, comme source d'approvisionnement absolument certaine, que la Russie. A eux deux, ces pays ont fourni plus de la moitié des 27 millions de tonnes de blé et de farine que la Grande-Bretagne a importés en quinze années, de 1858 à 1872, c'est-à-dire sur le pied de 1,800,000 tonnes par an en moyenne, ou de 23 millions d'hectolitres de blé pesant 71 kilogr.

Quand la Russie, comme en 1873 ou en 1878, réduit ses exportations par suite de mauvaise récolte ou de guerre, les États-Unis comblent la différence et au delà.

Du reste, les exigences du marché anglais ayant considérablement augmenté depuis 1872, comme on l'a vu, la Russie, qui s'est posé comme programme permanent de politique commerciale, la culture des céréales pour l'exportation, a dû céder le pas aux États-Unis.

Récolte de 1879 et ses conséquences. — La dernière récolte de froment du Royaume-Uni, de beaucoup inférieure aux récoltes des années 1876 et 1877, ne peut être comparée qu'à celle de 1853, qui resta de 30 p. 100 au-dessous de la moyenne. Non-seulement le rendement a été inférieur à tout ce que l'on pouvait prévoir par l'examen de la récolte sur pied, mais la qualité a été si mauvaise qu'une grande partie du blé ne pourra pas s'offrir sur le marché.

Par suite de ce déficit, le prix du froment a monté et montera sans doute encore. En effet, ce n'est pas seulement en Grande-Bretagne, mais dans une grande partie de l'Europe qu'il y a eu insuffisance. En France, elle a été évaluée à 22 p. 100, et comme la France s'approvisionne également de blés américains et russes, les prix du blé se ressentiront des effets en hausse de la concurrence.

Actuellement, le prix du bon froment en Angleterre est de 25 fr. par hectolitre, comparé à 17 fr. 18 c., prix moyen du blé récolté en 1878.

Un abaissement de 30 p. 100 dans le rendement ramène le produit moyen à 17,96 hectolitres par hectare, lesquels à 25 fr. par hectolitre représentent une valeur de 450 fr. par hectare.

Le producteur anglais ne pourrait trouver de compensation à un pareil déficit que si le prix de l'hectolitre s'élevait au-dessus de 30 fr., comme en 1853, ou même en 1867.

La baisse du rendement n'était pas assez préjudiciable pour le fermier anglais, il a fallu aussi que les emblavures de 1878 fussent réduites de 131,700 hectares. La production sur 1,234,600 hectares, à raison de 17,96 hectolitres par hectare, a été alors de 22,232,000 hectolitres. Comme la population de 34 millions d'habitants exige pour son alimentation 69,258,000 hectolitres, c'est une importation sans précédent de 47,026,000 hectolitres de blé étranger que le Royaume-Uni devra s'imposer en 1879-1880 ; c'est-à-dire 8,730,000 hectolitres de plus que la moyenne des importations réalisées dans les cinq précédentes années.

Le tableau suivant indique quelle perturbation le résultat de la dernière récolte apporte dans le mouvement commercial du Royaume-Uni cette année :

ANNÉES.	PRODUCTION totale moyenne.	PRIX MOYEN de l'hectol.	VALEUR MOYENNE de la production.	IMPORTATION moyenne.	VALEUR MOYENNE des importations.
	Hectolitres.	Francs.	Francs.	Hectolitres.	Francs.
1867-1872 (5 années).	35,908,000	23 62	848,147,000	28,131,000	664,454,000
1873-1878 (5 années).	29,259,000	20 40	596,884,000	37,975,000	774,690,000
1879.	22,232,000 [1]	25 » [1]	555,800,000 [1]	47,026,000 [1]	1,175,670,000 [1]

Ainsi la Grande-Bretagne devra payer plus d'un milliard de francs à l'étranger pour avoir sa subsistance en pain jusqu'à la prochaine récolte. C'est, en admettant que le prix de l'hectolitre ne se cote pas au-dessus de 25 fr., 401 millions de plus que dans la moyenne des cinq années antérieures. Une augmentation de 5 fr. sur le prix de l'hectolitre représenterait, pour la consommation générale, un surcroît de dépense de 347 millions de francs, dont 115 millions pour les agriculteurs anglais et 232 millions pour l'étranger.

Les circonstances de l'agriculture anglaise n'ont pas été seulement ruineuses à cause de la récolte de froment de mauvaise qualité, rentrée dans des conditions déplorables, mais encore la récolte de l'orge a eu le même sort dans bien des localités; celle des pommes de terre a manqué; les racines, le houblon et les fruits ont été perdus.

Aussi la statistique dévoile-t-elle une diminution de 1,986 cultivateurs dans le nombre des exploitants agricoles, et sur la liste des actes de vente que publie la Société protectrice du commerce (*Trade Protection Society*) trouve-t-on, dans les trois ou quatre derniers mois du semestre de 1879, plus de 600 fermiers dont les ventes ont

---

1. Les chiffres pour 1879 sont approximatifs.

été affichées pour des sommes variant entre 1,250 fr. et 25,000 fr. ; tandis qu'en 1878, pendant la même période, le nombre avait été de 270, et dans les quatre années 1870 à 1873, de 80 seulement.

Les salaires, bien qu'un peu diminués, ont été maintenus à un taux plus élevé qu'il y a six ans, mais le prix des denrées de consommation ayant sensiblement augmenté, des salaires plus élevés ne permettent pas d'acheter à des conditions aussi favorables les articles courants de consommation : blé, sucre, lard, fromage, etc.

Le prix du blé a en effet haussé de 50 p. 100, celui du sucre de 40 p. 100, du fromage de 50 p. 100, etc.

Quelque contraste qu'offrent en 1879 les bilans agricoles de nos voisins d'outre-Manche et d'au delà de l'Atlantique, les Anglais comptent sur une reprise du commerce général avec les États-Unis auxquels ils verseront cette année plus d'un demi-milliard de francs en achats de blé. C'est là un maigre dédommagement pour leur agriculture. Les commandes de l'Amérique en vue du développement des chemins de fer, pour lesquels les forges ne peuvent suffire et les ordres donnés pour des articles de fabrication européenne, font espérer que le tarif qui protége les produits américains s'abaissera prochainement. En tout cas, pour la métallurgie anglaise du fer, la reprise des livraisons aux États-Unis vient à point aider une situation non moins pénible que celle de l'agriculture.

b. **Récoltes de 1878 et de 1879 en Europe. —** La récolte moyenne des deux dernières années, 1878 et 1879,

étant représentée par 100, le résultat pour les principaux
États européens, mis en regard des États-Unis d'Amérique, est le suivant :

	1878	1879
Autriche-Hongrie.	109	78
Allemagne.	104	85
France	80	78
Suisse	80	80
Italie.	102	82
Russie	100	79
Roumanie.	112	90
Grande-Bretagne.	105	76
États-Unis.	110	108

Les États-Unis sont seuls à avoir deux bonnes récoltes
consécutives; la France et la Suisse sont seules à en avoir
deux mauvaises; mais la Grande-Bretagne a le regrettable
privilége d'avoir la plus déplorable en 1879.

L'Autriche-Hongrie et la Russie n'ont guère été mieux
partagées que la France cette année, et on peut en conclure qu'avec les exigences croissantes de leur consommation et des emblavures réduites, leur stock d'exportation
s'est bien affaibli.

A l'est et au sud-est de l'Europe, les conditions de la
production du froment ont changé comme ailleurs, et partout on peut dire pour les mêmes motifs. La main-d'œuvre
agricole devient plus rare et plus chère au fur et à mesure
que l'industrie se développe; la terre acquiert une plus
grande valeur, et les éléments coûteux du prix de revient
de l'hectolitre de blé augmentent.

L'économie de main-d'œuvre est loin d'être pratiquée dans les pays du sud de l'Europe comme aux États-Unis. Les procédés sont encore primitifs et leur efficacité n'est plus en rapport avec les prétentions de l'Europe. Aux États-Unis mêmes, malgré le développement des procédés mécaniques, le centre de production du froment se déplace constamment vers les terres vierges et à bas prix d'au delà le Mississipi et le Missouri. Enfin, les événements politiques de l'Europe favorisent peu l'extension de la production économique du blé, quand ils ne l'interceptent pas complétement, comme dans la récente guerre entre la Russie et la Turquie.

c. **France.** — Comme producteur de céréales, la France n'est pas dans la même situation que l'Angleterre : elle produit son pain, comme on dit, et dans les années favorables, elle peut en fournir à ses voisins.

Pendant quarante-neuf années, de 1827 à 1878, en retranchant les années néfastes de 1870 et de 1871, le total des récoltes de froment et de méteil en France a atteint 4,133 millions d'hectolitres, soit une moyenne annuelle de plus de 84 millions d'hectolitres. De 1862 à 1866, cette moyenne a été de 110 millions et demi ; de 1867 à 1869, de 111 millions ; et de 1872 à 1878, de 113 millions d'hectolitres.

Qu'on l'interprète comme on voudra, ce résultat indique une stagnation dans la culture des dix dernières années, et la conséquence de cette stagnation, alors que tout progresse et se développe autour de soi, c'est un recul dans la production du blé. En effet, de 1828 à 1862, l'exportation surpasse l'importation de 43 millions ; de 1863 à 1866, d'un million d'hectolitres ; et de 1868 à 1878, l'importation est au contraire en excédant de 49 millions et demi. Pour deux années où la France exporte dans cette dernière période, elle importe pendant sept années.

Les chiffres de notre commerce sont là pour les six années de 1873 à 1878 :

IMPORTATIONS.

	Hectolitres.
Froment et méteil	51,872,056
Farine (convertie en grains)	1,017,391
Total:	52,889,447
Moyenne des importations . . .	8,814,908

EXPORTATIONS.

	Hectolitres.
Froment et méteil	7,764,985
Farine (convertie en grains)	12,192,592
Total	19,957,577
Moyenne des exportations . . .	3,326,263

De ces résultats comparés avec ceux de la production pendant la même période, ressort le compte moyen de la consommation, qui s'établit de la manière suivante :

CONSOMMATION.

	Hectolitres.
Stock pour la consommation de 1873 à 1878 . . .	711,817,520
Id. de l'année moyenne .	118,636,253
A déduire pour semence	14,857,092
Reste net pour l'alimentation	103,779,116

ce qui correspond à 2,81 hectolitres par habitant et par année.

De 1,83 hectolitre en 1828, la consommation individuelle s'est ainsi accrue, jusqu'en 1878, de 53 et demi p. 100. Il faut donc aujourd'hui produire ou se procurer 120 millions d'hectolitres de blé en France pour assurer à la fois l'alimentation et les semailles.

Récoltes de 1878 et de 1879. — L'année 1872 avait fourni 122 millions d'hectolitres, et l'année 1874, à titre exceptionnel, 133 millions ; mais depuis cette date la production n'a fait que baisser. En 1877, année normale, l'excédant des importations avait été de 3,113,000 quintaux métriques. Pour 1878 et 1879, années médiocres s'il en fut, qui auront fourni respectivement 95 et 82 millions d'hectolitres, l'importation de grain de l'étranger devra atteindre au moins 35 millions d'hectolitres !

Ce vide énorme à combler, qui jadis eût été désastreux, peut exciter les plaintes des agriculteurs ; mais c'est le pays tout entier qui en subit les conséquences, et sans doute il a quelque droit d'en demander compte à l'agriculture.

En dehors des années calamiteuses, comme celles que l'Europe vient de traverser, et des années d'abondance qui dépendent des conditions climatériques générales, le pays peut demander ce qui a été fait jusqu'ici, avec l'aide de la science des engrais et des progrès de la mécanique, pour diminuer l'écart que cause l'inégalité des récoltes de froment.

Il constatera d'abord que, contrairement à ce que l'on devait attendre, l'agriculture, malgré la perte de l'Alsace

et de la Lorraine, n'a pas augmenté les emblavures. L'é-
tendue des surfaces ensemencées en froment et méteil,
qui était de 7,565,000 hectares en 1867, est restreinte
à 7,286,000 hectares en 1878; différence en moins,
279,000 hectares. Si l'on s'en tient au froment seul, la
moyenne officielle des emblavures des dix années 1860 à
1870 a été de 6,902,000 hectares par an; tandis que
celle des huit années 1871 à 1879 est réduite à 6,848,000
hectares, les deux provinces de l'Est étant perdues; ce
qui représente une diminution annuelle de 54,000 hectares en blé.

Pour être un décroissement moins rapide que celui
observé en Angleterre, il est loin de pouvoir se justifier
comme chez nos voisins. La moindre surface du territoire
anglais, la nécessité de subvenir à une forte alimentation
en viande pour la population, les conditions mêmes du
système de culture intensive, basée sur le bétail de rente,
ont enrayé la culture des céréales, mais avec progression
dans le rendement, dans la qualité et la valeur nutritive
du froment.

L'agriculture et l'industrie, dit-on, n'ont pas la même
corrélation en France qu'en Angleterre, mais de là à sup-
poser que les Anglais peuvent, plus facilement que nous,
sacrifier les intérêts de leur agriculture à ceux de leur industrie, il y a une grave erreur. Si leur agriculture est
arrivée à un degré de production au delà duquel le capital
peut être employé à d'autres entreprises plus fructueuse-
ment qu'à stimuler la mise en valeur des terres pauvres,

ils ont en réserve leurs prairies prêtes à être emblavées, pour arrêter le mouvement ascensionnel du prix du blé.

Lorsque le prix est bas, la surface ensemencée se réduit; lorsqu'il s'élève, au contraire, elle s'étend. La possibilité qu'a l'Angleterre d'emblaver un vingtième de ses prairies et de ses cultures fourragères est sa sauvegarde. En soumettant un dixième de ses terres arables à une double rotation de froment, dans son assolement quadriennal, elle pourrait également remédier à toute circonstance imprévue qui bloquerait ses ports, empêcherait toute importation, et cela sans porter aucunement atteinte au système de son agriculture [1].

Mais, poursuivons l'enquête du pays en face de notre agriculture.

Le rendement moyen général de l'hectare de blé en France, par périodes décennales, apparaît avec ses différences, pour chaque période, dans les nombres qui suivent :

	RENDEMENT MOYEN.	
	Hectolitres à l'hectare.	Différence en hectolitres.
1820-1829	11,80	»
1830-1839	12,36	+ 0,56
1840-1849 . . : . .	13,67	+ 1,31
1850-1859	13,96	+ 0,29
1860-1869	14,37	+ 0,39
1871-1878[2]	14,52	+ 0,15

1. James Caird : *General view of British agriculture.* (**Journ. Roy. Agric. Soc.** *of England,* t. XIV, 2ᵉ série, 1878.)

2. L'année 1870, qui n'a pas été recensée, manque dans cette période.

Si la progression est croissante, il faut reconnaître qu'elle est bien lente et qu'une amélioration de 2 hectolitres et demi à l'hectare, à cinquante ans d'intervalle, répond mal aux progrès de la science dont se glorifie notre siècle, à la vulgarisation des nouveaux engrais et au perfectionnement de l'outillage mécanique. Le rendement moyen du département du Nord passe, il est vrai, de 17,96 hectolitres en 1820, à 22,98 hectolitres en 1878, mais il y a à peine six départements qui suivent son exemple dans toute la France.

Par rapport à la semence, le produit moyen général varie, en France, entre 6 et 8 de blé récolté pour 1 de graine. Sur l'ensemble des départements, dix-huit seulement obtiennent plus de 8 à 9, et quarante-huit au-dessous de 7. Encore un résultat que les semoirs en lignes, s'ils étaient employés par nos agriculteurs, rendraient inexplicable.

Enfin, l'aveu en est dur; mais de 1872 à 1878, onze départements ont été seuls à produire plus de 20 hectolitres, et cinquante-six sont restés au-dessous de la moyenne de 15 hectolitres! Il est vrai que l'insuffisance de la production n'est pas en rapport absolu avec l'état de la science agricole, et l'on a même pu soutenir, sans encourir le reproche de défendre un paradoxe, que les nations chez lesquelles la science agricole est la plus développée, l'Angleterre, la Hollande, la Suisse, etc., sont aussi celles qui satisfont le moins complétement aux besoins de la population. Mais il faut se hâter d'ajouter que, pour obtenir le rapport exact entre la production et la consommation, on doit tenir compte non-seulement du rendement brut à l'hectare, mais aussi de l'étendue des surfaces ensemencées, eu égard à la densité de la population.

La Hollande, par exemple, pour une population de 3,700,000 habitants, dispose d'une superficie de 3,300,000 hectares, à peu près 1 habitant par hectare, et bien qu'elle obtienne un rendement en céréales de 24 hectolitres à l'hectare, comme elle ne peut affecter à leur culture que 15 p. 100 de son territoire, elle réalise encore 3,2 hectolitres par habitant. L'Angleterre, avec un rendement de 28 hectolitres à l'hectare, ne peut pas disposer de plus de 4,2 hectolitres, et la Suisse de 2,1 hectolitres par habitant.

Situation et doléances de l'agriculture française. — En est-il de même de la France? Avec ses 55 millions d'hectares de terrain et ses 38 millions d'habitants, l'agriculture a-t-elle déployé les moyens nécessaires pour la production intensive du froment? A-t-elle tiré le parti qu'elle devait tirer des progrès actuels des connaissances techniques et des applications pratiques de la science?

Malheureusement non : sur vingt pays observés, et il ne s'agit évidemment pas des États-Unis dans ce nombre, quatorze obtiennent un rendement de beaucoup supérieur au rendement moyen des céréales en France. Quels sont donc les motifs qui empêchent d'emprunter à l'Angleterre, à la Hollande, à la Belgique, à la Lombardie, leurs procédés de culture ; aux unes leur expérience dans l'emploi des engrais et des eaux fertilisantes ; aux autres, les ressources de leur mécanique agricole perfectionnée ? Par quelles raisons notre agriculture est-elle retenue dans son organisation pour de plus grosses récoltes, en face de la situation économique actuelle, et ne lutte-t-elle pas sérieusement contre une telle médiocrité ?

Il y a à peine une dizaine d'années, lorsqu'on doutait encore de l'influence des blés américains sur nos marchés, M. Foucher de Careil, de retour des États-Unis, provoquait des mouvements d'incrédulité parmi nos agriculteurs, en leur parlant de la fécondité incomparable des terres de l'Amérique du Nord, des facilités de transport et de commerce, des greniers sans cesse renaissants et des machines toujours en mouvement pour récolter les produits de l'agriculture américaine.

Si les faits ultérieurs n'ont pas justifié l'imminence du danger venant d'un ennemi à nos portes, ils ont donné une pleine sanction à l'avertissement de notre collègue et à sa conclusion d'alors :

« Je dis que le remède doit être cherché, non pas dans
« les élévations de tarifs et des rétablissements de droits
« qui ne seraient qu'une goutte d'eau dans l'Océan ; mais
« dans une connaissance approfondie de l'état de la cul-
« ture universelle sur le globe, dans une répartition mieux
« équilibrée de la culture des céréales sur notre sol, et
« dans la transformation normale de notre agriculture...[1] »

---

1. *Comptes rendus des travaux de la Société des agriculteurs de France.* Annuaire de 1870, p. 81.

Le champ des améliorations agricoles est vaste, en effet, et avant de pouvoir justifier ses doléances autrement que par des faits calamiteux qui ne l'ont pas seule frappée, l'agriculture française a encore de grands efforts à tenter pour donner d'abord au pays la sécurité de son approvisionnement en blé, et surtout pour jouer le rôle qui lui incombe dans l'alimentation des pays qui entourent ses frontières et qui manquent de céréales.

Les manifestations faites en vue de demander au Gouvernement un droit de protection contre les blés étrangers, n'auraient de raison plausible que si, malgré leurs tentatives, les agriculteurs avaient échoué. Et encore ne seraient-elles pas accueillies, tant aujourd'hui s'impose la loi de solidarité qui tend partout au nivellement des prix des produits de consommation, jusqu'à ce qu'elle nivelle à leur tour ceux de la production.

Le régime de complète liberté est seul à admettre l'entrée, aux époques de cherté, sans spéculation sur les prix, des quantités nécessaires pour combler le déficit des récoltes, ou leur sortie, dans les années d'abondance. Grâce à la liberté, il n'y a ni hausse, ni baisse factices du prix des grains ; le commerce jouit de toute latitude pour régler ses mouvements suivant les besoins de la population, et les variations, sur l'ensemble du marché intérieur, ne dépendent plus que de l'état des ressources du sol.

En sollicitant le Gouvernement d'intervenir pour écarter par un remaniement du tarif général la rivalité dangereuse des blés américains et étrangers, et réserver au blé français le marché français, on se défend de vouloir restaurer un régime autre que celui de la liberté. On n'implore qu'une compensation des charges qui pèsent sur l'agriculture, par le fait de l'impôt, et dont les produits étrangers se trouvent affranchis. On réclame comme un acte de justice que les blés du dehors, venant réduire les bénéfices en temps de prospérité et aggraver les souffrances de l'agriculture en temps de crise, « que les blés circu« lant sur nos routes, en profitant de la sécurité et des « avantages de notre état social », supportent une part des sacrifices que l'agriculture s'est imposés pour s'assurer ces avantages.

A ces requêtes, il a été depuis longtemps répondu, la polémique ayant bien vieilli déjà, que des droits fixes d'entrée, pas plus que des tarifs de douane, n'augmentent les emblavures, le rendement à l'hectare, l'emploi des fumures et de l'outillage amélioré, ni ne dispensent les récoltes du soleil et de la pluie !

D'ailleurs, le droit compensateur, ou tout autre, ne pourrait être perçu précisément dans les années de cherté. Le gouvernement qui l'aurait établi devrait, pour le salut de tous et pour le sien propre, le supprimer aussitôt.

Les blés étrangers, si même ils sont exempts de charges dans les pays de provenance étrangère, comme en Amérique, ont contre eux des frais de transport, de commerce et de toute nature qui ont pour résultat d'établir l'équilibre par rapport à un cours déterminé qui s'égalise dans l'ensemble des pays consommateurs.

L'impôt foncier, dans les départements où le blé formant la récolte principale revient tous les trois ans, se répartit de manière à ne pas même représenter les frais accessoires que supporte le blé étranger dans nos ports installés comme ils le sont.

Au lieu de réclamer une compensation que paierait le consommateur, c'est-à-dire la population tout entière, de pousser à un renchérissement par des moyens factices qui fermeraient l'accès des marchés extérieurs et ruineraient le commerce d'exportation, au lieu de remonter le courant que créent l'offre et la demande, que notre agriculture ait le courage d'accuser l'infériorité de ses conditions de travail. Qu'elle insiste auprès des pouvoirs publics pour que le crédit agricole soit constitué, pour que les impôts à sa charge soient dégrevés et que les exigences fiscales soient supprimées, pour que les tarifs de transport soient abaissés et que les communications soient étendues par chemins de fer et par canaux, pour que les eaux soient aménagées sous le rapport de l'irrigation et de l'assainissement! Qu'elle revendique les matériaux de construction, les engrais et les machines dont elle se sert, au plus bas prix! Qu'elle fasse valoir la défense commune de ses droits et de ses intérêts par l'association! Qu'elle se ligue avec le commerce pour obtenir la liberté des débouchés moyennant l'égalité de tous devant la douane, de même qu'un meilleur outillage de nos ports et une marine plus développée!

Qu'elle demande enfin à la science moderne, autrement

qu'elle ne l'a fait jusqu'ici, une impulsion et une marche décisive dans la voie des améliorations, et qu'elle contribue pour sa large part d'influence à la stabilité des institutions politiques du pays !

Comme le disait tout dernièrement de la France un orateur qui a qualité pour tenir ce langage : « Nous per- « dons un temps précieux en stériles agitations politiques, « qui paralysent le progrès et empêchent de songer aux « réformes. »

Libérés de ces soucis, les États-Unis peuvent étendre leur sollicitude sur les deux hémisphères et donner à leurs opérations commerciales la certitude du lendemain qui manque absolument aux États du continent européen.

On comprendra que nous ne traitions pas ici la grave question de la réforme douanière soumise à nos législateurs, ni les revendications de l'industrie à propos du tarif général en discussion. Mais que nos agriculteurs puisent d'abord confiance en eux-mêmes et s'affranchissent des craintes du dedans et des menaces du dehors !

L'étude que nous avons faite de l'agriculture américaine méritera peut-être de fixer leur attention en faisant connaître ce que réalise un peuple indépendant, ami de la paix et pratiquant la liberté du travail, pour augmenter sa puissance productive et employer judicieusement les ressources de son sol.

TABLE DES MATIÈRES